「無」は現代物理学のカギをにぎっている

無という言葉は「何も存在しないこと」を意味する。そのような「無」は退屈で，とくに論ずることはないように思えるかもしれない。しかし，科学者たちはそうは考えない。たとえばアメリカの物理学者レオナルド・サスキンド博士は，「無のすべてを知る者は，すべてを知りつくす」と言う。

現代物理学によれば，空間からあらゆる物質を取り除いて「無の空間」（完全な真空）をつくったとしても，そこには無数の素粒子（そりゅうし）がわき立っているらしい。また，時間や空間さえ存在しない「究極の無」から，宇宙が誕生するというおどろくべき仮説も提案されている。

本書を通じて，不思議な「無」の世界を楽しんでほしい。

時間も空間も存在しない「無」から
宇宙が生まれるイメージ

無とは何か

「何もない」世界は存在するのか?

4 完全な「無」ではない 真空の姿

協力 一ノ瀬正樹・松原隆彦／奥田雄一・前田恵一／橋本省二・佐々木真人・藤井恵介／橋本幸士・諸井健夫
監修 縣 秀彦

5 「無」からの宇宙創生

協力 一ノ瀬正樹・松原隆彦／和田純夫，監修 縣 秀彦／松原隆彦

6 超ひも理論と宇宙の姿

協力 佐々木 節・夏梅 誠・橋本幸士／村田次郎

1
章

さまざまな「ゼロ」の世界

協力　足立恒雄／奥田雄一・前田恵一／清水 明・中島秀人／林 隆夫
監修　縣 秀彦／松浦 壮／和田純夫

何もないことをあらわすとき，私たちは「0」（ゼロ）を使う。ゼロは特殊な数である。1～9までの数とはことなり，長く“一人前の数”とは認められなかった。それどころか，多くの文明はゼロをもってさえもいなかった。

本章では，ゼロ誕生のストーリーや，ゼロと表裏一体の関係にある「無限」，さらに，ゼロが生みだす摩訶不思議な現象の数々を紹介しよう。

1

多くの数学者たちを悩ませつづけた「ゼロ」

「ゼロ」は数なのだろうか。数というのはそもそも，ものの「個数」を数えるために生まれたものだと考えられる。しかし「0個のリンゴ」とはいわない。そう考えると1から9までのほかの数とくらべて，0が確かに不思議な存在に思えてくる。

実際，**ゼロは長い間，数とはみなされなかった。ここでいう数とは，個数という考え方にしばられない概念で，足し算や掛け算といった演算の対象になるものをさす。**個数にしばられると，「0個なんて意味がないから0は数ではない」という考え方におちいってしまう。

早稲田大学名誉教授の足立恒雄博士は，「たとえば英語のnumberは，数と個数の両方の意味があります。人間はどうしても言葉で考えてしまうので，ヨーロッパでは数と個数を同一視してしまったようです。これが，ゼロを数とみなさなかった一つの原因でしょう」と語る。

現在，私たちはさまざまな場面で，あたりまえのようにゼロを用いる。たとえば「無」としてのゼロ，つり合いのゼロ，座標原点としてのゼロ，そして基準値としてのゼロ，空位のゼロ，数としてのゼロなどだ。

しかし，かつてゼロという概念はヨーロッパの人々を悩ませた。天才の一人として広く知られる，フランスの数学者ブレーズ・パスカル（1623～1662）でさえ，「0から4を引いても0だ」と考えたという。0は何もない「無」だから，何も引けないというわけだ。

0の割り算は，もっとあつかいづらい。たとえば「$1 \div 0 = a$」とおいてみよう。すると「$1 = a \times 0 = 0$」となり，「1が0と等しい」という奇妙奇天烈な結果になる。数式の1をほかの数におきかえても結果は同じなので，「すべての数は0に等しい」ということになる。これは明らかに矛盾だ。

このように，0はある意味で，**数学の合理性を崩壊させる力を秘めているといえる。このため現代数学では，0の割り算はやってはいけない禁止事項とされているのである。**

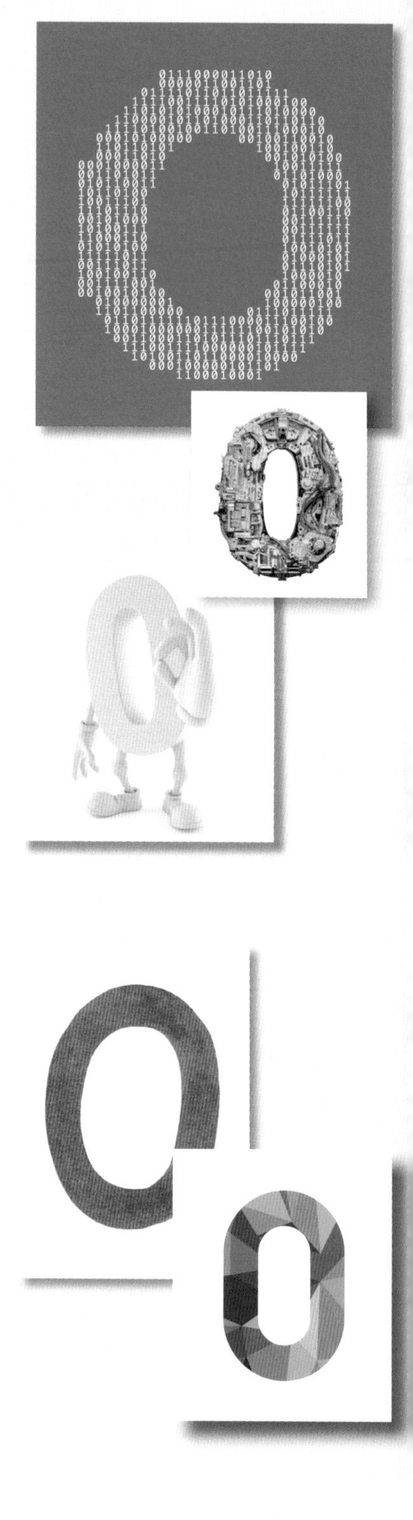

ゼロは
さまざまな意味をもつ

イラストは，ゼロのさまざまな意味をイメージ化したものだ。「無」としてのゼロ，つり合いによるゼロ，座標軸の原点としてのゼロ，基準としてのゼロ，位に数がないことをあらわす記号としてのゼロ（空位のゼロ），そして数としてのゼロである。

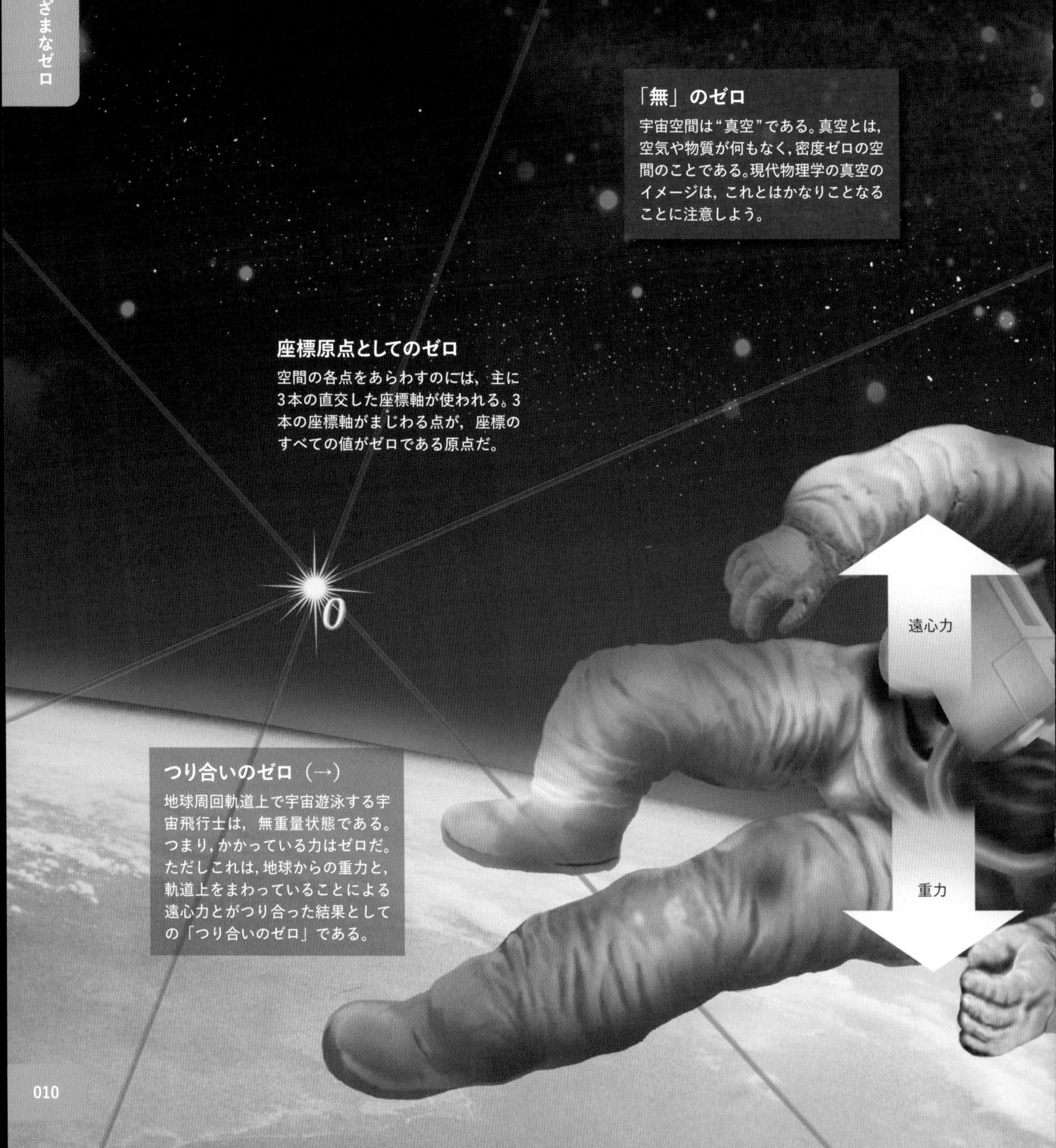

「無」のゼロ

宇宙空間は“真空”である。真空とは，空気や物質が何もなく，密度ゼロの空間のことである。現代物理学の真空のイメージは，これとはかなりことなることに注意しよう。

座標原点としてのゼロ

空間の各点をあらわすのには，主に3本の直交した座標軸が使われる。3本の座標軸がまじわる点が，座標のすべての値がゼロである原点だ。

0

遠心力

重力

つり合いのゼロ（→）

地球周回軌道上で宇宙遊泳する宇宙飛行士は，無重量状態である。つまり，かかっている力はゼロだ。ただしこれは，地球からの重力と，軌道上をまわっていることによる遠心力とがつり合った結果としての「つり合いのゼロ」である。

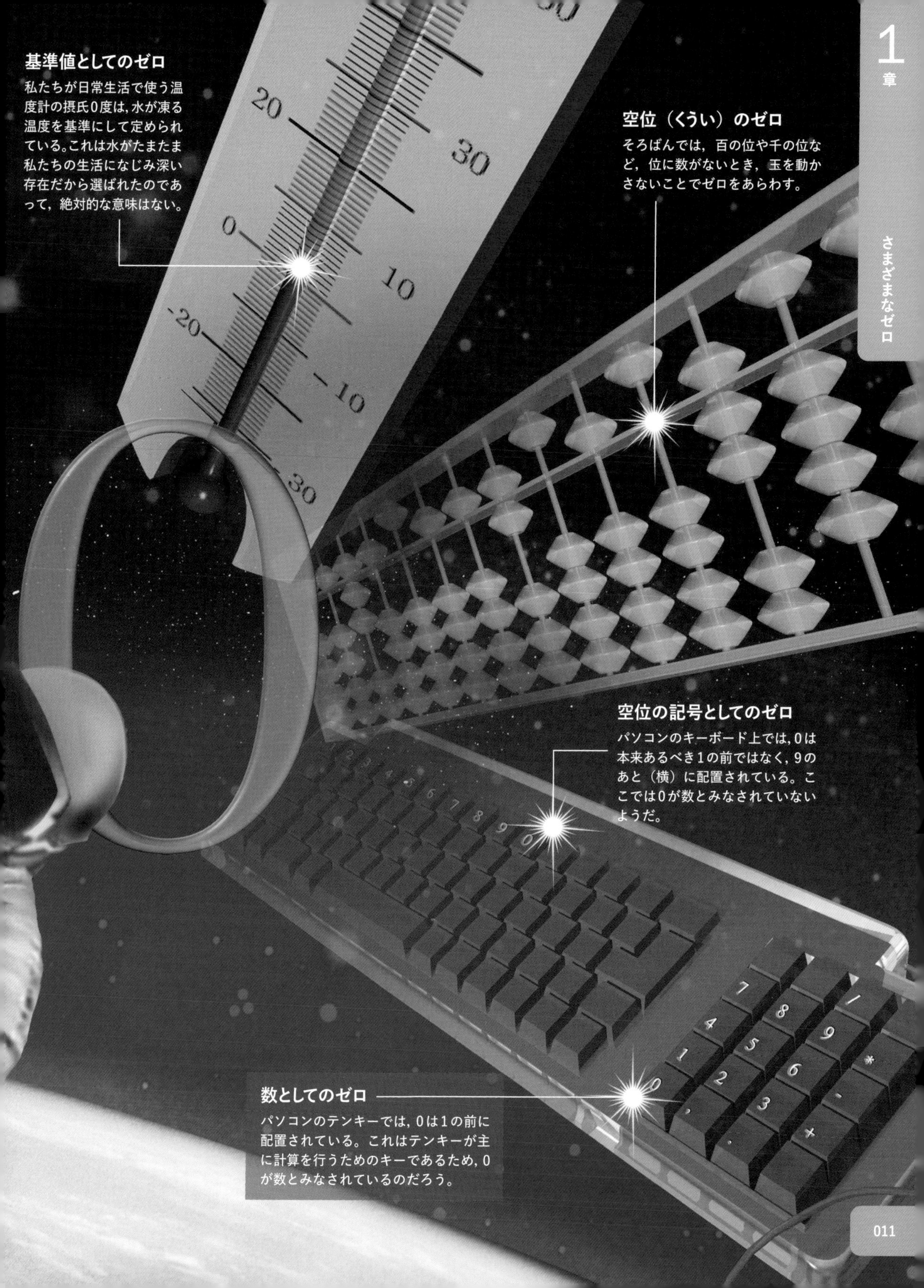
基準値としてのゼロ
私たちが日常生活で使う温度計の摂氏0度は，水が凍る温度を基準にして定められている。これは水がたまたま私たちの生活になじみ深い存在だから選ばれたのであって，絶対的な意味はない。
空位（くうい）のゼロ
そろばんでは，百の位や千の位など，位に数がないとき，玉を動かさないことでゼロをあらわす。
空位の記号としてのゼロ
パソコンのキーボード上では，0は本来あるべき1の前ではなく，9のあと（横）に配置されている。ここでは0が数とみなされていないようだ。
数としてのゼロ
パソコンのテンキーでは，0は1の前に配置されている。これはテンキーが主に計算を行うためのキーであるため，0が数とみなされているのだろう。

ゼロのおかげで数の記号が減った

ゼロ記号を使うことの最大の利点の一つは，**少ない種類の記号で簡単に大きな数をあらわすことができることだ。**

たとえば古代エジプトでは，10は「足かせ」をあらわす記号，100は「なわ（巻き尺）」，1000は「ハスの茎（くき）と葉」といったように，けたごとに別の記号を用意した。また古代ギリシャでは，10（ι（イオタ））はもちろんのこと20（κ（カッパ）），30（λ（ラムダ）），40（μ（ミュー））なども別記号，100（ρ（ロー）），200（σ（シグマ）），300（τ（タウ）），400（υ（ウプシロン））なども別記号であらわし，記号の種類はさらに多かった。

私たちが漢字で数をあらわすときも，一～九に加え十，百，千，万，さらには億，兆，京（けい）…と，4けたごとに新しい漢字を用いる。しかし0を使えば，10,000，10,000,000，100,000,000，1,000,000,000,000…といったぐあいに，新たな記号を考えださなくても，いくらでも大きな数をあらわすことが可能だ。つまり，どんな数でも0～9の10個の数字でことたりるのだ。

このような数の表現方法は「位取り（くらいど）り記数法」とよばれ，位に何もないことをあらわす「0」が，非常に重要な役割を果たしている。

ゼロを使った位取り記数法は，マヤ文明（紀元6世紀ごろ?）やメソポタミア文明（紀元前3世紀以降）で使用された。

また，マヤには絵文字で数字をあらわす方法もあった。その場合，ゼロは「下あごに手をそえた顔」のシンボルや（下のイラスト），「目のような形をした貝殻模様」など（14ページでくわしく紹介）であらわしていた。

ゼロ記号を使ったメソポタミアの数表記法

メソポタミア（バビロニア）では60進法なので，右端が1の位，真ん中が60の位，いちばん左が60^2（3600）の位となる。左のイラストでは，60の位には，空位（くうい）をあらわすゼロ記号が使われている。結局，この数字は，60^2の位が1，60の位が0，1の位が2なので，現代風に表記すると，（3600×1）＋（60×0）＋（1×2）で3602ということになる。

石碑にきざまれたマヤの絵文字のゼロ

下あごに手をそえた横顔。

古代文明のゼロ記号と数字

現代の数字（アラビア数字） エジプトの数字 ギリシャの数字 メソポタミアの数字（60進法） マヤの数字（20進法）

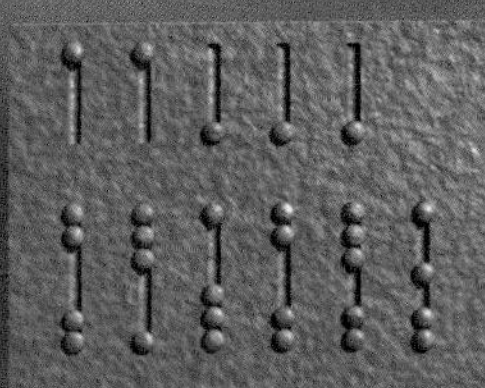

そろばんと数としてのゼロ

多くの古代文明では，計算にはそろばんのような算盤（さんばん）や算木（さんぎ：木片を並べて計算する道具）が使われ，数字は主にその計算結果を記録するためだけに使われたようだ。そのため，ゼロ記号を使って計算することはなかった。

時計とローマ数字

ローマ数字にもゼロをあらわす記号はなく，10はX，50はL，100はCといったようにあらわした。

＊ 本来のローマ数字は，4を「IIII」であらわすこともあるが，ここでは「IV」を使った。

点と棒を組み合わせた「マヤ数字」

マヤ文明では，独自の形をもつ「マヤ数字」を使っていたことが判明している。たとえば0は「目のような形をした貝殻模様」であらわされ，その他は1をあらわす「点」と，5をあらわす「棒」を組み合わせて，縦に表記していた。

マヤ数字の特徴は，数のまとまりが20ずつに区切られていたことである。私たちの日常生活では10を区切りとした10進法が用いられているが，マヤ文明では20進法が使われていた。

例として，130をマヤ数字であらわしてみよう。130の中には20の単位が6あり，10余る。つまり「130＝20×6＋10」となる。20進法の130は，「1けた目が10，2けた目が6」という2けたの数字となる。マヤ数字では，これらを下から上へ書き上げる。

マヤ数字（0～20）

例：130をあらわす場合

$$20 \overline{\smash{)}130} \cdots 10$$
$$6$$

…6を意味する

…10を意味する

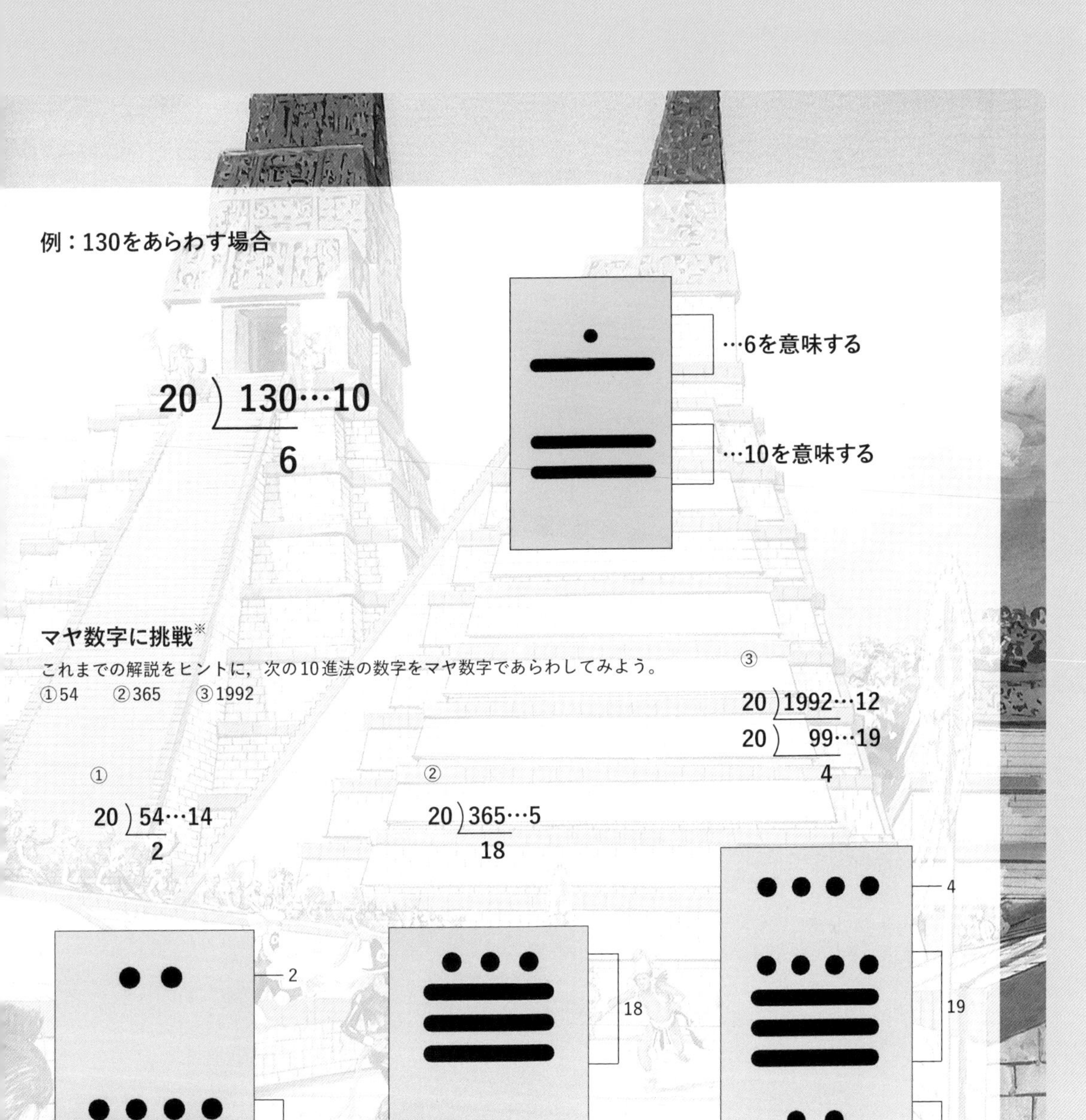

マヤ数字に挑戦※

これまでの解説をヒントに，次の10進法の数字をマヤ数字であらわしてみよう。
①54　②365　③1992

③

$$20 \overline{\smash{)}1992} \cdots 12$$
$$20 \overline{\smash{)}99} \cdots 19$$
$$4$$

①

$$20 \overline{\smash{)}54} \cdots 14$$
$$2$$

②

$$20 \overline{\smash{)}365} \cdots 5$$
$$18$$

— 4

— 19

— 18

— 14

— 12

— 5

※：実際のマヤの20進法位取りは暦の長大な日数を表すためのものだったので，3けた目だけは2けた目の18倍という変則的なものだった。しかし，ここでは規則的な20進法を考える。

数としてのゼロはインドで生まれた

ゼロが“一人前の数”とみなされた，つまり加減乗除などの演算の対象とされたのは，インドが最初であるという説が有力だ。

インドではゼロ記号として，黒丸の点（・）が使われていた。数としてのゼロがみられるようになるのは，**文献的には紀元550年ごろの天文学書『パンチャシッダーンティカー』が最古である。**太陽の天球上での運動は1日あたり約60分（60分は1度）だが，季節によって若干の変動がある。この本ではそれを「60 ± a 分」とあらわしているが，ちょうど60分の時期を「60 − 0」と表記しているのだ。つまり，少なくとも部分的には6世紀なかばの段階で，ゼロが演算対象であるという認識がインドにあったことになる。

では，なぜインドで数としてのゼロが誕生できたのだろうか。インド数学史を研究する同志社大学名誉教授の林隆夫（はやしたかお）博士は，次のように語る。

「インドでは位取り記号としてのゼロが用いられたという下地に加え，筆算（ひっさん）が行われたという背景があります。たとえば筆算で『25 + 10』をしようとすると，どうしても一の位で『5 + 0』を行わなければなりません。そこで，ゼロを演算対象とする必要が出てきたのではないでしょうか」

インドのだれが，数としてのゼロを“発見”したのかは謎に包まれている。しかしこの出来事は，**数学史の発展，ひいては人類にとってきわめて重要な一歩だったといえるだろう。**

筆算が数のゼロを生んだ？（一）

インドでは，位に1～9の数字がないことをあらわす記号（メタシンボル）としての「ゼロ」が存在したのに加えて，筆算が行われていた。インドでの筆算は，板や皮の上にチョークで書いたり，砂や粉をまいて指や棒で書いたりして行われていた。右のイラストは，「15 + 23 + 40 = 78」という計算を筆算で行っているイメージ。この計算においては，一の位では「5 + 3 + 0」とゼロの足し算を行う必要がある。

現代の算用数字（アラビア数字）

インドの数学者を悩ませた「ゼロによる割り算」

紀元628年の天文書『ブラーフマスプタシッダーンタ』では，$a \pm 0 = a$，$0 \pm 0 = 0$，$a + (-a) = 0$，$a \times 0 = 0 \times a = 0$，$0 \times 0 = 0$，$0^2 = 0$, $\sqrt{0} = 0$，$0 \div a = 0$などが記されており，明らかにゼロを演算対象とみなしていることがわかる。興味深いのは，$0 \div 0 = 0$と誤った結果をみちびいていたり，$a \div 0$を「ゼロを分母にもつもの」とだけ表現して，その意味にふれていなかったりしていることだ。現代数学では，ゼロの割り算はやってはいけない禁止事項である。

ゼロの割り算はインドの数学者たちをたいへん悩ませたようで，$a \div 0 = 0$や$a \div 0 = a$，$(a \div 0) \times 0 = a$とした人もいた。これらは，現代数学ではすべてまちがいである。また，紀元12世紀のバースカラは，$a \div 0$を「無限量」と表現して数のようにあつかい，「これに数を足したり引いたりしてもかわらない」($\infty \pm a = \infty$)としている。これは，現代数学的には正しい記述の仕方ではないが，16世紀後半になると，クリシュナが$a \div x$においてxを0にかぎりなく近づけていくと無限大になるという「極限」の概念を用いて$a \div 0$を説明し，ガネーシャは$0 \times x = 0$の解は「任意」すなわち不定であるとした。

古代インドの数字（グプタ朝，4～6世紀）
左上が1で順に2，3，…，9。右下が0。

インドの数字は アラビア語文化圏を経てヨーロッパに伝わった

私たちが算用数字として使っている「0～9」の数字を使った記数法は，インドを起源とする。算用数字は「アラビア数字」ともよばれるが，これはインドで生まれた0を含む記数法（右）がアラビア語を用いるイスラム文化圏を経て，スペイン・イタリアを経由し，ヨーロッパ全域に普及したからである。

中国にあったゼロの“種”

古代中国でも，多元連立一次方程式（$ax + by = p, cx + dy = q$など）を算木で解くとき，係数がゼロで算木が入らない項を「無入」とよんだ。そして「無入－正数＝負数」といった算木の加減の規則をあたえている（記号であらわせば$0 - a = -a$に相当するが「負数」は現代的な「負数」ではなく「引かれるべき算木」をさす）。しかしゼロの概念は，そこから先へは発展しなかったようだ。

残りの距離は決してゼロにならない？

何かを「無限」に分割しようとすると，その要素はかぎりなく「ゼロ」に近づく。ゼロと無限は，表裏一体の関係にあるのだ。ここでは，古代ギリシャの哲学者たちも悩んだ無限の問題をみてみよう。

無限の問題で有名なのが「ゼノンのパラドックス」である。パラドックスとは，**みかけ上矛盾していると思われる問題のことだ**。哲学者であるゼノンが考えたものの一つに,「目的地には到達できない」(二分法(にぶんほう)) というものがある。

ある人が目的地に到達するためには，まず目的地までの中間地点を通過する必要がある。中間地点を通過しても，そこから目的地までには，また中間地点が設定でき，そこも通過しなくてはならない。同様に考えていくと，目的地までの距離はかぎりなく「ゼロ」に近づいていく

アキレスとカメのパラドックス

カメが最初にいた場所（第1地点）にアキレスが到達しても，その間にカメは少しだけ先（第2地点）に進んでいる。さらにアキレスが，カメのいた場所（第2地点）に到達しても,カメはまたその間にほんの少しだけ進んでいる（第3地点)。これは無限にくりかえされる。アキレスとカメの距離はかぎりなく「ゼロ」に近づくが，アキレスは決してカメに追いつけない……。以上はゼノンの「アキレスとカメ」のパラドックスだが，ここにも「無限の足し算の答えは無限大」という誤解がある（→20ページにつづく)。

が，通過する必要のある地点は無限に存在することになる。つまりゼノンは，「無限の点を通過し終えることなど不可能で，目的地に到達することは永久にできない」と論じたのだ。

目的地に到達できないというゼノンのパラドックスは，明らかに現実と矛盾する。しかし，古代ギリシャの哲学者たちは「無限」という怪物をどうあつかっていいのかがわからず，ゼノンの主張に悩んだのである。

現代では，これは簡単に説明がつく。最初の中間地点までに要する時間を1秒とすると，次の中間地点まで到達するのに要する時間は2分の1秒だ。その次の中間地点までには4分の1秒で到達できる。つまり，目的地までに要する時間は「$1+\frac{1}{2}+\frac{1}{4}+\frac{1}{8}+\frac{1}{16}+\cdots$」（秒）という無限の足し算で求められることになる。

ゼノンはこれを「無限に足すから答えは無限大だ」と論じたわけだが，そうではない。実際に計算してみればわかるが，**この足し算は限りなく2に近づいていき，決して2をこえることはない**。つまり，2秒後には目的地に到達できるのである。このように，無限に足しても有限の値に収束することはめずらしくない。

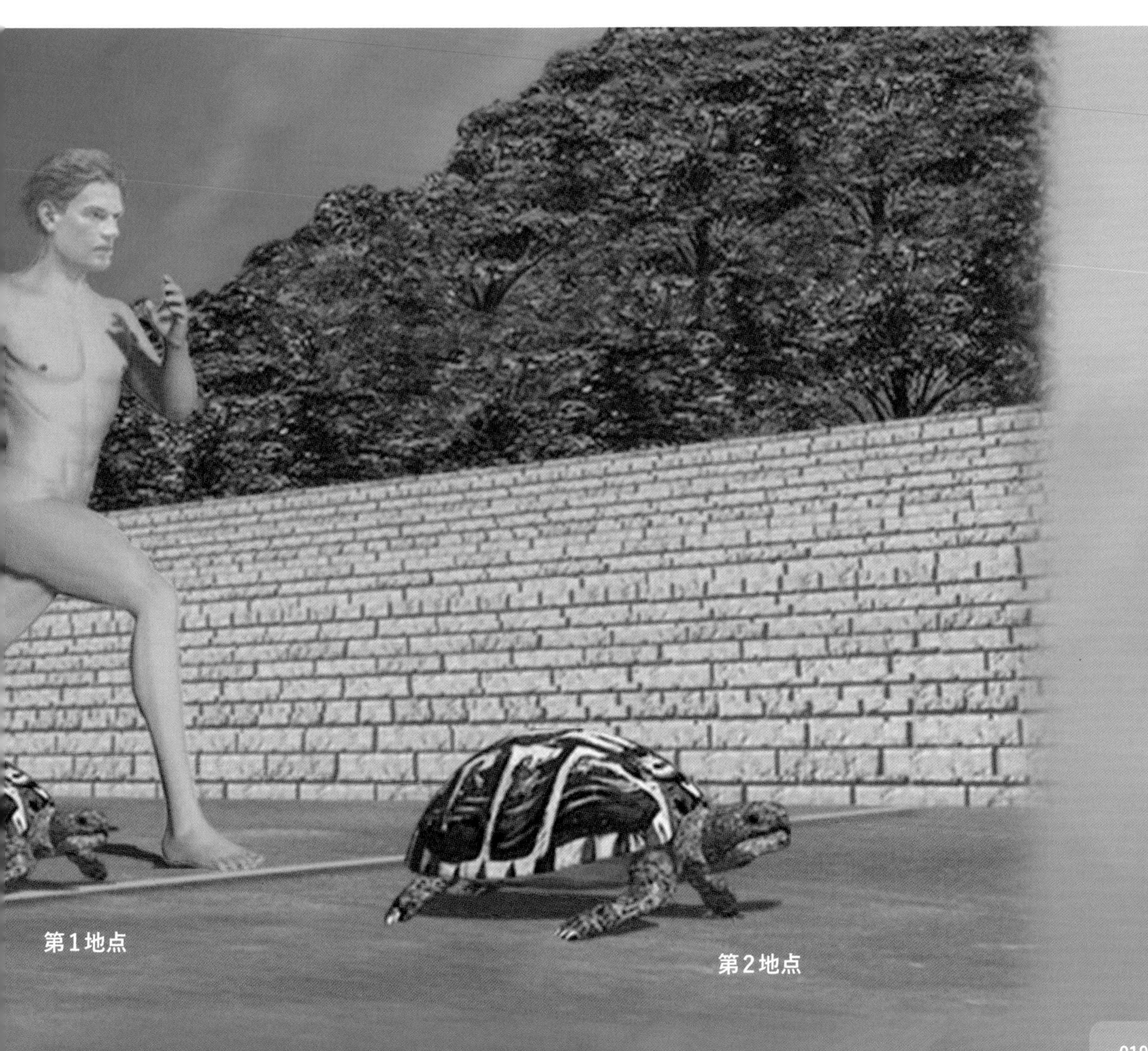

残りの距離は「ゼロ」に近づくが ゴールに到達はできない？

目的地に到達するには，スタート地点から目的地までの第1中間地点を通過する必要がある。さらに，第1中間地点と目的地までの中間地点（第2中間地点）も通過する必要がある。これを無限に考えたのが下のイラストで，中間地点ごとに区間を色分けし，それぞれに人をえがいた。残りの距離はゼロにかぎりなく近づくが，決してゼロにはならず，無限の地点が設定できる。ゼノンは「無限の地点を通過するのは不可能なので目的地には到達できない」と主張したが，これは無限の足し算の答えが無限大になるという誤解にもとづいている。

アキレス

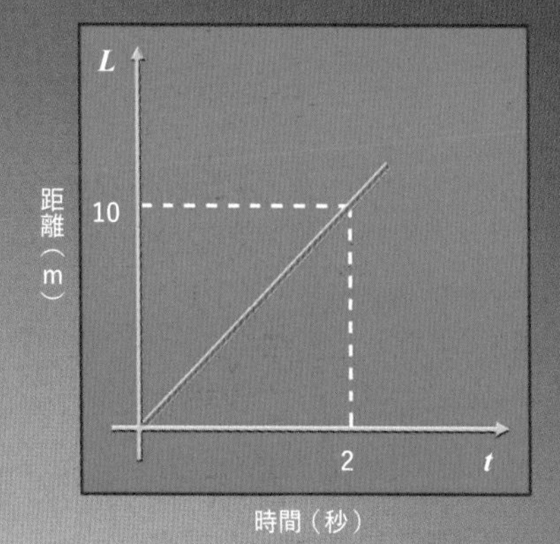

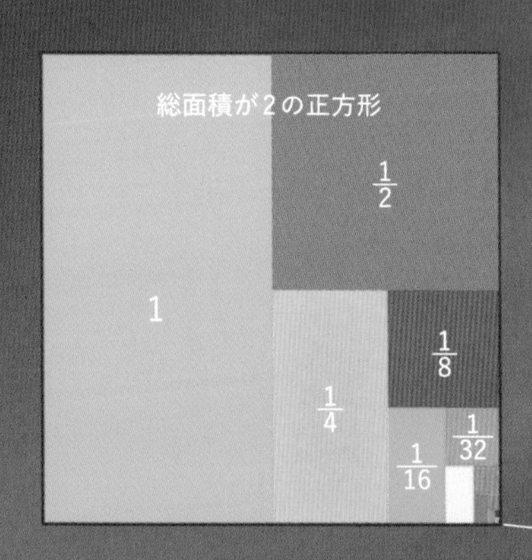

グラフでパラドックスを解く

走者が秒速5メートルで走っているとすると，t秒後に到達する距離Lは「$L=5t$」という式で書くことができ，グラフは上のようになる。目的地が10メートル先だとすると，「$10=5t \rightarrow t=2$」で2秒後に到達することがわかる。古代ギリシャでは，このように距離を時間の関数であらわす考え方はほとんどみられなかったという。

無限の足し算（級数）

上は面積2の正方形である。左半分の面積は1。残りの右半分のさらに半分の面積は$\frac{1}{2}$。その残りのさらに半分は$\frac{1}{4}$。これを無限に考えていくと，「$1+\frac{1}{2}+\frac{1}{4}+\frac{1}{8}+\frac{1}{16}+\cdots$」がかぎりなく正方形の面積に近づき，2をこえないことがわかるだろう。

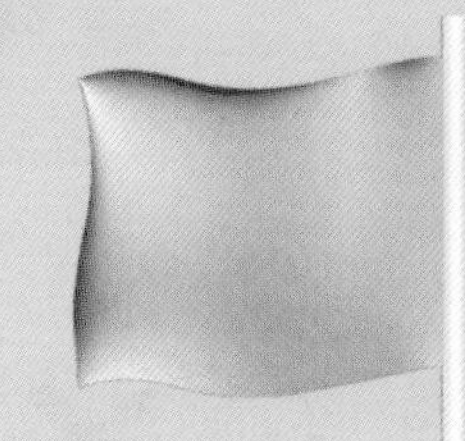

残りの距離はかぎりなく「ゼロ」に近づくが，
決して「ゼロ」にはならない。

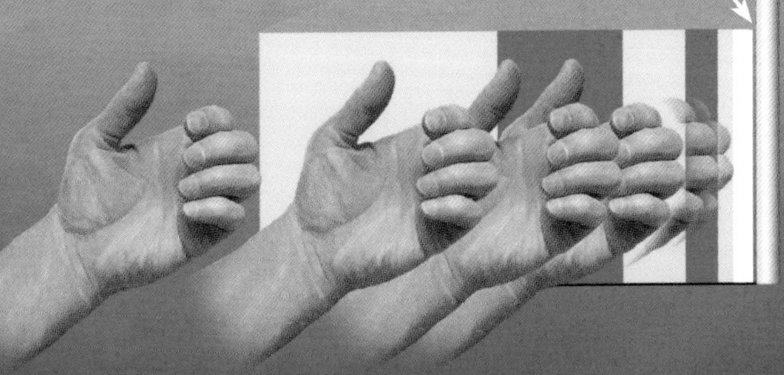

面積はかぎりなく
「ゼロ」に近づく

大きさゼロの「点」がつくりだす無限の不思議

今度は，無限に大きい量（無限大）について考えてみよう。「1÷0」を無限量とみなしたインドの数学者がいたように，無限大は歴史的にゼロと表裏一体であった。

無限大の問題に積極的に取り組んだ先駆者が，ドイツのゲオルク・カントール（1845～1918）である。8ページで紹介した足立（あだち）博士によれば，昔は無限といえば神秘的，不可思議とされ，数学では積極的に取り上げられなかったが，カントールは「**無限集合にも濃度がある」というそれまでにない考え方を示した**という。

無限集合の濃度とは，いったい何だろうか。たとえば，自然数，偶数，線分の中の「点」（大きさ「ゼロ」）の集合を，それぞ

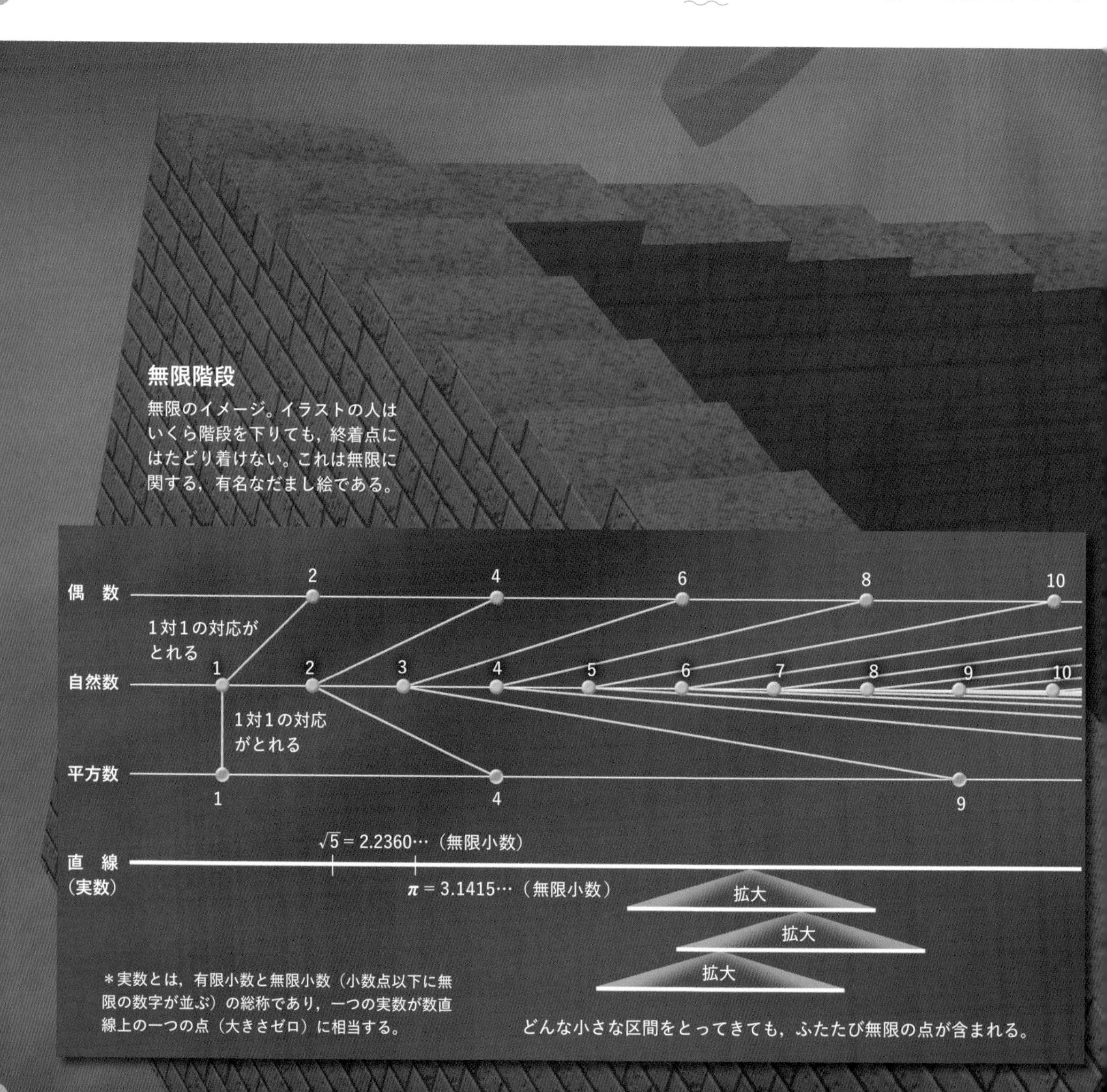

無限階段
無限のイメージ。イラストの人はいくら階段を下りても，終着点にはたどり着けない。これは無限に関する，有名なだまし絵である。

れ考えてみよう。これらは，要素のすべてを数え終えることができない「無限集合」である。ただし自然数と偶数の集合は，たとえ数え終わらないにしても，それぞれ｛1,2,3,4,5,…｝｛2,4,6,8,10,…｝と，要素をもらすことなく数えていくことはできる。

一方，線分の中の点はそうはいかない。**線分のどんな小さな区間を切り取っても，大きさゼロの点はさらにその中に無限に存在する。**つまり，もれなく数えあげることなど不可能だ。これはいわば“ゼロの魔力”といえるだろう。

「無限」とひとくちにいっても，もれなく数えられる無限と，そうでない無限がある。そして，線分の中の点の集合のほうが「濃度が高い無限」だと，カントールは表現したのである。

無限と無限を比較するカントールの斬新な考え方は，当初学界内からもはげしい反発を受けた。しかしその後は支持者をふやし，大きな影響をおよぼすことになるのである。

メビウスの帯
無限のイメージ。「メビウスの帯」は表と裏がない不思議な帯である。

「全体」と「部分」の“個数”が同じ？

左のイラストは，自然数，偶数，平方数（自然数を2乗したもの），そして直線（実数）の無限集合を比較したものだ。偶数と平方数は，それぞれ自然数と1対1での対応を果てしなくつづけることができる（黄色の線の対応）。数学ではこれを「濃度が等しい」と表現する。

これは少し考えると不思議なことだ。偶数と平方数は明らかに自然数の部分でしかない。それなのに1対1の対応がとれるというのは，集合の要素が無限に存在するからである。また，1対1での対応がとれるということは，ある意味においては自然数，偶数，平方数は“個数”（有限集合の個数とは意味がちがう）が等しいといえる。つまり，「全体は部分より大きい」というあたりまえに思えることが，無限集合においては成り立たないのである。

一方，直線上の点全体が自然数の全体と1対1対応をつけられるとすると，矛盾を生じる（カントールはこれを「対角線論法」という手法を使って証明した）。つまり，直線上の点全体のつくる集合のほうが「濃度が高い」のである。

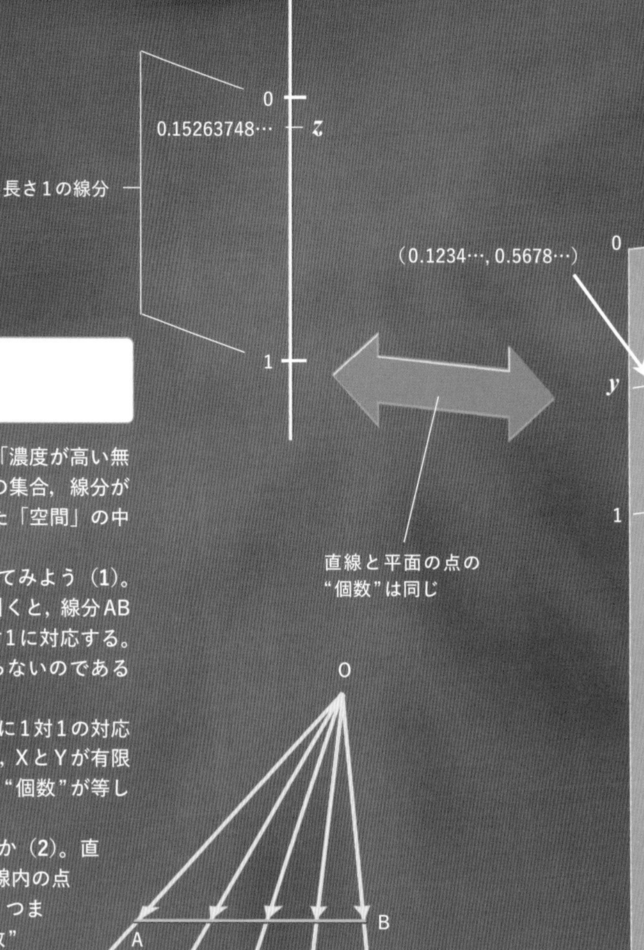

直線と平面，空間の点の“個数”は等しい

線分の中の点の集合は，自然数や偶数などよりも「濃度が高い無限」である。では，長さのことなる線分の中の点の集合，線分が広がった「平面」の中の点の集合，平面が広がった「空間」の中の点の集合とでは，濃度のちがいはあるだろうか。

まず，線分ABと，それより長い線分CDを考えてみよう（1）。両者の外部にある点Oから，図のように補助線を引くと，線分AB上のすべての点と，線分CD上のすべての点が1対1に対応する。つまり，線分に含まれる点の“個数”は長さによらないのである（濃度が等しい）。

正確にいえば，集合Xの要素と集合Yの要素の間に1対1の対応がつけられるとき，XとYは濃度が等しい。これは，XとYが有限の要素からなる集合（有限集合）の場合，XとYの“個数”が等しいということにほかならない。

次に，平面の中や空間の中の点ではどうだろうか（2）。直線は平面のごく一部である。しかし意外にも，直線内の点と平面内の点は1対1の対応をとることができる。つまり，平面の部分でしかない直線の中の点の“個数”は，全体である平面の中の点の“個数”と等しいのである（濃度が等しい）。

これを発展させると，さらに「空間の中の点も同じ“個数”」ということができる（濃度が等しい）。結局，線分，平面，空間の中の点の集合は，いずれも同じ濃度の無限なのだ。

1. 線分の点の“個数”は長さによらない

2. 直線と平面の点は1対1に対応する

一辺の長さが1の正方形の内部（中）と，長さ1の線分（左）を考える。たとえば，正方形の内部の座標$(x,\ y)=(0.1234\cdots,\ 0.5678\cdots)$の点（中）に対して，$x$，$y$座標の小数点以下の数字を交互にとってつくる「0.15263748…」という小数を考え，これを線分上の点とする（左）。

このようにすれば，正方形の中のすべての座標$(x,\ y)$に対して，線分上に一つの点zをつくることができる（$x=0.a_1a_2a_3a_4a_5\cdots a_n\cdots$，$y=0.b_1b_2b_3b_4b_5\cdots b_n\cdots$としたとき，$z=0.a_1b_1a_2b_2a_3b_3a_4b_4a_5b_5\cdots a_nb_n\cdots$とするということ。前述の例では，$a_1=1$，$a_2=2$，$a_3=3$，$a_4=4\cdots$，$b_1=5$，$b_2=6$，$b_3=7$，$b_4=8\cdots$）。

つまり，正方形の中の点と線分の中の点とを1対1ですべて対応させることができる。線分の中に含まれる点の“個数”は長さによらないので（左下のイラスト），結局，「直線と平面の点の“個数”は等しい」ということになる。

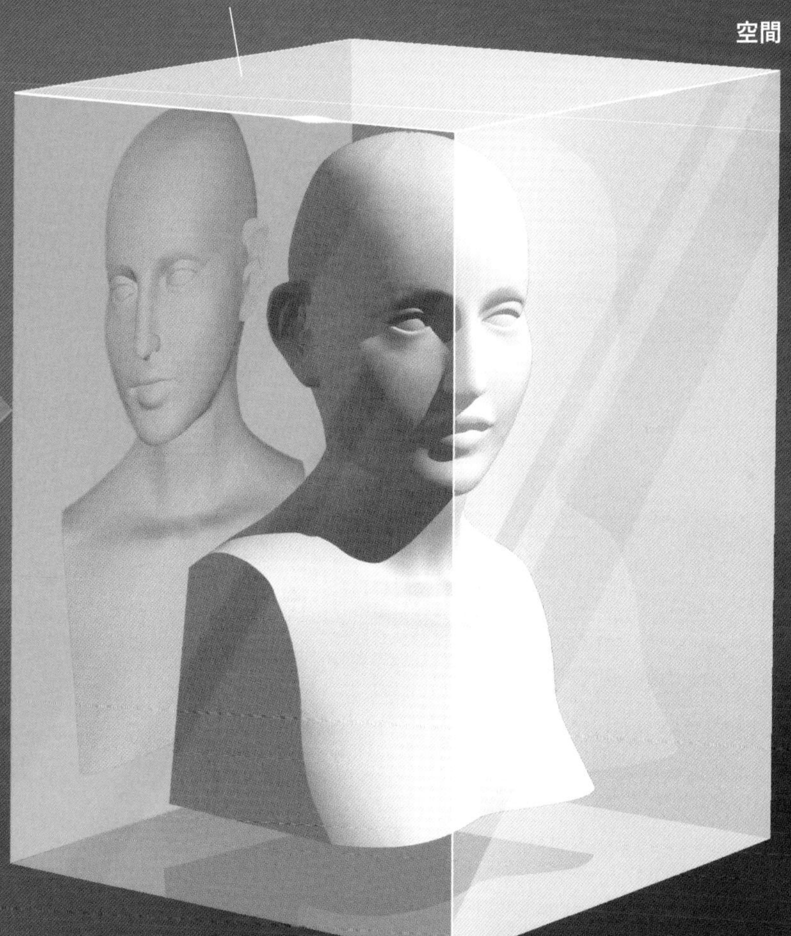

「かぎりなくゼロに近づける」という数学が現代社会を支えている

正方形の紙を円の内部にしきつめ，残った場所により小さな正方形をしきつめる。同じことを，正方形の大きさをできるだけ小さくしながらくりかえせば，私たちは円の面積を求めることができる。

このような**「かぎりなくゼロに近づける」という手法を駆使し，曲線で囲まれた面積や接線，グラフがどこで最大・最小値をとるかなどを求める数学**が「微積分」である。

微積分はアイザック・ニュートン（1642～1727）によって考えだされて以来，力学（物体の運動などを説明する物理学）の必須な手段として使われてきた。そして現代物理学でも，**微積分はあらゆる分野でその威力を発揮し，社会を裏から支えている。**

たとえば建築物の設計では，各部位にかかる加重や強度などを前もって十分に計算しておかなくては，安全性を確保することができない。この計算理論に，微積分が使われているのだ。

経済も例外ではない。現代の複雑な経済システムを分析するには，微積分を含む数学的手法が不可欠なのである。

微積分の創始者はどっちだ？

微積分の創始者としては，ドイツの数学者ゴットフリート・ヴィルヘルム・ライプニッツ（1646～1716）の名もあげなくてはならない。

ニュートンとライプニッツは，ほぼ同時期に独立に微積分をつくりあげたが，研究としてはニュートンのほうが，著書での発表についてはライプニッツのほうが先んじていた。そのため，どちらが本当の創始者であるかについて，それぞれの支持者の間で大きな論争を巻きおこしたことが知られている。

ちなみに現代の微積分で用いられている記号は，ライプニッツがつくりあげたものだ。

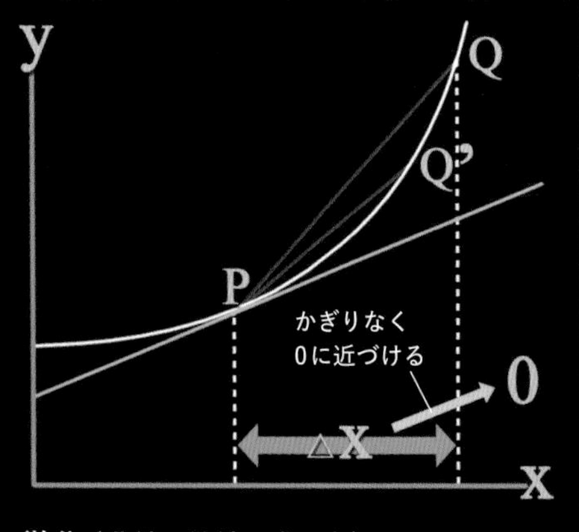

微分（曲線の接線の求め方）
Pでの接線を求める方法は，次のとおり。Pとx座標がΔxだけ離れた点Qを考え，まずはPQを結ぶ直線を考える。Qを曲線に沿ってかぎりなくPに近づけていく（Q'），つまりΔxをかぎりなく0に近づけていけば，PQを通る直線が接線となる。

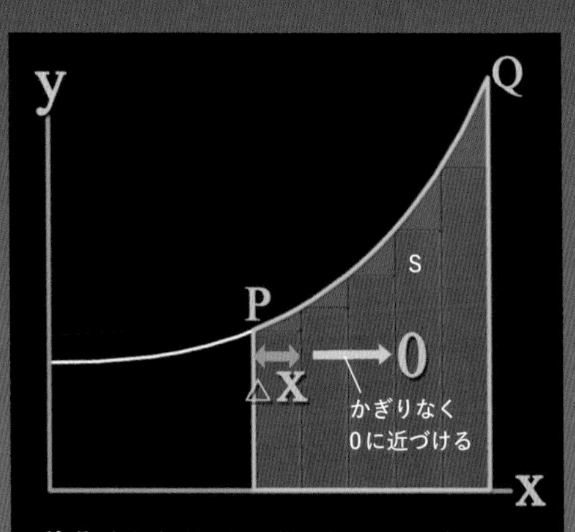

積分（曲線で囲まれる面積の求め方）
上の緑色の線で囲った部分の面積の求め方は，次のとおり。PとQの間を幅Δxの短冊（赤色）で上のように埋めて，その短冊をすべて足した面積をSとする。Δxをかぎりなくゼロに近づけていけば，Sが求める面積にかぎりなく近づく。

$$\frac{dx}{dy}$$

$$\int ydx$$

弾道学（だんどうがく）

大砲の弾をどのような初速度や角度で撃てば，ねらった場所に着弾できるかを考えるのに微積分が役立った。

ライプニッツ

ライプニッツは記号を非常に重視し，使い勝手のよい記号体系をつくりあげた。現代の微積分で使われる記号（イラスト左上）は，ライプニッツ派の記号である。

現代社会を支える微積分（↓）

「ゼロ」をめぐる幾多の試行錯誤から生まれた微積分は，物理学や建築学，経済学など，幅広い分野で応用されている。

ニュートン

微積分のほか，万有引力（ばんゆういんりょく）の法則をはじめとするニュートン力学や，光学の研究など，物理学の発展に大きく貢献した人物として広く知られる。

経済学

経済学の理論でも，微積分がいたるところに使われている（写真はイメージ）。

建築学

建築物にかかる加重や強度を計算する理論において，微積分は非常に重要である。写真のような吊橋（つりばし）では，主塔に加重が一手にかかるので，設計にはとくに高い精度が求められる。

摩擦力がゼロの世界では歩くこともできない

2002年にノーベル物理学賞を受賞した小柴昌俊博士は，大学院生時代に講師をしていた中高一貫校で,「もしも摩擦力がなかったらどうなるか」という問題を出したそうだ※。このとき，想定された正解は「白紙」だったという。摩擦力がなければ鉛筆が紙の上をすべって，文字が書けないためだ。

そもそも摩擦力がゼロの状態では，鉛筆を持つことも，イスに座って静止することもできないだろう。さらに，地面を歩くことだってできないし，いったん動きだしたらなかなか止まれないはずだ。

摩擦力とは，**接触した物体どうしの間にはたらく，運動を邪魔する向きに加わる力である。**物体どうしが接触しているかぎり，摩擦力は決してゼロになることはない。

今，カーリングのストーンを投げて氷上をすべらせたあと，ストーンが摩擦力や空気抵抗によって止まったとしよう。この

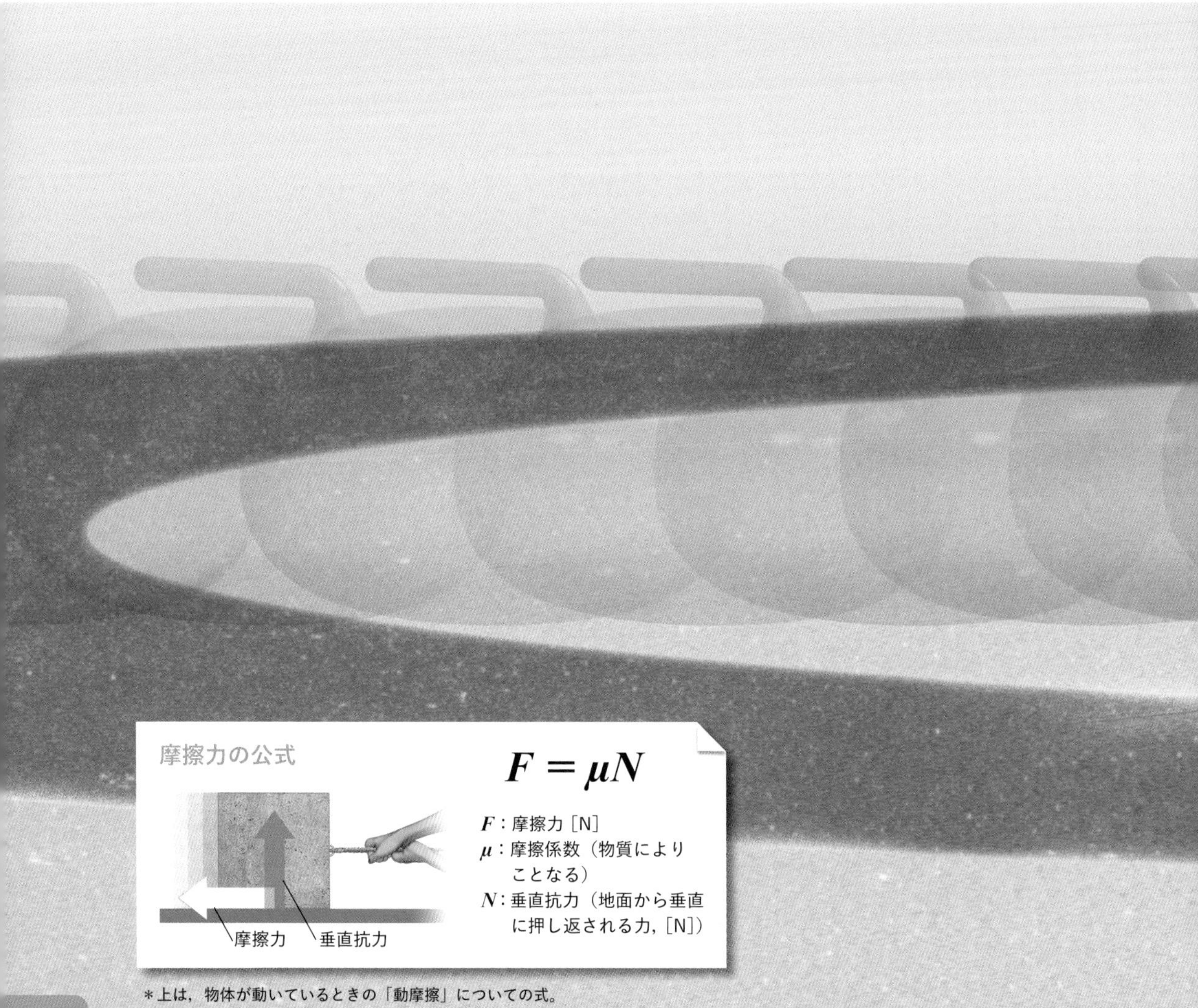

摩擦力の公式
$F = \mu N$
F：摩擦力［N］
μ：摩擦係数（物質によりことなる）
N：垂直抗力（地面から垂直に押し返される力,［N］）
摩擦力
垂直抗力

＊上は，物体が動いているときの「動摩擦」についての式。

とき，摩擦力によって減少した運動エネルギーは，主に熱エネルギーに変換されている（摩擦熱）。体育館で勢いよくすべったときに肌をやけどした経験がある人も多いと思うが，このしくみによるものだ。

※：小柴昌俊『やれば、できる。』（新潮社）を参考とした。

痛くないのは空気抵抗のおかげ？

摩擦力と同じように，空気抵抗も物体の運動を邪魔する力だ。物体が空気を押しのけようとするとき，空気から逆向きの力を受ける。

もしも空気抵抗がなかったら，雨粒が当たると痛くてたまらないはずだ。たとえば高度1000メートルから雨粒が空気抵抗なしで落下してくるとしたら，雨粒は重力によって加速しつづけ，地上に着くころには秒速140メートルに達することになる。

実際には，雨粒ははじめは重力によって加速していくが，ある速さになると，空気抵抗が重力と同じ大きさになってつり合い，それ以上加速しなくなる。このときの速さを「終端速度（しゅうたんそくど）」という。雨粒は平均的なもので秒速数メートルで終端速度をむかえるため，私たちに当たっても痛くないというわけだ。

氷の上でも物体は必ず止まる

どんな物体どうしの間でも，摩擦力は必ず発生する。氷上では，薄い水の層ができるなどして摩擦力は小さくなるが，それでもゼロになることはない（カーリングのストーンは，必ずどこかで止まる）。

絶対温度0度よりも低い温度は存在しない

さて，ここからは自然界にあらわれるさまざまなゼロにせまっていく。まずは，温度の「0度」についてみてみよう。

私たちがふだんの生活の中でよく耳にするのは「摂氏温度」で，**摂氏0度は「水」が凍る温度という意味である。**一方で，物理学で使われる温度に「絶対温度」というものがある。この絶対温度の0度(摂氏マイナス273.15度）は，温度の下限である。**つまり，それよりも低い温度は存在しないのだ。**絶対温度の0度（絶対零度）は文字どおり，“絶対的”な意味をもった温度なのである。

そもそも温度とは，ミクロの世界では原子（または分子）の運動のはげしさのことだ。原子の運動は，低温になるほどおとなしくなる。

一定の圧力を保ちながら温度を下げていくと，気体の体積は減少していく。摂氏0度の体積を基準にすると，1度下がるごとにその273.15分の1だけ体積は減少する。摂氏マイナス273.15度では**原理的には気体の体積は「ゼロ」になり，原子の運動も止まる**※。つまり，これより下の温度はないことになる(絶対零度)。ただし現実の気体では，原子どうしに引力がはたらくので，絶対零度になる前に液体，固体となる。

※：あくまで古典物理学で考えた場合の話で，現代物理学の基礎となっている量子論で考えると厳密ではない（下図参照）。

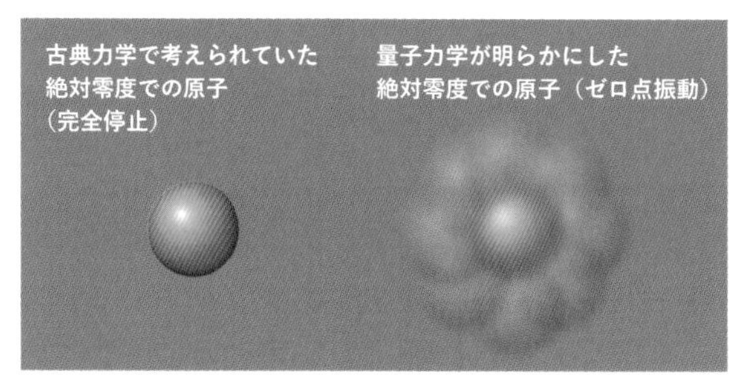

絶対零度でも原子は止まらない

原子サイズのように小さな世界を説明する「量子論」によると，原子は完全に止まることはできない。つまり，絶対零度でも停止しない（ゼロ点振動）。ヘリウムは非常に軽い元素なのでゼロ点振動の効果が大きく，また原子どうしにはたらく引力（ファンデルワールス力）が小さいため，固体にはならない。

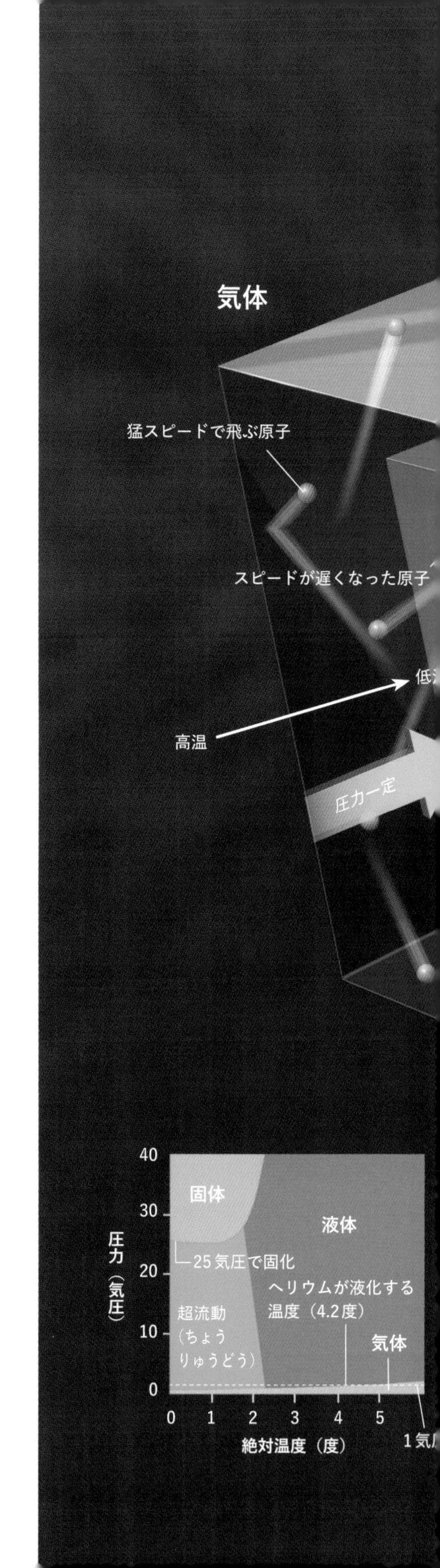

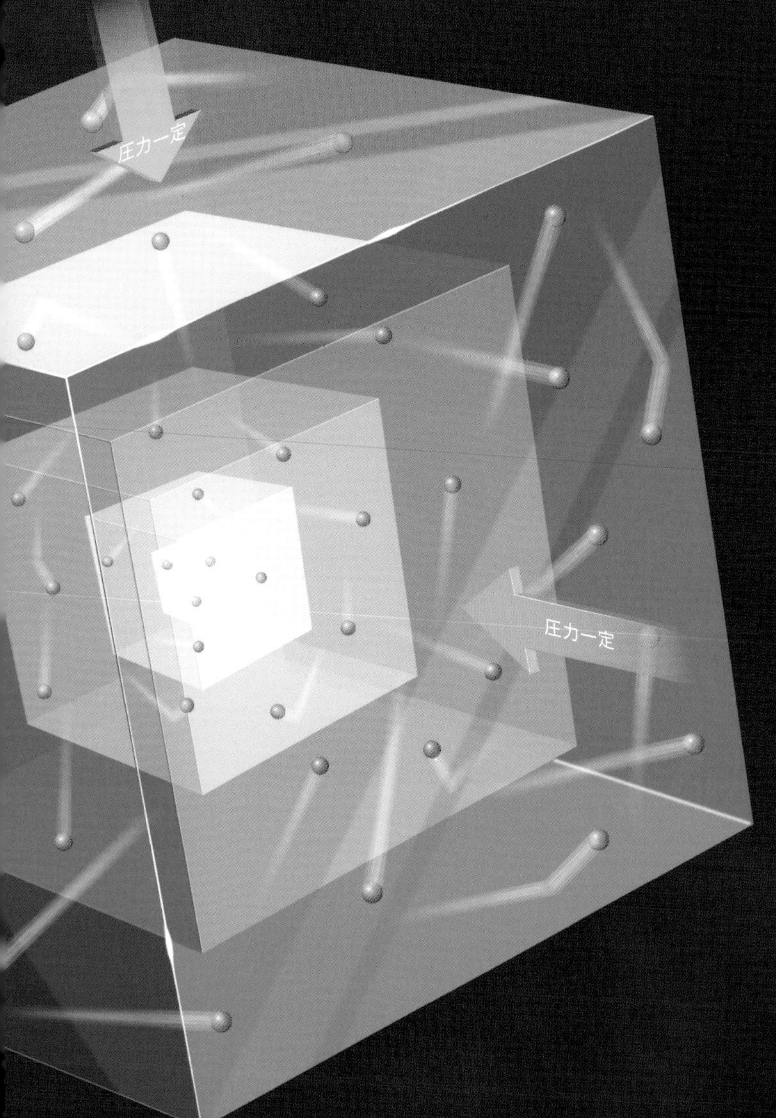

液体

通常，気体はある温度以下になると，原子（または分子）どうしの引力によって液体となる。原子は，気体のときのように飛ぶことはできないが自由に動ける。

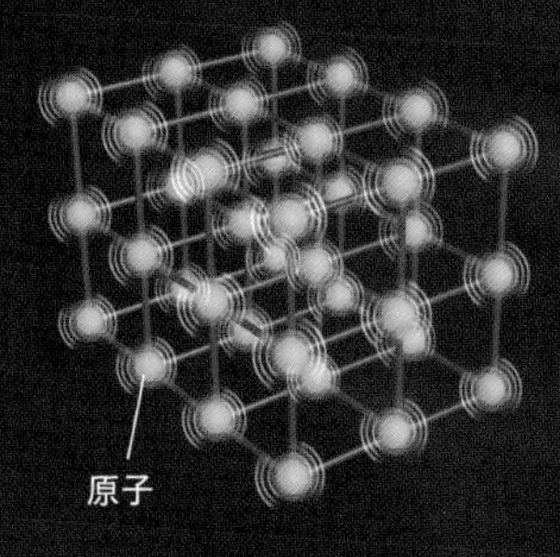

固体

さらに温度が下がると，原子（または分子）は自由に動けなくなり固体となる。ただし固体状態でも，原子は熱によって振動している。この振動のはげしさが，固体における温度である。

絶対零度で 気体の体積はゼロになる

温度とは，原子の運動のはげしさのことである。左上のイラストでは，原子の運動のはげしさを軌跡の長さで表現した。

（←）ヘリウムの温度と圧力による状態の変化

普通の元素はすべて低温で凍るが，ヘリウムは絶対零度でも凍らない（図で1気圧，0度が固体の領域に入っていない）。

電気抵抗がゼロになる「超伝導」現象

金属は一般的に温度を下げることで少しずつ電気抵抗が下がっていくが，通常は決してゼロにならない。しかし特定の物質は，**絶対零度(れいど)近くの極(きょく)低温になると電気抵抗がゼロになる「超伝導(ちょうでんどう)（超電導）」現象がおきる。**

超伝導を最初に発見したのは，オランダの物理学者カメルリング・オンネス（1853～1926）である。彼は，液体ヘリウムの沸点(ふってん)である摂氏マイナス269度（絶対温度4.2度）に冷却した水銀の電気抵抗が，突然ゼロになることを発見した。

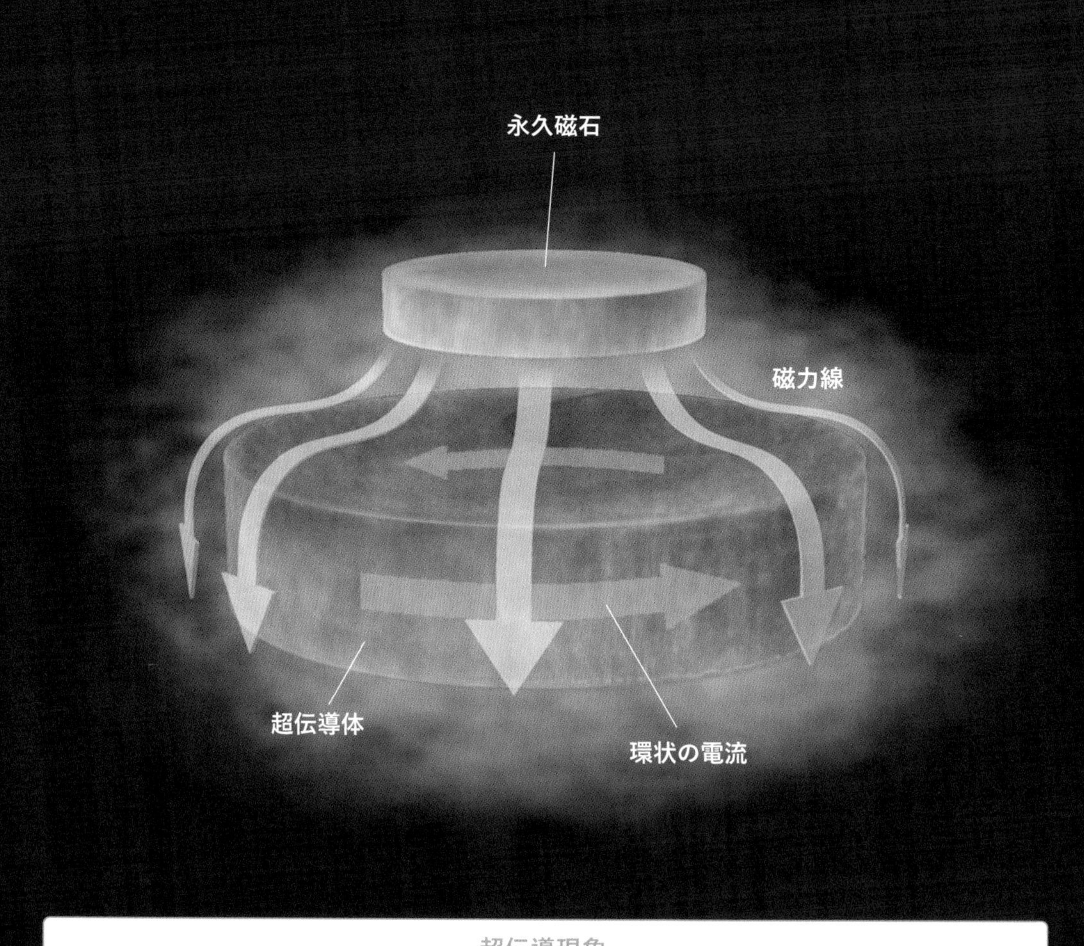

超伝導現象

通常二つの磁石を近づけると，同極（NとN，SとS）どうしでは反発しあい，異極（NとS）どうしではくっつく。しかし超伝導体の上に小さな永久磁石を置くと，超伝導体は永久磁石からの磁力線を排除しようと，反対向きの磁力線をつくる方向に環状の電流を流す（マイスナー効果）。抵抗のある金属なら電流はすぐに減衰してしまうが，抵抗ゼロの超伝導体の場合，電流は流れつづける。これにより，永久磁石は宙に浮く。

超伝導は,「通電の際の電力ロスが少ない」「電力を消費せずに強い磁場を発生することができる」といった長所をもつ。たとえば超伝導物質（特定の物質）を導線にしてコイルをつくれば，非常に強力な電磁石ができる。超伝導磁石は，人体の輪切り画像が撮影できる医療機器（MRI装置）や，リニアモーターカーの浮上用磁石として実用化されている。

一方で，超伝導機器の多くには冷却用に液体ヘリウムが利用されているため，「コストが高い」「取りあつかいがむずかしい」という欠点がある。それを解決する手段の一つが，**より高い温度で超伝導状態になる物質の開発だ。**実用化に向けた研究が進む「送電ケーブル」をはじめ，さまざまな産業機器での利用が期待されている。

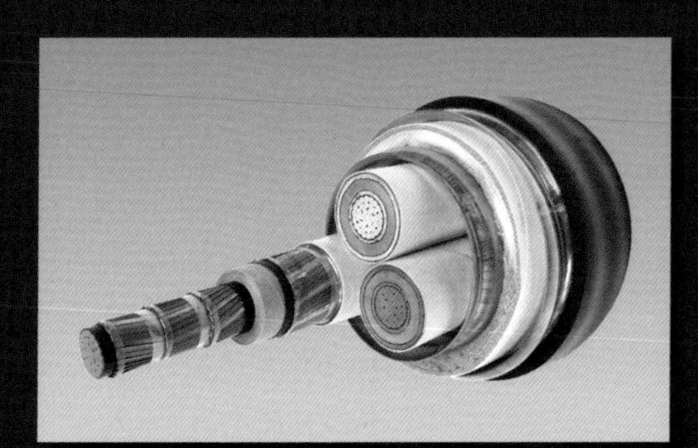

超伝導ケーブル

写真はイットリウムを用いた，超伝導ケーブル。電気抵抗がゼロになるため，送電ロスを大幅に減らすことができる。なお,「超電導」と「超伝導」という二つの表記があるが，どちらも正しい（省庁やメディアによってことなる）。

＊写真提供：古河電気工業株式会社

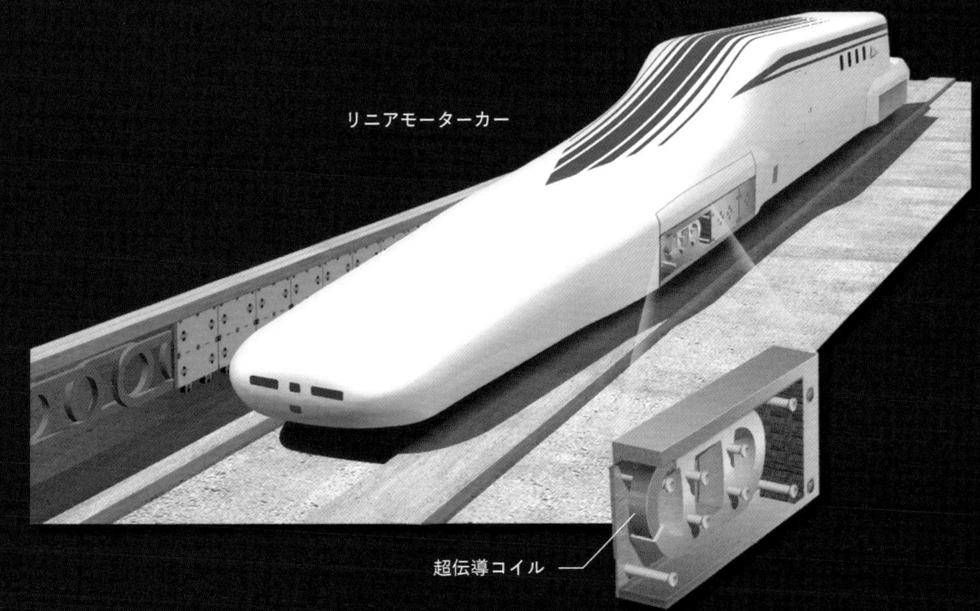

超伝導コイル

2027年に開業を予定しているリニア中央新幹線（リニアモーターカー）。超伝導磁気浮上式鉄道ともよばれ，搭載されたニオブチタンを使用した超伝導磁石を極低温まで冷却することで強力な磁力を生みだし,「ガイドウェイ」（側壁）に取りつけられたコイルとの吸引力や反発力によって，車体全体を10センチメートルほど浮かせて走行する。

どんな小さな穴も通り抜ける抵抗ゼロの「超流動」

今度は「抵抗ゼロ」がつくる不思議な現象をみてみよう。どんな液体でも，多少の粘り気（粘性）がある。たとえば，注射器に入れた水を押しだすのにある程度の力が必要なのは，水が細い管の部分を通り抜けるときの粘性による抵抗のせいである。

しかし液体ヘリウムを絶対温度2.2度以下まで冷やすと，**どんな細い管だろうが，何の力を加えなくてもスルリと通り抜けてしまうようになる。**これは「超流動」現象とよばれている。超流動ヘリウムは粘性がなく，抵抗がゼロなのだ。また超流動ヘリウムは，フィルターのように障害物で満たされたものでも，なんなくすり抜けてしまう。

東京工業大学名誉教授の奥田雄一博士は，この不思議な現象について次のように説明する。

「通常の液体の場合，個々の原子は自由に運動しているので，原子が壁にぶつかると運動がすぐに弱められます。これが『抵抗』です。しかし超流動ヘリウムの場合，原子たちは“単独行動”がとれません。多数の原子がいわば手をつないでいるような状態ですから，障害物があっても流れは乱れず，抵抗がゼロになるのです」

実は，前節で紹介した**「超伝導」は，電子がペアをつくって超流動的になった現象である。**電子が結晶中のイオンなどの障害物に対し，電気的な抵抗がゼロで流れるのだ。

重力にさからって上昇する液体ヘリウムの噴水（→）

底があいた容器に細かい粉末が詰まったフィルターを入れ，絶対温度2.2度以下まで冷やした液体ヘリウムにつける。液体ヘリウムは全体が超流動状態になっているわけではなく，通常の液体状態のヘリウムと混在している。

フィルターの上のほうのヘリウムをヒーターで加熱すると，温度が上がり，超流動ヘリウムが通常の液体状態にもどる。すると，超流動ヘリウムの減少分を補おうと，フィルターの下から超流動ヘリウムが流入する。一方でフィルターの上側の通常の液体状態のヘリウムは，フィルターが邪魔して下には行けない。結果としてフィルターの上側は圧力が高まり，行き場を失ったヘリウムが上から噴きだす。

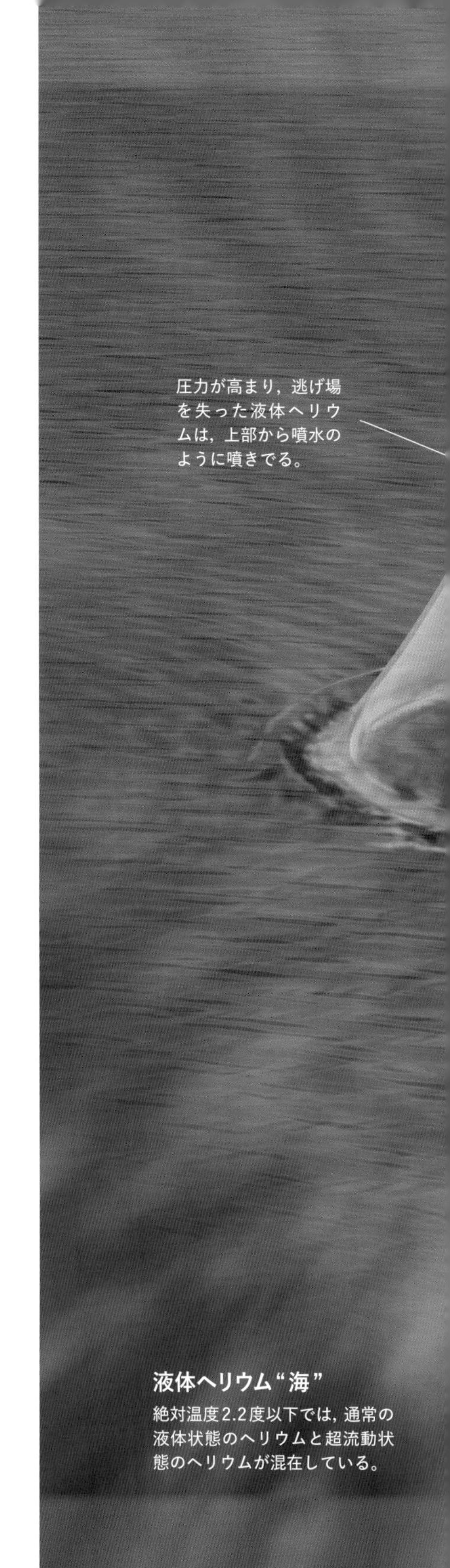

圧力が高まり，逃げ場を失った液体ヘリウムは，上部から噴水のように噴きでる。

液体ヘリウム“海”
絶対温度2.2度以下では，通常の液体状態のヘリウムと超流動状態のヘリウムが混在している。

中性子星（↓）

中性子から構成される中性子星（ちゅうせいしせい）では，密度が非常に高いという特殊な条件のため，中性子は液体状態をこえて超流動状態になっていると考えられている。

中性子星

水

サイフォンの原理（↑）

液体に管の端を刺し，もう一方の端を液面よりも低い位置にもってくる。低いほうの端を吸引して管を液体で満たすと，圧力差（大気圧）によって液体が自然に流れはじめる。

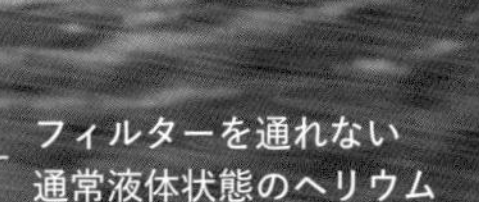

ヒーター

フィルター

フィルターをなんなく通る
超流動状態のヘリウム

底があいた容器

まわりから流れこむ超流動状態のヘリウム

超流動ヘリウム

**生き物のように
漏れでる超流動ヘリウム（↑）**

コップに超流動ヘリウムを入れると，壁からの力（分子間の力）によって液面が引き上げられ，壁に薄い超流動ヘリウムの膜がつくられる（イラストでは膜の厚さを誇張してある）。超流動ヘリウムは薄い膜の中を「抵抗ゼロ」で流れることができるので，「サイフォンの原理」により，壁を伝わって外にもれ出る。

近未来の“頭脳”「量子コンピュータ」

私たちがふだん利用するコンピュータは，すべての情報を「0」と「1」の羅列で表現する。0または1の値をとるデータの最小単位のことを「ビット」といい，0と1は電子回路の電圧や電流などのオン・オフで表現される。

一方で，現在国際的な開発競争が進んでいるのが「量子コンピュータ」である。量子コンピュータのビットは「量子ビット」または「キュービット」とよばれ，**0か1かを電圧や電流ではなく，「電子のスピンの向き」や「超伝導回路の電流の向き」などで表現する。**

電子などのミクロな物質は，たとえるなら「右向きに回転すると同時に，左向きに回転する」といったように，複数の状態を同時にとることができる。量子コンピュータは，このような「重ね合わせ」とよばれる現象を利用する。

通常のビットでは，たとえば10ビットあれば，0と1のパターンを「0000000000」から「1111111111」まで1024（2^{10}）通り表現できる。しかし，一度に表現できるパターンは，あくまでもその中の一つだけだ。これに対し量子ビットは，**重ね合わせにより0と1を同時にあらわすことができる**ので，10量子ビットでは，1024通りのパターン（情報）を同時にあらわすことが可能だ。つまり，たとえば10量子ビットの中に1から1024までの数を複数個準備して，1回の計算でそれらを同時に取りあつかうなどといった，離れ業が可能になる。

なお，どのような粒子や物体を量子ビットとして選ぶかにはさまざまなパターンがあり，あらゆる量子論的現象が量子ビット候補として試されている。

量子コンピュータのしくみ

量子ビットは，0と1の両方の重ね合わせ状態になることができ，観測されることで0か1に確定する。この性質をうまく使って，高速計算を可能にするのが量子コンピュータである。量子コンピュータでは，量子ビットの状態をうまく調整することで，重ね合わせの答えの中から求める答えを見つける。

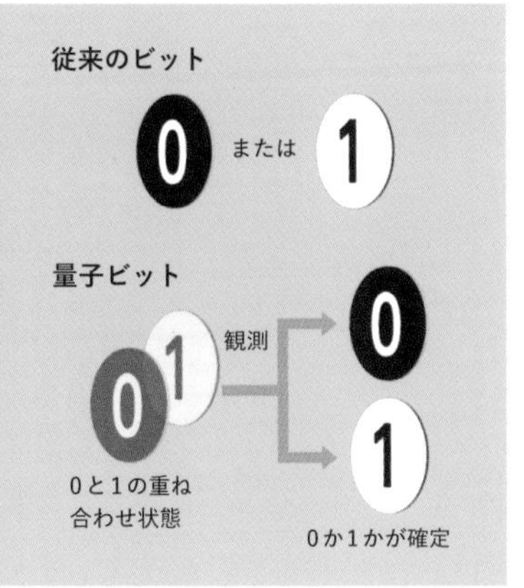

量子コンピュータの時代は着実に近づきつつある

写真は，Google社の量子コンピュータ「Sycamore（シカモア）」のプロセッサ（計算などをになう装置）。2019年10月，既存のスーパーコンピュータでは解くのに1万年※かかるとされる問題を，Sycamoreは3分20秒で解いた。ただし，この問題はSycamoreに適した特殊なものであり，たとえば暗号の解読といったような実用的な問題ではない。今後，どんな問題でも解くことができる汎用量子コンピュータの開発・発売が期待される。

※：スーパーコンピュータでも，設定次第でより速く解けるという指摘もある。

＊写真提供：Google

燃料使用ゼロで動きつづける? 夢の「永久機関」

人々は古来,水が流れ落ちる力を水車を介して石臼に伝えて粉をひくなどしてきた。そこで,ある人は考えた。

──水車で石臼をまわすと同時に水もくみ上げてやれば(右ページの絵のように),永久に動きつづける夢のような装置ができるのではないか。

このように,**外から何らかの力を加えたり燃料を補給したりすることなく,ひとりでに動きつづける装置**を「永久機関」という。永久機関は主に16世紀以降,ヨーロッパを中心にさまざまなものが考案されたが,どれ一つ成功しなかった。

現在にもつづく「エネルギーの概念」が確立したのは,19世紀に入ってからだ。イギリスの物理学者ジェームズ・ジュール(1818~1889)やドイツの物理学者ユリウス・ロバート・マイヤー(1814~1878),ヘルマン・フォン・ヘルムホルツ(1821~1894)は,**周囲から完全に独立した空間や物体を考えたとき,その内部にあるエネルギーは,形がかわることがあっても総量はつねに一定で変化ゼロ**という「熱力学第1法則(エネルギー保存の法則)※」をみちびき出している。

無からエネルギーを生みだす第1種永久機関

熱力学第1法則に反する永久機関を「第1種永久機関」とよぶ。東京工業大学リベラルアーツ研究教育院の中島秀人教授によれば,エネルギーの概念が確立するまで,川の流れが水車を動かしつづけるように,自然はひとりでに動きつづけるものであるという考え方が主流で,「自然が何らかの力を生みだしてくれるはず」という発想の産物が永久機関だったという。

下や右ページの永久機関を見ると,この法則を無視した「ひとりでにエネルギーを生みだし,外に対してそのエネルギーを供給しつづける装置」であることがおわかりいただけるだろう。(→40ページにつづく)。

※:熱力学とは,熱やエネルギーの性質を研究する学問のこと(物理学の一分野)。ものを動かす能力も熱も同じエネルギーの一種であるという考え方は,物理学の歴史の転換点となるものだった。

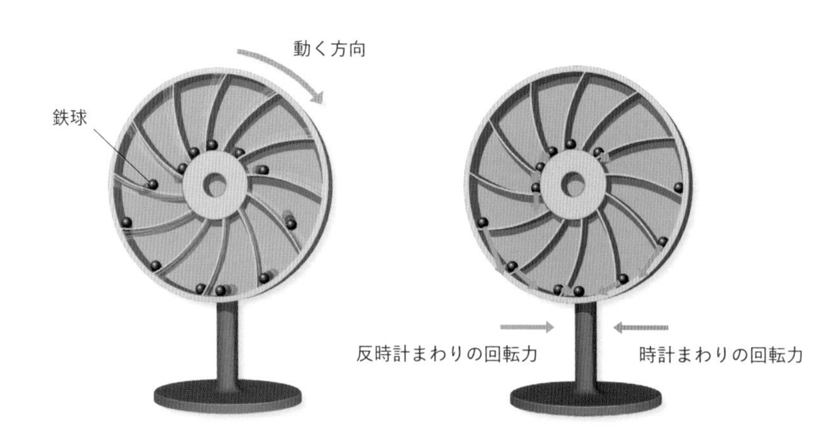

提案された永久機関の例

中に入った鉄球が円盤を時計まわりに回転させる力を生むため,円盤はまわりつづけるように思われる(左)。しかし実際は,内部の球によって生じる「時計まわりの回転力」と「反時計まわりの回転力」が全体としてつり合っているため,最初に円盤にあたえた回転の勢いがなくなると止まってしまう(右)。なお,円盤にあたえた勢い(仕事)は,盤がまわる際の摩擦などによって熱にかわっている。

*図は,アーサー・オードヒューム『永久運動の夢』(筑摩書房)を参考に作成した。

自分がくみ上げた水でまわりつづける“永久水車”

下は，17世紀に考案された永久機関の例。ドイツのベックレルという技術者が，自身の著書で紹介している。水車（H）は，歯車を介して右側にあるうす（M）をまわして穀物をひくと同時に，左側にある装置（Q）を回転させて水をくみ上げる。くみ上げられた水がふたたび水車をまわすために使われることで，水車はひとりでにまわりつづけるというしくみだ。

エネルギー保存の法則が登場したことで，それまでに考案された，エネルギーを無から生みだすタイプの永久機関はすべて否定された。次に考えだされたのが，下図のような自動車である。

この車はエンジン（蒸気機関）を動かした分だけエネルギーを失うが，その分を空気から補給する。つまり，エンジンがひとりでにエネルギーをつくりだしているわけではなく，熱力学第1法則には反していない。しかし残念ながら，このような自動車をつくることも不可能だ。

蒸気機関とは，燃料を燃やすなどして水などの液体を温めて沸騰させ，その蒸気でピストンを動かし，回転運動をつくりだす装置である。

蒸気機関がこの動きをくりかえし行うためには，蒸気を冷やして液体の状態にもどし，押し上げたピストンを元の位置にまで下げる必要があるが，この車はそれができない。熱は高温の物体から低温の物体へと流れるので，蒸気から熱を奪ってくれる低温の物体が必要だが，それを備えていないからだ。

ドイツの物理学者ルドルフ・クラウジウス（1822～1888）らは，この**熱は高温のものから低温のものに移動し，その逆の移動がひとりでにおきることはない**という現象を「熱力学第2法則」としてあらわしている。

熱力学の第2法則をゆるがす“悪魔”

“ひとりでに”というのがポイントで，低温から高温への熱の移動は，電気などのエネルギーを使えば可能だ（それを利用しているのが，冷蔵庫やクーラー）。これに対し，イギリスの物理学者ジェームズ・マクスウェル（1831～1879）は，エネルギー使用がゼロでもそれを可能にする「マクスウェルの悪魔」というアイデアを考えだした。

今，中央で仕切られた一定温度の部屋がある（右ページイラスト）。部屋の中には，気体分子が飛びまわっており，“悪魔”がそのようすを観察している。悪魔は，動きの速い分子が左の部屋からやってくると，仕切りを開けて右の部屋へと通す。反対に，右の部屋から動きの遅い分子がやってくると，仕切りを開けて左の部屋へと通す。

これにより，左の部屋には遅い分子が，右の部屋には速い気体分子がたまる（左右の部屋に温度差ができる）。悪魔は仕切りを開閉しただけで，気体分子を直接動かしてはいない。つまり，**エネルギーを用いることなく気体分子の動きをたくみに利用することで，部屋の温度差をつくりだしたのだ。**

もしもこの悪魔のふるまいを実現できる装置をつくることができれば，新たな永久機関が完

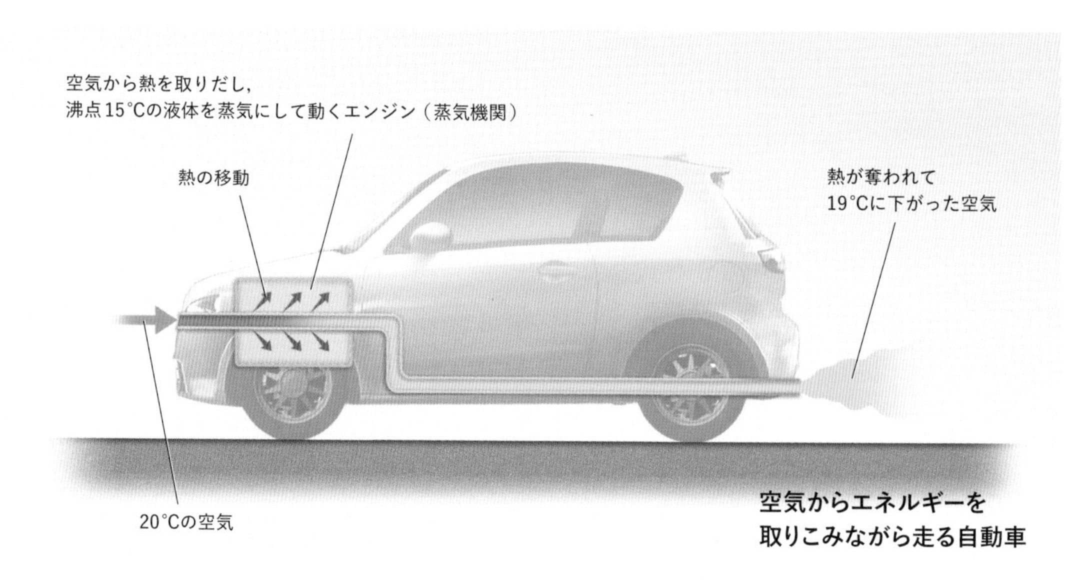

空気からエネルギーを取りこみながら走る自動車

成するはずだった。しかしその状況を実現するには，結局エネルギーが必要であることが判明した。

失敗から手に入れた新たな物理理論

永久機関を実現するという試みは，残念ながら失敗に終わった。しかしその経験は，結果的に熱力学という非常に強力な物理学の理論をつくりだした。

現在のところ，熱力学の法則が破られそうな気配はない。ただし，うまく回避することは可能であると，熱力学にくわしい東京大学名誉教授清水明博士は話す。たとえば火力発電では，燃料から得られた熱エネルギーすべてを電気エネルギーにかえることはできない（熱力学第2法則による）。一方で，燃料電池は熱を介さずに電気エネルギーに変換している部分があるため，熱力学第2法則による制限が弱くなり，より効率よく電気を得ることができるという。

また熱力学は，**化学エネルギーをすべて電気エネルギーにかえることすら禁じていない。**つまり，より効率の高い発電方法が将来的に生まれる可能性もあるのだ。

マクスウェルの悪魔

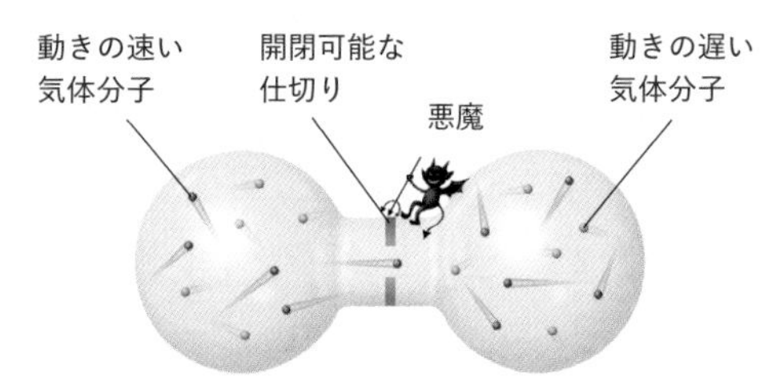

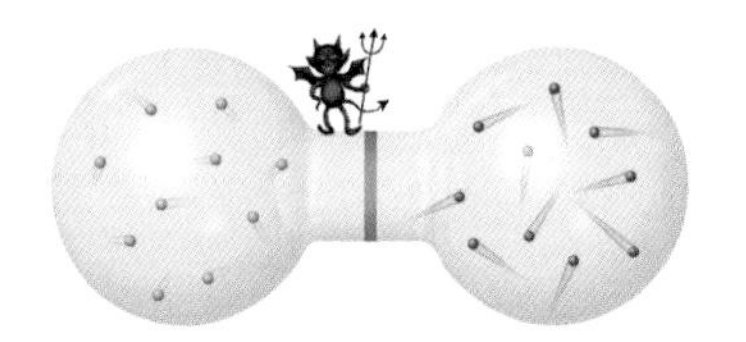

トヨタの路線バス「SORA（ソラ）」。燃料電池から取りだした電気で，モーターを動かして走る。

大きさゼロの天体「ブラックホール」

右の画像は，私たちが暮らす天の川銀河の中心にある巨大ブラックホール「いて座A*」の姿を，世界ではじめて視覚的にとらえたものだ。オレンジ色の光は「光子リング※」とよばれるもので，その真ん中の黒い部分の中に，いて座A*がある。つまりこの画像は，**光子リングの逆光によってブラックホールの影（ブラックホールシャドウ）が浮かび上がっている状態を見ていることになる。**

いて座A*のブラックホールシャドウの撮影に成功したのは，世界中の80の研究機関から300名以上の研究者が参加している国際共同研究プロジェクト「イベント・ホライズン・テレスコープ（EHT）」である。EHTは，世界に点在する複数の電波望遠鏡の観測データをつなぎ合わせて，ブラックホールを観測した。本節に掲載したいて座A*の画像は，2017年4月にいっせいに八つの望遠鏡を稼働し，地球規模の巨大望遠鏡として観測したデータからつくられている（2022年5月に発表）。

なお，EHTは同時期に，地球から5500万光年離れた楕円銀河「M87」の中心にある巨大ブラックホールも観測しており，そちらの画像は**人類史上はじめてとらえられたブラックホールの姿**として，2019年4月に発表されている（→44ページにつづく）。

※：ブラックホールは巨大な重力によって，周辺にあるドーナツ状のガスから放出される光や電波なども引き寄せる。その一部は，ブラックホールのすぐ外に存在する「光子球（こうしきゅう）」近くを通過し，集められる。地球から光子球近くを通過した光を観測すると，地球に向かってくる光が束のようになり，光子リングとして観測される。光子リングの内側の境界が光子球表面にあたり，ブラックホールの影として映しだされる。

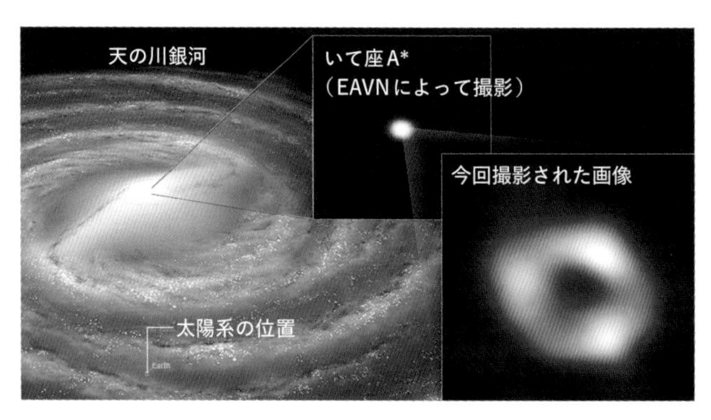

天の川銀河の中心にある「いて座A*」

いて座A*は，私たちが暮らす天の川銀河（銀河系）の中心に位置する。真ん中の画像は，日本も参加する「東アジアVLBI観測網（EAVN）」によって2017年4月に撮影された，いて座A*の姿。

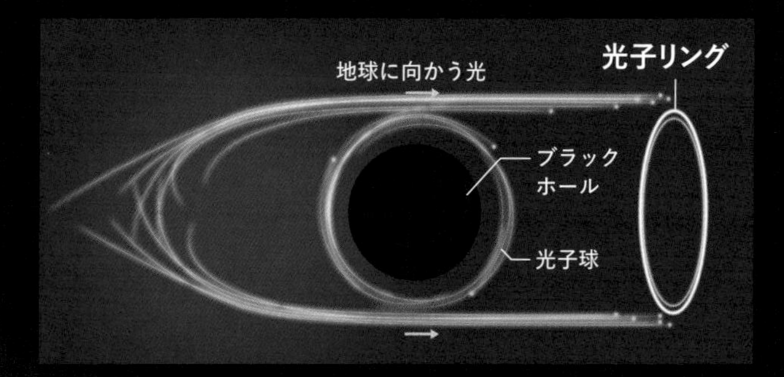

ブラックホールの姿

オレンジ色の光（光子リング）の中心にある黒い影の部分が，ブラックホールシャドウ。色は便宜的につけられたものだ。いて座A*は天の川銀河の中心に存在する天体で，地球からの距離は約2万7000光年（1光年は約9兆5000億キロメートル）先に位置する。

恒星(こうせい)※は生涯の最後に大爆発をおこし，その中心核は強力な重力によって逆に収縮する（重力崩壊）。

1939年，アメリカの物理学者ロバート・オッペンハイマー（1904 ～ 1967）らは，「**元の恒星がある程度以上重いと，中心核の重力崩壊は止めることができず，大きさゼロに向かって収縮していく**」と予言した。つまり，この天体の密度は無限大に向かっていくことになる。そして，すさまじい重力を周囲におよぼすことになるのだ。これが「ブラックホール」である。

ブラックホールの重力はすさまじく，**近くを通ったものは何でも飲みこんでしまう。いったん飲みこまれたものは，光でさえも脱出することができない。**

ブラックホールが暗黒の天体であることが明らかとなったのは，1950年代以降である。ブラックホール自体は光を出さないため，観測することができない。しかし周囲の天体の運動や，ブラックホールに引きずりこまれるガスが放出するX線の観測から，そこにある天体が膨大な質量をもつブラックホールであるらしいことはわかる。

実際，1970年ごろ，アメリカのX線天文観測衛星ウフルは，実在の天体「はくちょう座X-1」が発するX線の観測から，青い超巨星のまわりをまわる重く非常に小さい見えない天体の存在が明らかとなり，ブラックホールであると判断された。

また，2015年にはアメリカの重力波(じゅうりょくは)観測装置「LIGO(ライゴ)」が，ブラックホールどうしの衝突・合体で発生した重力波を世界ではじめて検出している。

※：みずから光を発する星のこと。

（↓）大きさ「ゼロ」に向かって収縮するブラックホール

ブラックホールの本体は，大きさゼロに向かって収縮していく。ただし完全にゼロになってしまえば密度は無限大となり，現在知られている物理法則は完全に破綻する。早稲田大学・理工学術院名誉教授である前田恵一（まえだけいいち）博士によれば，10^{-33}センチメートルぐらいまでは小さくなるが，その先はわからないという。一般相対性理論と，ミクロの世界を説明する量子論が融合された理論が完成すれば，最終的にブラックホールの内部がどのような運命をたどるかが明らかになるはずだ。

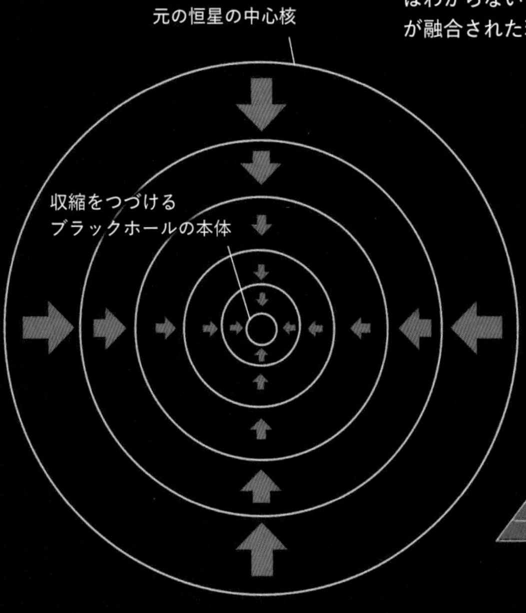

ブラックホールのゆがんだ空間（↓）

ブラックホールの周囲の空間は，極端にゆがめられている。地平面を一周まわるとその円周は「直径×3.14」であるのに対し，地平面に垂直方向の距離は無限に大きくなるという。

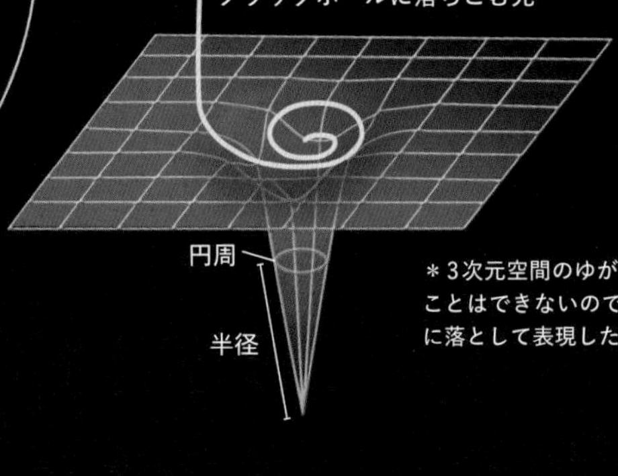

＊3次元空間のゆがみを視覚化することはできないので，それを2次元に落として表現した。

恒星

ブラックホールの本体

特異点（大きさゼロ，密度無限大を意味する）ともよばれる。もともとは，恒星の中心核。

ブラックホールに吸いこまれるガス

ジェット

事象の地平面

いったんこの球面の中に入れば，そこからは物質も光も脱出できない。事象の地平面も含めて「ブラックホール」とよぶ。

ブラックホール

ブラックホール

ブラックホール自体は見えないが，周囲の天体やガスのようすから，間接的にブラックホールの存在を知ることができる。

ブラックホールができるまで（→）

恒星は，燃料となる水素が減ってくると巨大化する。中心部は燃えつづけるが，鉄の核が形成されると核融合反応は進まなくなる。そして，ひたすらつぶれていき，あるところで大爆発（超新星爆発）をおこす。残された中心核は中性子星（ちゅうせいしせい）となるか，十分に重いと密度が際限なく増大し，ブラックホールを形成する。

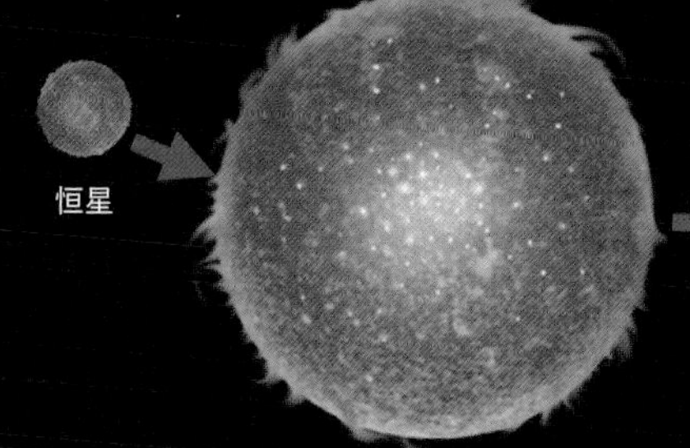

ブラックホールに近づく探査機は見かけ上の速度が「ゼロ」になる

ブラックホールの境界面（事象の地平面）では，非常に奇妙なことがおきる。**落下していくあらゆる物体の速度が，見かけ上「ゼロ」になるのだ。**

ここで，太陽質量の100万倍以上の超巨大ブラックホールに向けて出発した探査機を，母船から観察してみよう。相手が地球や太陽だったら，重力の影響で探査機の速度はどんどん大きくなり，その星に突っこむだろう。しかしブラックホール相手では，探査機はブレーキをかけていないのに，しだいに速度を落としていくように見えるのだ。ブラックホールの境界面のごく近くまで探査機が到達すると，ついに速度は「ゼロ」となり，ピタッと止まってしまう。

実は，これはアインシュタインの一般相対性理論が予言する**「時間の遅れ」の効果のあらわれである。**一般相対性理論によると，重力源の近くの時間は，離れた重力の弱い場所から見ると遅く進む。ブラックホールという超巨大重力源の場合，その境界面で時間は完全に止まってしまい，そこにいる探査機は速度ゼロに見えるのだ。

前節で紹介した前田（まえだ）博士によれば，探査機に乗った宇宙飛行士から見ると，時計は普通に進んでいるという。探査機は何ごともなかったかのようにブラックホールの境界面を通過し，ブラックホール内部に突入してしまうらしい。

母船から見ると，探査機はいつまでたっても境界面に到達できないのに，探査機から見るとあっという間に境界面を通りすぎてしまう。これは矛盾ではなく，相対性理論の核心部分に関係する。相対性理論によると，時間はどの観測者に対しても一様に流れているわけではない。私たちの日常生活の常識には反するが，**ブラックホールの境界面にいる探査機と，遠くにいる母船とでは，時間の進み方がまったくことなるようだ。**

速度ゼロに向かって“赤く”なる探査機（→）

一般相対性理論によると，重力源の近くでは時間は遅く進むようになる。そのため母船から見ると，探査機は見かけ上速度が「ゼロ」に近づいていく。また，探査機から発せられた光は，巨大な重力によって“引きのばされ”，波長がのびていく。色は波長で決まるので，これは光が赤くなっていくことを意味する（赤方偏移：せきほうへんい）。そして最後には波長は無限に長くなり，光は見えなくなってしまう。

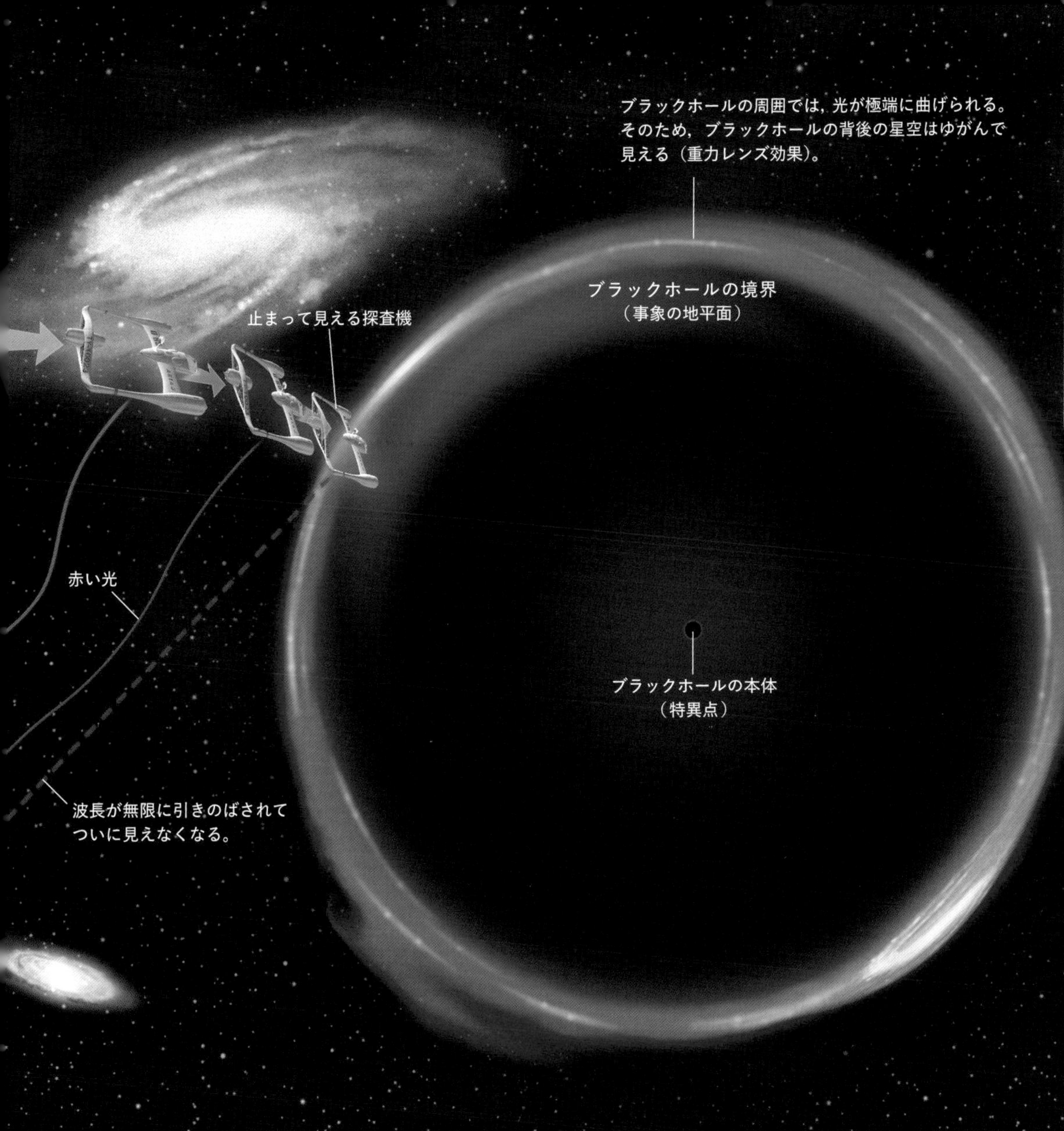

ブラックホールの周囲では，光が極端に曲げられる。そのため，ブラックホールの背後の星空はゆがんで見える（重力レンズ効果）。

ブラックホールの境界
（事象の地平面）

止まって見える探査機

赤い光

ブラックホールの本体
（特異点）

波長が無限に引きのばされて
ついに見えなくなる。

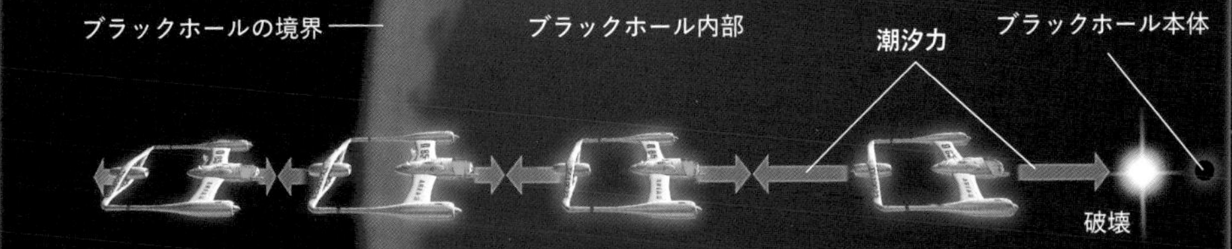

ブラックホールの境界

ブラックホール内部

潮汐力

ブラックホール本体

破壊

探査機から見ると，自分の時間は遅くならず，探査機は比較的すぐにブラックホールの境界面をこえる。重力はブラックホールの中心に近いほど強いので，探査機の先端と後部とで差ができ，探査機は引きのばされる方向に力を受ける（潮汐力：ちょうせきりょく）。潮汐力の大きさは，ブラックホールが小さいほど大きい。比較的小さなブラックホール（太陽質量の20倍程度以上）の場合なら，探査機は境界面にたどり着く前に，潮汐力によってバラバラになってしまうだろう。

時間と空間はのびちぢみする「相対性理論」

量子論とならび，現代物理学を支えるのが「相対性理論※」である。相対性理論とはアインシュタインがつくりあげた，時間と空間（時空），重力に関する理論だ。

相対性理論の土台となる考え方の一つが，「光速度不変（こうそくどふへん）の原理」である。この原理では，光を観測する人がどんな速さで動いていようと，また光源がどんな速さで動いていようと，光の速度は真空中ではつねに秒速30万キロメートルで一定であるとする。

たとえば私たちが時速50キロメートルで走る電車の中で，進行方向に向かって時速100キロメートルでボールを投げれば，電車の外から見たボールの速度は時速150キロメートル（50キロ＋100キロ）になる。しかし光については，このような速度の足し算が成り立たないというのだ。

光速度不変の原理は実験的にも確かめられており，宇宙は光の速度がだれから見ても一定になるようにできていると考えるしかなさそうだ。アインシュタインはこのことを矛盾なく説明するため，その人の置かれた立場によって，時間の進み方や，ものの長さがちがって見えるのだと考えた。こうして1905年に「特殊相対性理論」が生まれたのである。

重力の正体を明らかにした一般相対性理論

ニュートン力学は前述のボールの例のような，単純な速度の足し算が成り立つことを前提につくられている。しかし物体の速度が光の速度に近づいてくると，単純な速度の足し算が成り立たなくなる。つまり相対性理論は，“常識”が必ずしも正しくないことを明らかにしたのだ。

アインシュタインはさらに，特殊相対性理論を発展させた「一般相対性理論」を構築し（1916年に発表），重力の正体を明らかにした。一般相対性理論によれば，質量をもつ物体は周囲の時空をゆがめ，その結果，重力が生じるという。

一般相対性理論は，天体のような大きな（マクロな）規模の世界を記述する理論だ。一般相対性理論は現在，宇宙の成り立ちの謎にせまる「宇宙論」に，なくてはならないものになっている。

※：特殊相対性理論と一般相対性理論の総称。

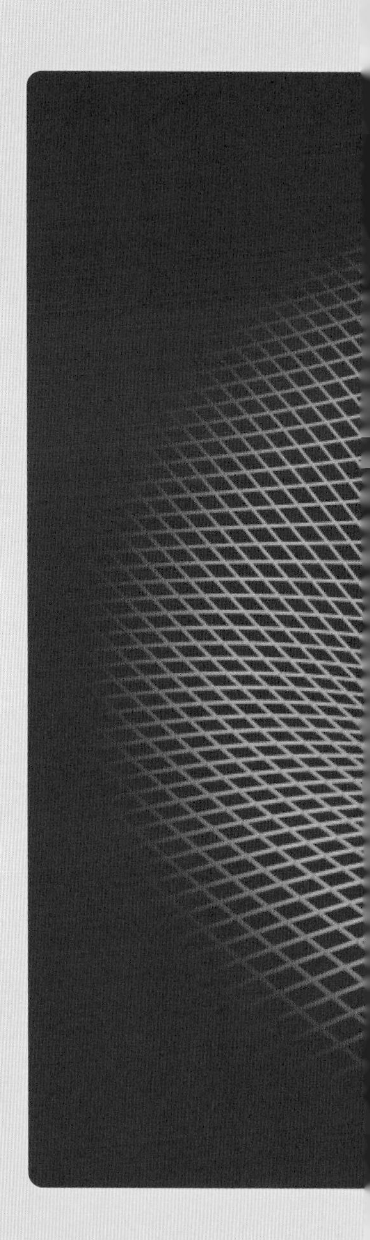

重力の正体は時空のゆがみ

一般相対性理論によれば，太陽や地球などの惑星の周囲では，それらの質量によって時空がゆがんでいる。これが「重力」の正体だ。ゆがんだ時空（重力）は，ゴムのシートのようなものとして理解できる。

時空のゆがみの影響を受けて，物体はその進路が自然と曲げられる。たとえば遠方からくる星の光や，地球から見る星の位置は，太陽の重

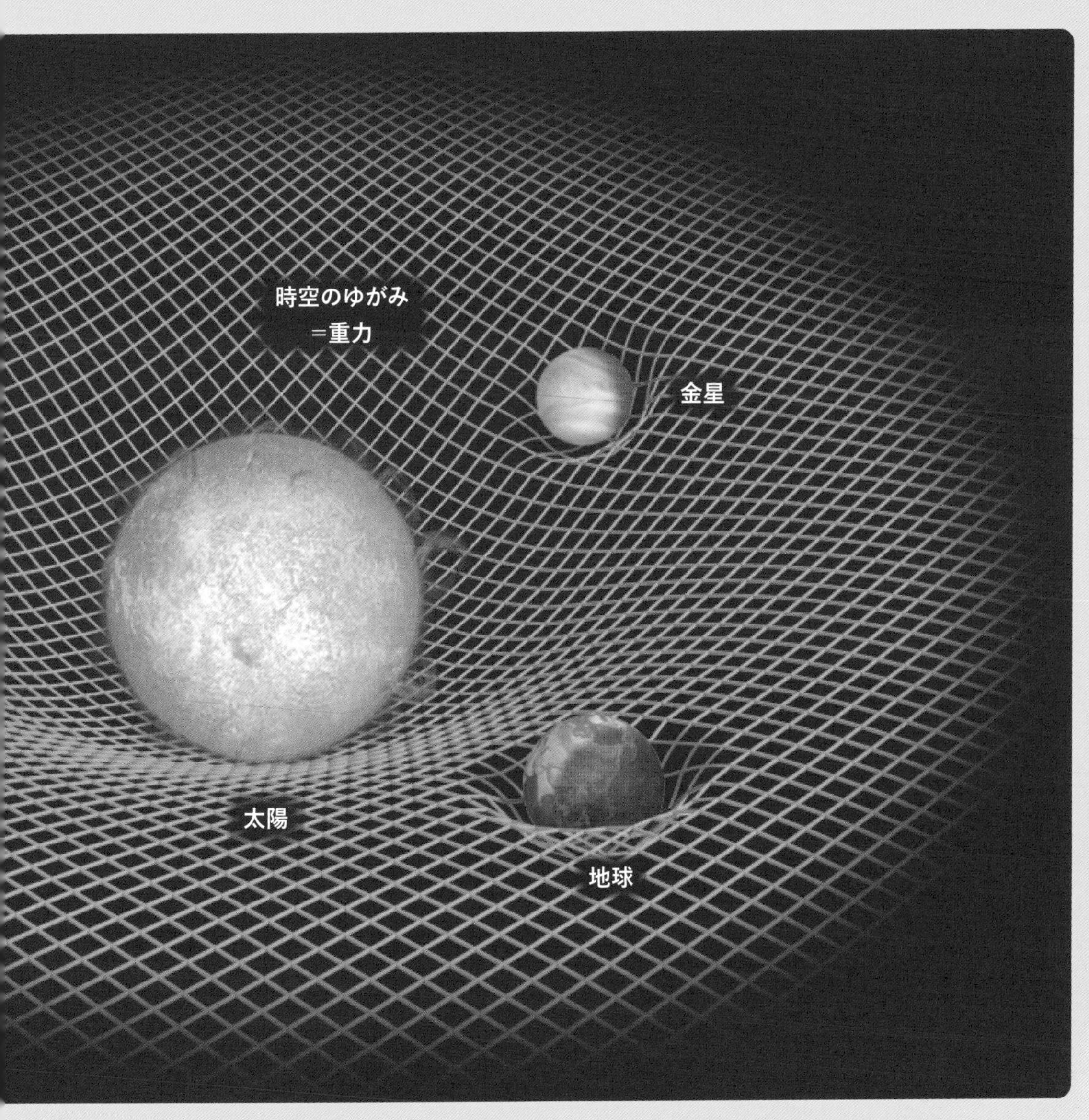

力によってわずかにずれる。また，巨大な重力をもつブラックホールは，まわりの時空を大きくゆがめるので，遠方の銀河の形がまったくかわって見えるということもおきる（重力レンズ効果）。

アルベルト・アインシュタイン（1879～1955）

人類史上最高の業績を残した科学者の一人。一般相対性理論のほか，「光量子（こうりょうし）仮説」や「ブラウン運動の理論」といった論文を発表している。1922年に来日し，親日家になったという話もある。

「無」と存在－1

協力　一ノ瀬正樹・松原隆彦／江沢 洋／末次祐介／和田純生
監修　一ノ瀬正樹／河西春郎／和田純生

本章では，私たちの身のまわりに存在するさまざまな「無」と，「有（＝存在）」についてみていこう。
「無」を考えるときに忘れてはならないのが，「真空」である。真空というと宇宙空間を思い浮かべる人も多いと思うが，実はそれだけではない。また章末では，ものを構成する「原子」の存在が，どのように実証されてきたのかについて，くわしく紹介する。

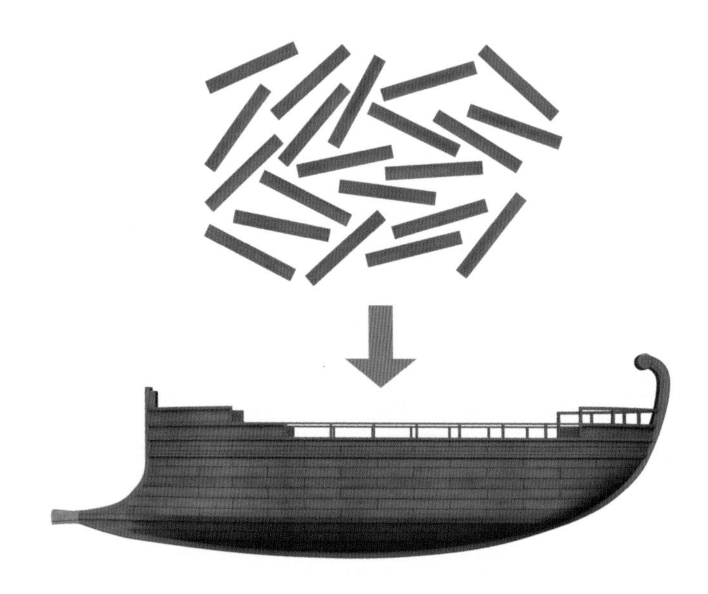

あらゆる物体は「無」と大差ない

「原子」とは，直径が1ミリメートルの1000万分の1程度という，きわめて小さな"粒"である。原子の中心には「原子核」があり，その周囲を複数の「電子」がまわっている。原子核の直径は，原子の10万分の1程度しかない。つまり東京ドームが原子だとしたら，原子核はマウンドに置かれたビー玉くらいの大きさしかないのである。

あらゆる物体は原子からなる。もちろん，私たちの体も原子でできている。**原子がこのようにすかすかな存在なのであれば，私たち自身もまたすかすかな，「無」のような存在であるといえるだろう。**

また，原子の中心にある原子核は「陽子(ようし)」と「中性子(ちゅうせいし)」という粒子からなる。そして，陽子と中性子は「アップクォーク」と「ダウンクォーク」という素粒子(そりゅうし)からなる。素粒子とは，「大きさがゼロの点※」だと考えられている，この世界の"最小の部品"だ。

すべてのものは膨大な数の原子（素粒子）からできているが，それでも有限の数だ。ゼロをいくら足しあわせてもゼロのままなので，**私たちの体の体積（体を形づくっている全素粒子の体積の合計）はゼロだ**と言っても，あながちまちがいとはいえないのである。

※：3章でくわしく解説するが，電子は，空間に広がって存在する"波"としての性質ももっている。電子の波が広がった大きさはゼロではない。しかし，電子の波は観測すると大きさゼロの点に"ちぢむ"ので，原子がほとんどすかすかであるという結論はかわらない。

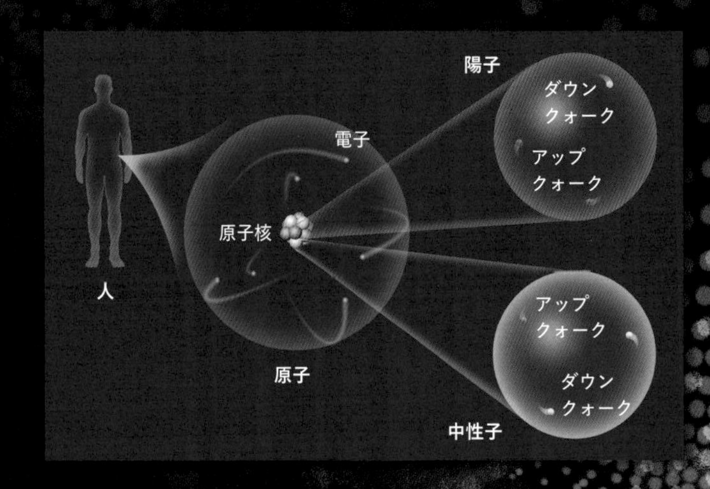

人体はすかすか

人体はミクロなスケールで見ると，すかすかだといえる。イラストでは，すかすかの人体を点の集まりとして表現した。

何かにさわれるのは原子の「反発力」のおかげ

私たちは，自分自身にふれることができる。ふれることができるということは，「存在する」といってもよいはずだ。ではなぜ，"ほとんど無である体"に，私たちはふれることができるのだろうか。

原子の中心にある原子核はプラスの電気を，その周囲の電子はマイナスの電気をおびている。それぞれの電気は同じ量だけ存在しているため，相殺（そうさい）される。つまり，原子全体でみれば電気的には中性だ（冬の乾燥した日などには静電気をおびていることもあるが，ここでは無視する）。

今，あなたがだれかと握手する場合を考えよう。あなたの手の表面の原子と，相手の手の表面の原子が接すると，**原子の表面にある「マイナスの電気をおびた電子」は，たがいに反発しあう。**これが手と手の接触面全体でおきるため，手と手はすり抜けることなく，握手が成立するというわけだ※。これと同じことは，リンゴを持つときのリンゴと手の表面，立っているときの地面と靴の裏など，物体ど

皮膚が接する部分を拡大

うしが接触するいたるところでおきている。

存在するかどうかは「力」を通して確認できる

以上の例からわかるように，**何かが存在するかどうかは「力（相互作用）をおよぼすかどうか」で判断することができるといえる。**たとえば，宇宙には正体不明の「ダークマター」という謎の物質が大量に存在すると考えられている。ダークマターは目に見えず，さわることもできないが，周囲の天体に「重力（万有引力）」をおよぼす。そのため，天体の運動をくわしく調べることで，その周囲にあるダークマターの存在が確実視されている。

※：手を形づくる原子どうしが，かたく結びついていることなども影響している。原子どうしを結びつけている力もまた，電気的な力だといえる。

電子どうしの反発が握手を成立させている（↓）

原子の表面には，電子が分布している。イラストでは，電子の存在する領域を半透明の殻としてえがいた。電子はマイナスの電気をおびているため，原子（電子の殻）が接すると，反発力が生じる。この反発力のおかげで手と手はすり抜けず，握手が成立する。

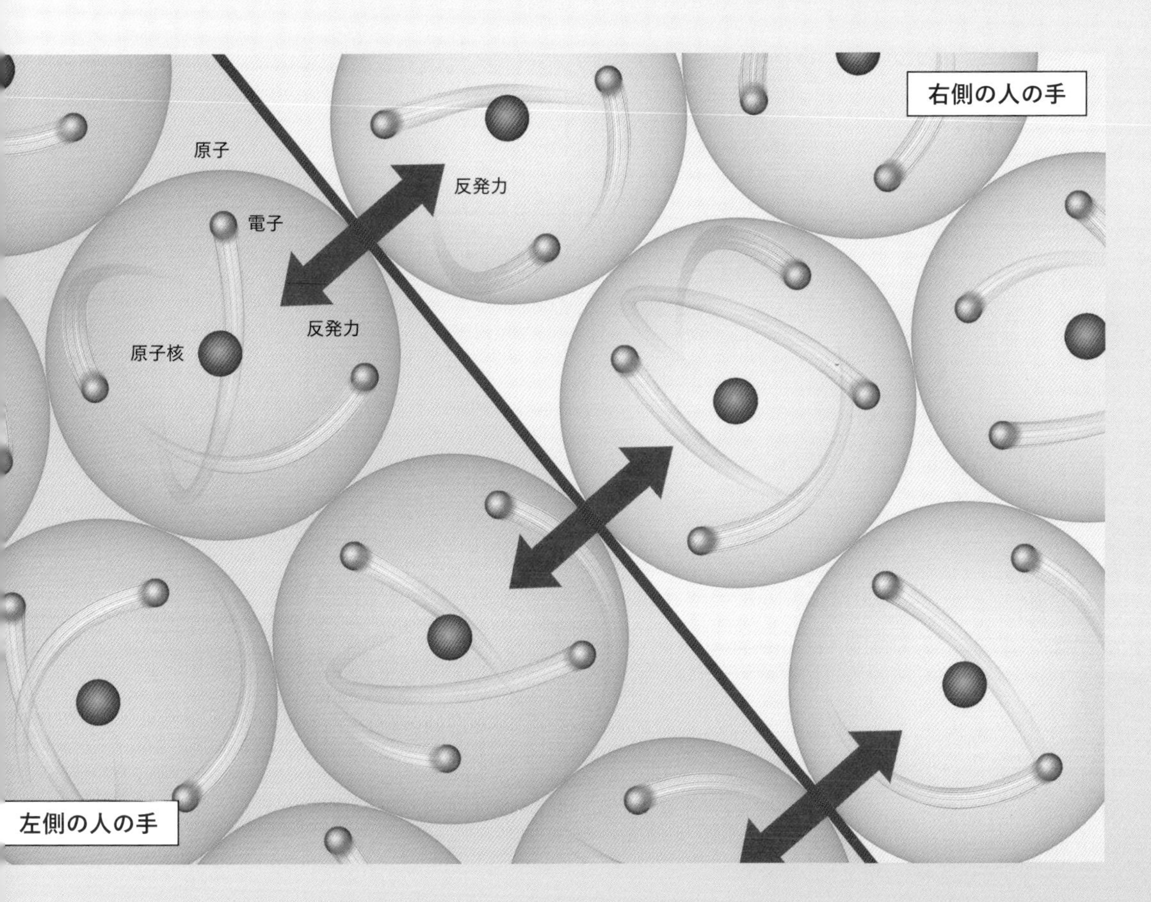

「赤いリンゴ」は実在するのか?

私たちは「リンゴは赤いもの」と認識しているが，実はリンゴ自体に色はなく，“赤いリンゴ”は存在しないと言ったらおどろくだろうか。

私たちは，眼で光（可視光）をとらえてものを見ている。「可視光」とは私たちが見ることのできる光のことで，可視光の色は波長によってことなる。

可視光の色の中でも，赤・緑・青は「光の三原色」とよばれる。この3色の光の明るさをかえて，さまざまに組み合わせれば，原理的にはすべての色をつくりだすことが可能だ。たとえば太陽や照明の光は白っぽく見えるが，これはさまざまな色（波長）の光がまざり合うことで「白」になっている。

太陽の光がリンゴに当たると，その中に含まれる700ナノメートル付近の波長の光が反射され，私たちの眼に届く（それ以外の光はリンゴに吸収される）。私たちは700ナノメートル付近の光を「赤」と知覚するので，リンゴは赤く見える。つまり，**リンゴ自体が赤という性質をもっているわけではなく，私たちの脳内で赤という性質が生みだされているといえるのだ。**

では，半透明な物体の色はどうだろう。たとえば赤色の半透明な下敷きは，白色光の中の赤色以外の光を吸収し，赤色の光を透過させるため，私たちには「赤」に見える。

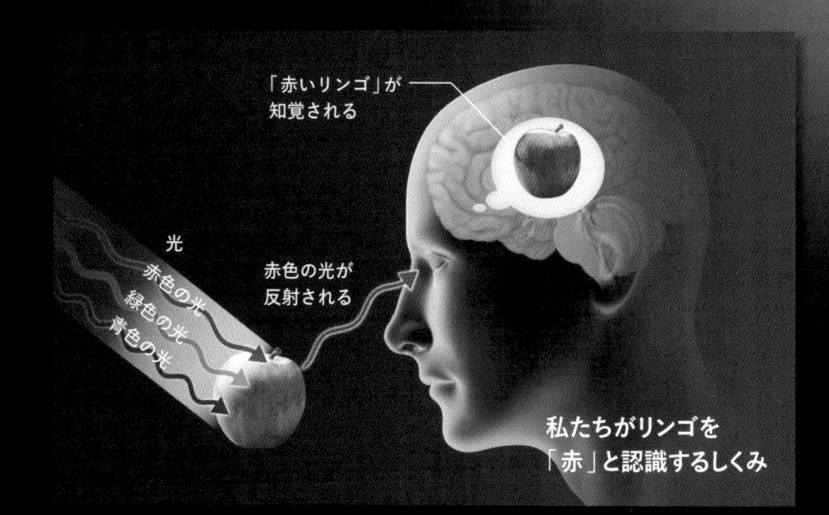

私たちがリンゴを「赤」と認識するしくみ

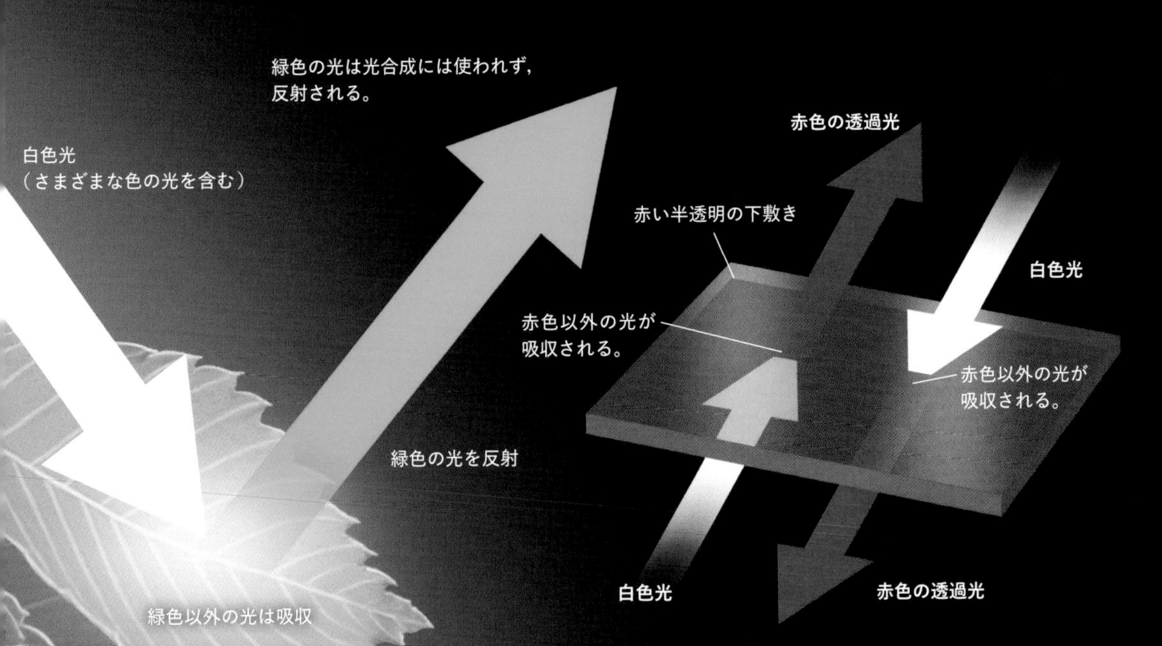

反射・透過された光が届く

植物の葉や半透明の下敷きが，複数の色（波長）の光がまざった可視光の一部を吸収し，残りを反射や透過しているようすをえがいた。こうして反射もしくは透過された色を，私たちは色として認識している。

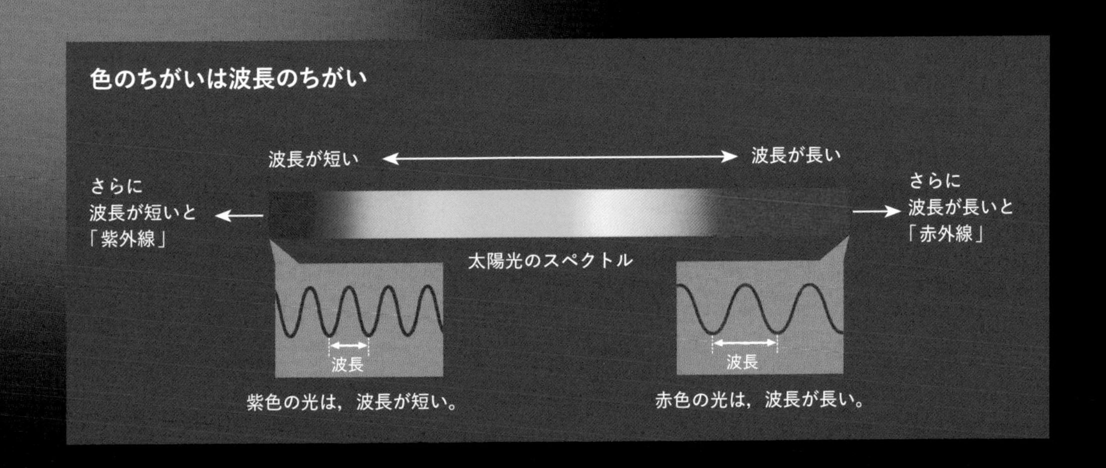

あらゆる「存在」を生みだす「脳」

私たちにとって，心や魂はいちばん大事なものだが，それが脳と別に存在することがないのを知っている。

心や魂の存在については，古くから多くの人々によって考えられてきた。たとえば，ギリシャの哲学者アリストテレス（前384ごろ～前322ごろ）は「心は心臓にある」とし，医師ヒポクラテス（前460ごろ～前370ごろ）は，知覚や知能は脳にあるとした。また，フランスの哲学者のルネ・デカルト（1596～1650）は，人間は物体としての「肉体」と，不滅の「魂」（心や意識など）でできているとする「二元論（にげんろん）」をとなえた。

しかしながら，現代の脳科学では，心や魂は脳と別に存在することはないと考えている。ただ，**その性質を忠実にもつ脳の神経細胞やシナプスが存在し，それらが電気的に結合して“運動”している。その精巧な運動を心や魂と感じ，それが私たち動物を動かしていると言うことはできる。**また，そういう意味では，デカルトの言うような肉体（脳）から分離した魂（心）もないといえる。

「水」はどのようにして脳の中で生まれるのか

さて，私たちが「水」を目にしたとき，眼がとらえた水の情報は，脳の中で「形」「色」「動き」などに分けられ，それぞれをあつかう脳の領域へと伝えられていく。眼以外の感覚器官から得た情報も，同じような経路をたどる。これらが，右のイラ

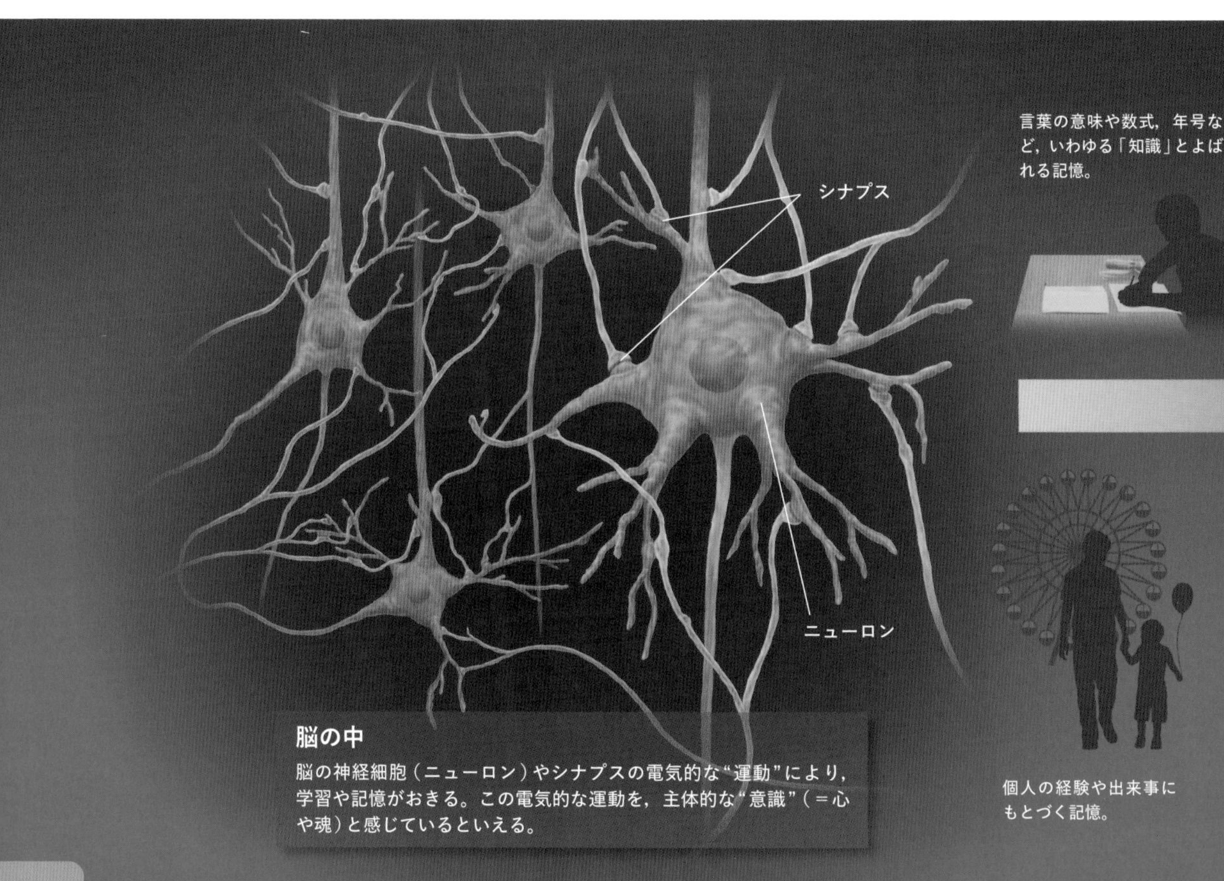

言葉の意味や数式，年号など，いわゆる「知識」とよばれる記憶。

個人の経験や出来事にもとづく記憶。

脳の中

脳の神経細胞（ニューロン）やシナプスの電気的な“運動”により，学習や記憶がおきる。この電気的な運動を，主体的な“意識”（＝心や魂）と感じているといえる。

ストのように脳の「頭頂連合野(下頭頂小葉)」でまとめられることで，私たちは見ているものが「水」であると認識（知覚）する。

しかし，私たちは生まれながらにして「水」を知っているわけではない。**水にまつわるさまざまな経験（記憶）を重ねることで，それが水であるという知識を得るのだ。**

さらに，たとえば手が水にふれたとき，私たちは過去の経験を思いだしたり，未来の結果を推測（思考）したりすることで，「カバンがぬれてしまうので，持つ前に手をふこう」などと考える。これを「認知」とよぶが，**認知のはたらきによって，私たちは適切な行動がとれるようになるのである。**

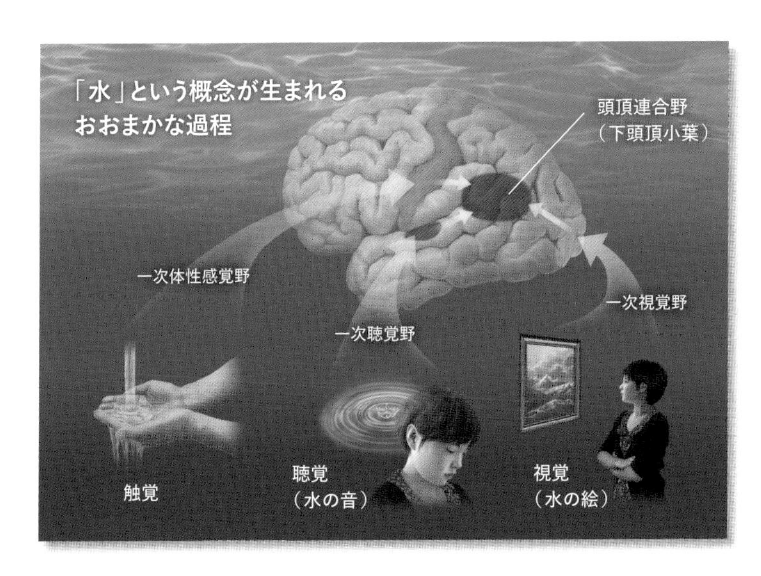

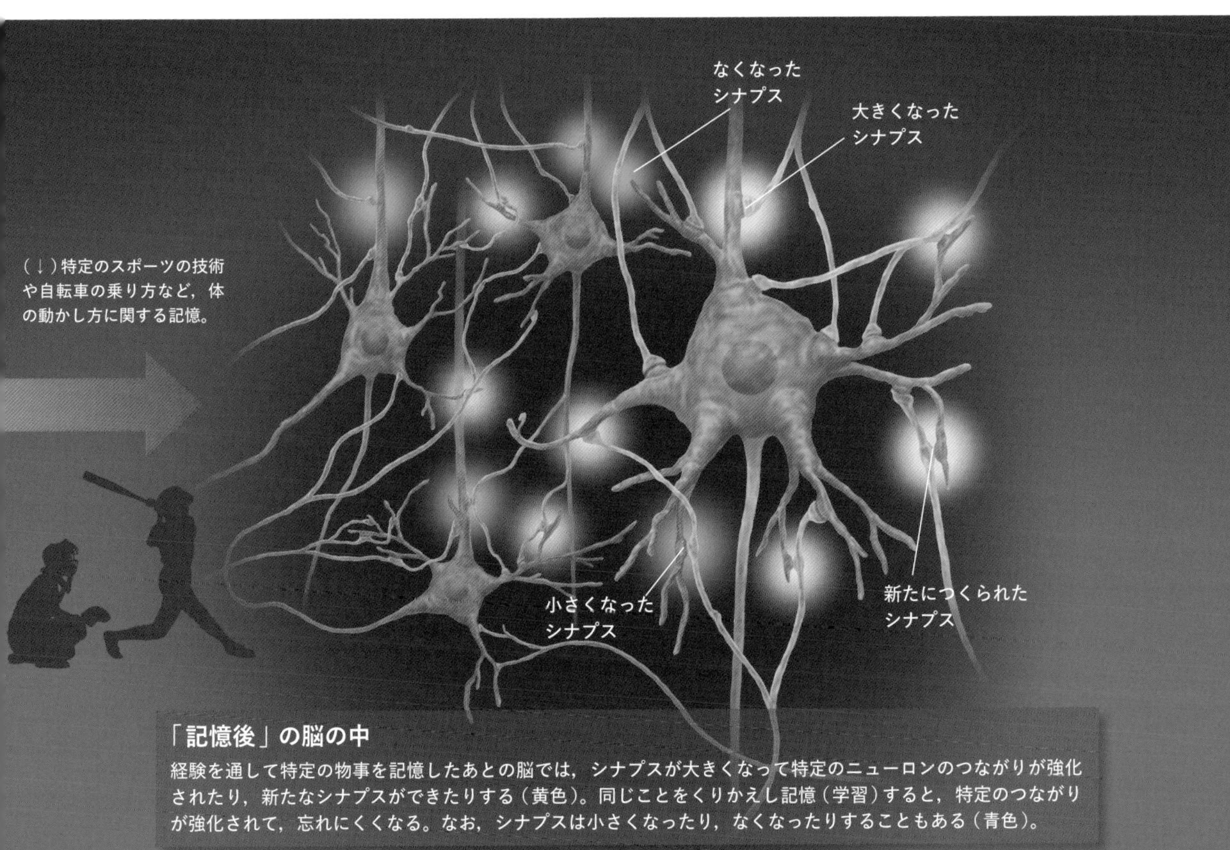

「記憶後」の脳の中

経験を通して特定の物事を記憶したあとの脳では，シナプスが大きくなって特定のニューロンのつながりが強化されたり，新たなシナプスができたりする（黄色）。同じことをくりかえし記憶（学習）すると，特定のつながりが強化されて，忘れにくくなる。なお，シナプスは小さくなったり，なくなったりすることもある（青色）。

材料がすべて入れ替わった船は同じ船といえるのか

古代ギリシャの哲学者・著述家プルタルコス（46ごろ～120ごろ）が書いた文章の中に,「テセウスの船」という話がある。テセウスとはギリシャ神話に登場する人物で，クレタ島で「ミノタウロス」という怪物を退治したことで知られる英雄だ。

テセウスがクレタ島から持ち帰った船は，ギリシャの都市アテネで長期間保存されていた。しかし徐々に朽ちてきたため，腐った木の板を新しいものに取り替える修理が行われることとなった。しかし，最終的に完成した船には，古い板が1枚も含まれていなかった。このとき，この船は「テセウスの船」とよべるのだろうか，というものだ。

また，テセウスの船の話から次のようなパターンを考えた人もいた。テセウスの船から，取り除いた古い木材で元と同じ船をつくった場合，この船と，すべて新しい木材に取り替えられた船のどちらを「テセウスの船」とよぶべきだろうか。

「存在する」とはどういうことか

このテーマについては，古来活発に議論が行われているが，現代を生きる私たちにも通じるところがある。たとえば，創業時から継ぎ足しをくりかえしている「秘伝のタレ」や，メンバーが入れ替わっていくアイドルグループなどは，テセウスの船と同様の“問題”を含んでいるといえるだろう。

「全体」は，ある意味においては「部分」の総和であるといえる。しかし，時間的な変化を視

テセウスの船

右ページの①は，テセウスがクレタ島から持ち帰った船（テセウスの船）。②は一部が古い木材から新しい木材に取り替えられた船，③は新しい木材に半分くらいかわった船。④はすべて新しい木材となった船。下の⑤は，取りはずされた古い木材を集めてつくった船である。これら五つの船は，はたして「テセウスの船」とよべるのだろうか。

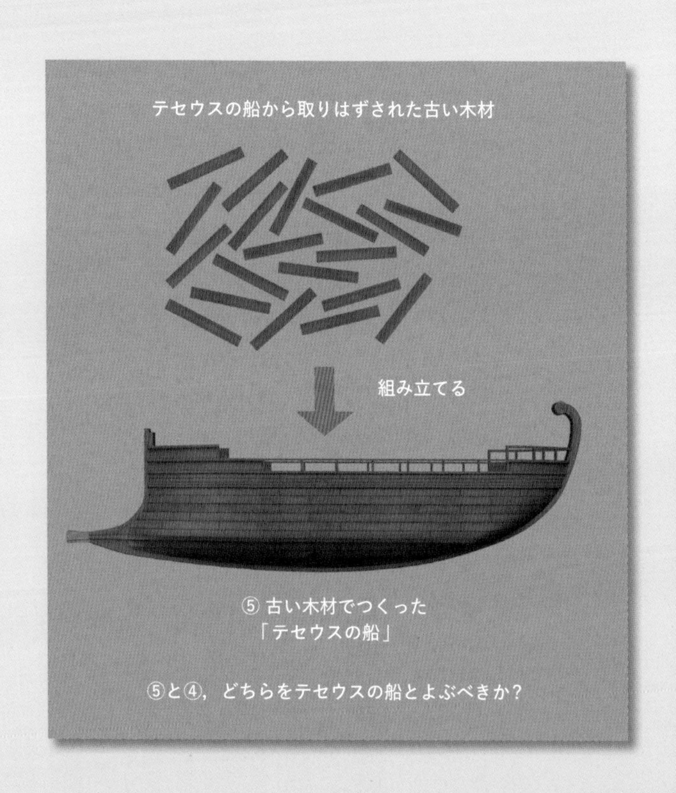

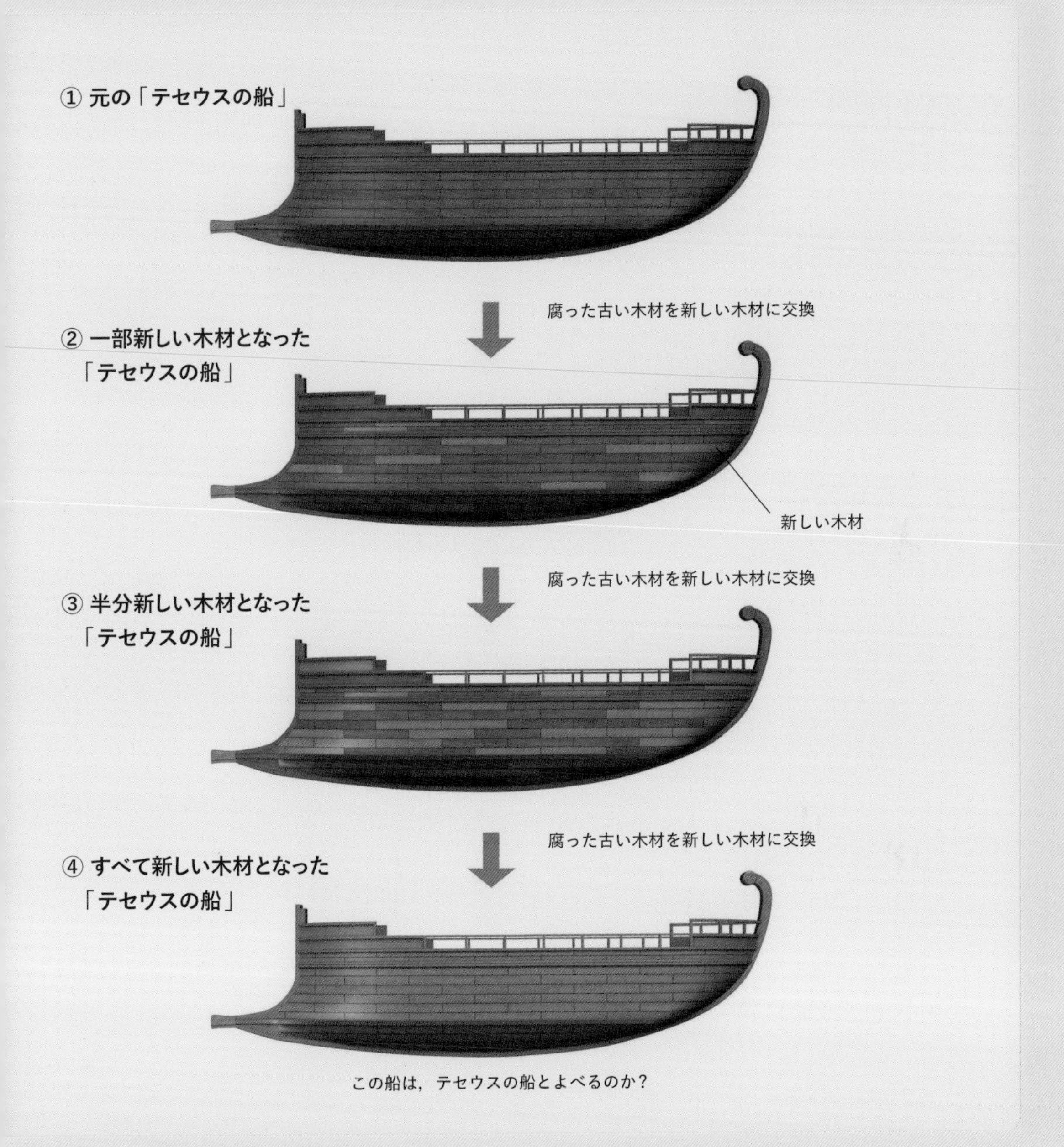
① 元の「テセウスの船」
腐った古い木材を新しい木材に交換
② 一部新しい木材となった「テセウスの船」
新しい木材
腐った古い木材を新しい木材に交換
③ 半分新しい木材となった「テセウスの船」
腐った古い木材を新しい木材に交換
④ すべて新しい木材となった「テセウスの船」
この船は，テセウスの船とよべるのか？

野に入れると，全体は単なる部分の組み合わせではないことに私たちは気づかされる。そして，そもそもあるものが「存在する」とはどのような状態で，何をもって「存在しない」状態になるのかという，素朴かつ究極的な問いを，私たちに投げかけているといえる。

あらゆるものは「原子」でできている

あらゆる物体を形づくっているものの正体は，いったい何なのだろうか。この質問に「原子」と答える人は多いだろう。現代ではあたりまえの知識だが，近代に実証されるまでは，目に見えない原子の存在に懐疑的な研究者も多くいた。そんな**「近代的な科学知識」といえる原子の存在をはじめてとなえたのは，古代ギリシャ時代の哲学者たち**である。

「万物は原子（アトム）でできている」という考えは「原子論」とよばれる。古代ギリシャの原子論はレウキッポス（前470ごろ～不詳）がとなえ，デモクリトス（前460ごろ～前370ごろ）が完成へとみちびいたとされている。2400年前の顕微鏡もない時代に，哲学者が原子論を生みだしていたのだ。

とはいっても，彼らの原子論は，現代のそれとはややことなる。たとえば，「それ以上分割できない」という性質をもっていれば，原子はどんな形状でもよいとされていた（円形や四角形，鉤型(かぎ)，くぼみや突起のあるものなど）。これら原子が集まって結合し，その並び方や向きによって物質の種類が決まると考えられていたのである。

また，彼らのいう原子は決して消滅することがない。物体がこわれてもその物体をつくっていた原子は消えず，移動し，ほかの原子と再結合して別の物体をつくる。そのため，**原子が移動するための，原子が詰まっていないからっぽの空間「空虚(くうきょ)（ケノン）」の存在を認めていた。**

この世界は小さな粒が集まってできた

レウキッポスとデモクリトスがとなえた原子論のイメージ。彼らは，すべての物質は原子（アトム）からできていると主張した。また原子は，からっぽの空間（空虚）の中で密集したり散らばったりして存在すると考えた。

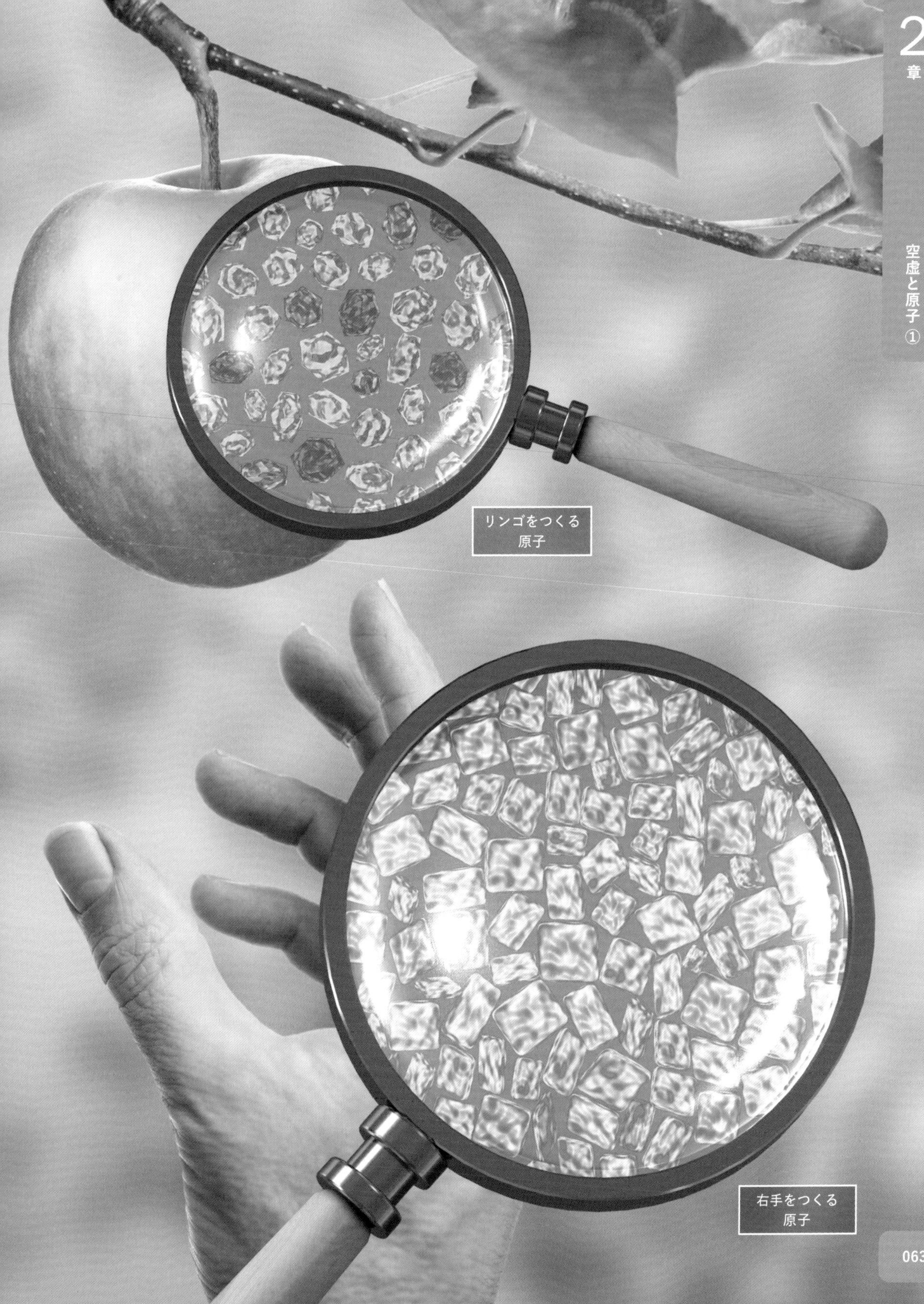
リンゴをつくる
原子
右手をつくる
原子

物質が一つも存在しない「何もない空間」をめぐる問い

古代ギリシャ時代，あらゆる場所が“何か”で満たされていると考えられていた。からっぽの空間，つまり「無」の存在を認めたことは，**デモクリトスらが考えた原子論の最大の特徴といえる。**

彼らのあとに登場したのが，58ページにも登場したアリストテレスである。アリストテレスは「自然は真空（何もない空間）をきらう」とし，デモクリトスらの原子論や，空虚（くうきょ）に原子が散らばって存在するという考えを否定した。

また，自然界の物質は土，水，空気，火からなると考えた。地球は土からなり，そのまわりを水の層（海）と空気の層が囲んでいる。空気の層の外側には火の層があり，さらにその外側に

空虚な空間に
天体が浮かんでいる
デモクリトスの考え
原子は「空虚」の中を
運動する
物質は原子から
できている

空虚の存在の是非をめぐる対立

デモクリトスの主張に対し（左），アリストテレスは万物は土，水，空気，火という四つの“元素”からなるとし，空虚の存在を否定した（右）。また，宇宙（天界）はエーテルという第五の元素で満たされているとも主張した。アリストテレスのこのような考え方は，その後2000年もの長きにわたって信じられることになる。

は,「エーテル」という特別な物質で満たされた天体の世界(宇宙)があるとしたのだ。

その後古代ギリシャ文明は衰退し，哲学者たちの思想の多くは失われた。しかしアリストテレスの著作のいくつかは，アラビア語に翻訳されてイスラム文化圏に伝えられるなどして，運よく保存された。12 ～ 13世紀にそれらがヨーロッパに再度輸入されると，アリストテレスの考え方は注目を浴び，その後数百年間ヨーロッパで支配的な思想となった。

アリストテレス
師であるプラトンとならび, 古代ギリシャ最大の哲学者といわれる。アリストテレスの著作では, 真空や物質についての考察に多くの章があてられている。

真空の存在を証明したトリチェリ

17世紀当時，管の中の空気を抜くことで，井戸から水を吸い上げるポンプが使われていた。「自然は真空をきらう」ので，管の空気を抜くと，真空ができないように水が吸い上げられると考えられていたのだ。一方で，約10メートル以上の深さからは，なぜか水を吸い上げられないことも経験的に知られていた。

水銀を使った実験で真空をつくりだした

この謎を解き明かしたのが，イタリアの物理学者エヴァンジェリスタ・トリチェリ（1608～1647）である。トリチェリは，真空ができないように水が吸い上げられるのではなく，**大気の重さで井戸の水面が押されるため，管の中の水がもち上げられるのだと考えた。**そして，大気が水面を押す力の大きさでは，水を10メートルの高さにまでしか持ち上げられないと想像したのである。

1643年，トリチェリはこの考えを確かめるために，水の約14倍重い（密度が大きい）水銀を使って実験を行った。片方の端が閉じたガラス管に水銀を満たし，空気が入らないようにして，そのガラス管の開いた端を水銀の入った容器に立てた。すると，ガラス管の中の水銀の高さは，容器の液面から約76センチメートルになった。これは，水に換算すると約10メートルになる高さだ。そしてガラス管の上部には空洞，つまり**真空がつくられたのである。こうしてトリチェリの考えが確かめられ，真空の存在も示された。**

トリチェリの実験を知ったドイツの科学者オットー・フォン・ゲーリケ（1602～1686）も，1654年に興味深い実験を行った。直径約40センチの銅製の半球を合わせて球にし，中の空気をポンプで抜いた。そして，半球のそれぞれを8頭ずつの馬で反対方向に引いても引き離せないことを示したのだ。こうして真空の存在は，しだいに受け入れられていったのである。

真空の存在を確かめた実験

トリチェリが行った水銀を使った実験（右）と，ゲーリケが銅製の半球を使って行った「マグデブルクの半球実験」（下）のようすをえがいた。真空の存在は，トリチェリの水銀柱実験によって，はじめて確認された。

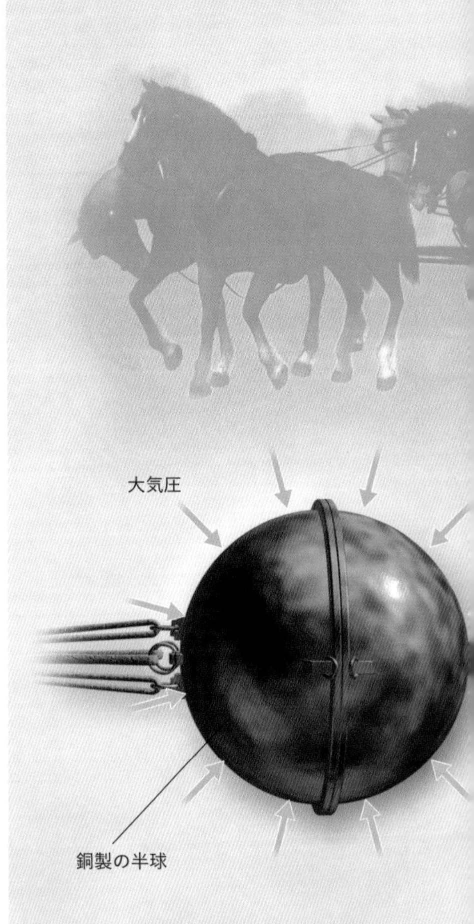

マグデブルクの半球実験（↑）

ゲーリケは，銅製の半球二つを向かい合わせて中の空気を抜くと，二つの半球がぴったりとくっついて，離れなくなることを示した。これは，半球が外の大気圧によっておさえつけられるためだ。ゲーリケは，ドイツのマグデブルク市長を長年務めていたことから，この実験は，「マグデブルクの半球実験」とよばれる。

トリチェリの水銀柱実験（→）

片方が閉じた長さ1メートルのガラス管を水銀で満たし，もう片方の開いた端を容器に入れた水銀につけたまま逆さまに立てると，ガラス管の上部に空洞ができる。この空洞こそが，人類がはじめて目に見える形でつくりだした真空だとされている。

ガラス管の上部に空洞ができるのは，大気が容器の水銀の液面を押す圧力と，ガラス管の中の水銀の柱がその重みで容器の液面を押す圧力がつり合うように，水銀柱の高さが下がるためだ。

加速器の中に広がる 10兆分の1気圧の世界「超高真空」

真空とは何もない空間であり，空気がまったく存在しない状態を想像するだろう。しかし工業的には，**1気圧未満の空間はすべて「真空」だ。気圧が低ければ低いほど，「真空度が高い」という。**

現在，地球上で最も高い真空を実現している装置の一例が，素粒子の実験を行う「加速器」である。たとえば，2018年に稼働開始した高エネルギー加速器研究機構（茨城県つくば市）の「SuperKEKB」という加速器の中は，10兆分の1気圧という超高真空を実現している。これは，分子1個を半径1センチメートルのビー玉におきかえると，一辺約20キロメートルの立方体にビー玉が1個だけあるという計算になる。SuperKEKBの中がいかにすかすかか，実感できるだろう。

SuperKEKBは，1周約3キロメートルのビームパイプ（管）の中で，電子と陽電子（電子と質量などが同じで，電荷が反対の粒子）を衝突させて，素粒子のふるまいを観察する装置である。ビームパイプの中に余計な気体分子があると，電子や陽電子とぶつかって実験の邪魔になるため，ビームパイプの中をできるだけ高い真空にしておく必要があるのだ。

SuperKEKBのような超高真空をつくるには，気体分子と結合しやすいチタンなどの金属を使った板をパイプ内に配置し，そこに飛びこんでくる分子を“待ちぶせ”してつかまえる「ゲッターポンプ」という特殊なポ

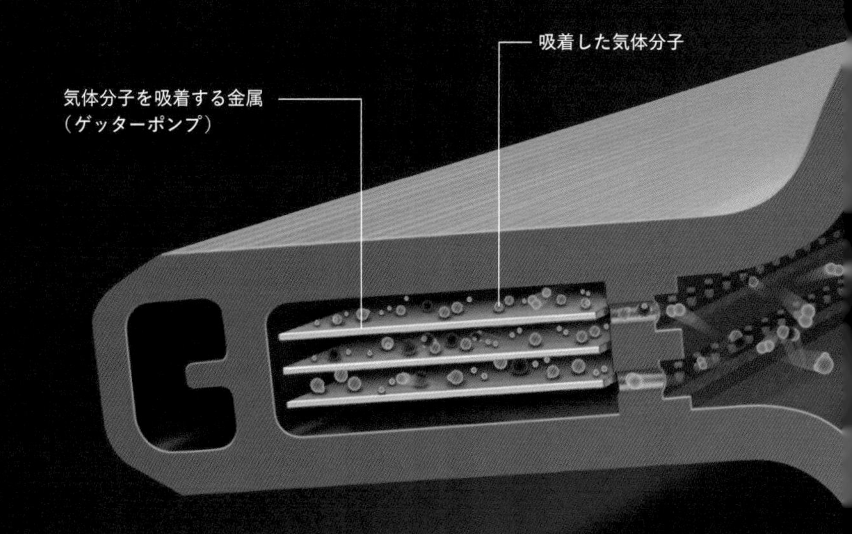

SuperKEKBのビームパイプ

「SuperKEKB」の内部をえがいた。電子や陽電子が通過するビームパイプの外側に，ゲッターポンプが配置されている。ゲッターポンプは，チタンやジルコニウムなどの特殊な金属の表面に気体分子をくっつけることで，パイプ内から気体分子を取り除く。ほかにも数種類のポンプが併用されることで，SuperKEKBの内部は10兆分の1気圧という超高真空を保つことができる。

ンプを使う必要がある（下のイラスト）。

「完全な真空」をつくることはできない

しかし，ゲッターポンプのような高度な技術を使っても「完全な真空」はつくりだせないようだ。人工的な真空の限界は，1000兆分の1気圧程度といわれている。ビームパイプの内壁には，さまざまな原子や分子がまぎれこんでおり，それらが“蒸発”することでビームパイプの中に入りこんでしまう。しかも，「完全な真空」に近づくほど，その影響は大きくなってしまうのだ。

また，宇宙空間は真空といわれるが，それでも原子や分子がまったく存在しないわけではない。宇宙で最も真空度が高いと考えられている，銀河と銀河の間の空間にも，1立方メートルあたり約1個の原子が存在している。

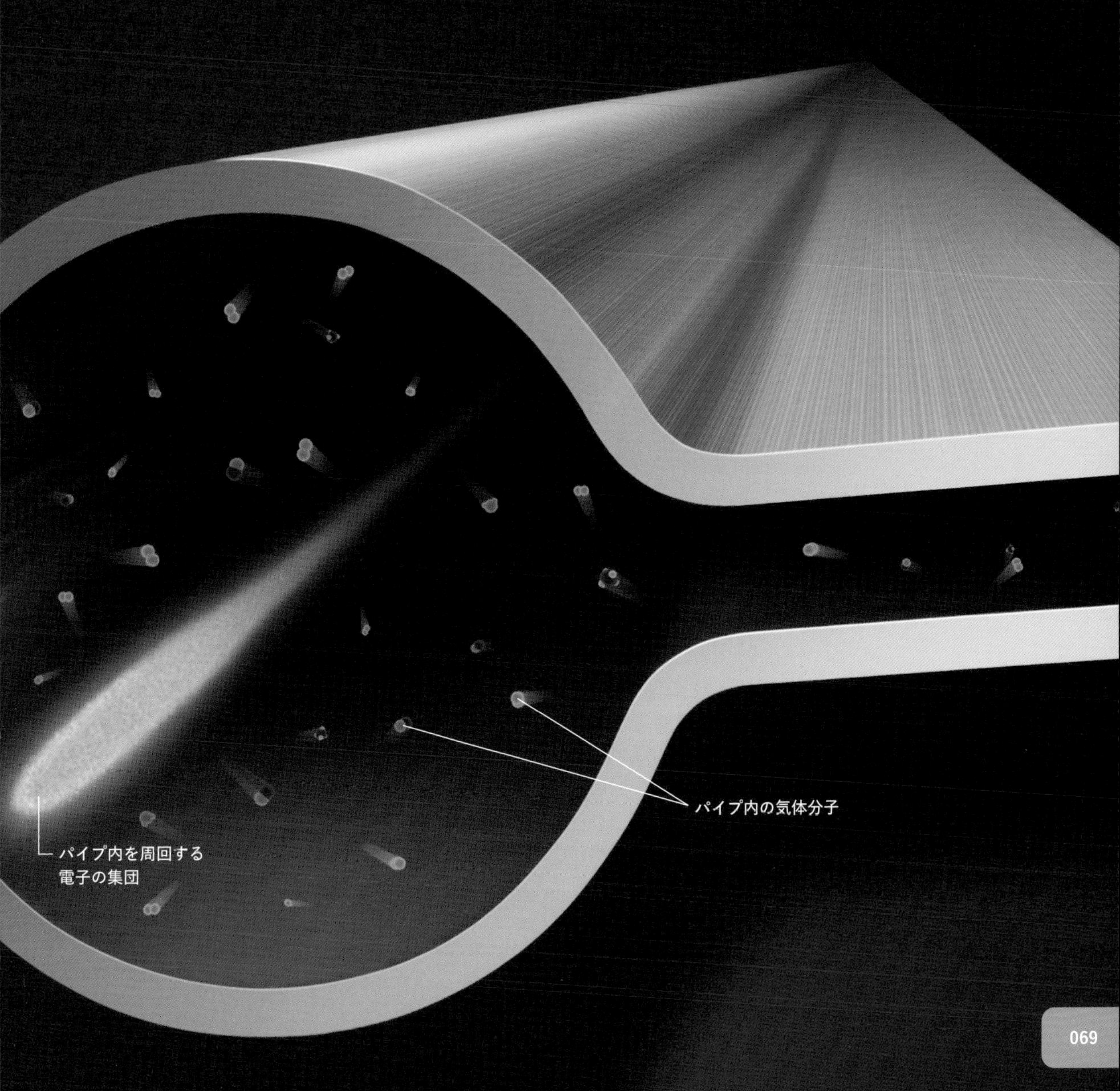

「エーテル」の存在は精密な実験で否定された

古代ギリシャ人が考えた，天体の世界をつくる物質「エーテル」。その名前は後世に残り，17～18世紀ごろの学者たちは，エーテルを「光を伝える物質」として復活させた。つまり，光は真空の宇宙空間を伝わることができるはずはないので，エーテルを介して伝わっているのだと考えたのである(当時，光の正体は判明していなかった)。

太陽や月からの光は地球に届くので，宇宙空間は膨大な量のエーテルで満たされていることになる。また，地球はエーテルの中を自由に動けるので，エーテルはほとんど感じられないほど希薄な物質のはずだ。しかし，光が猛烈に速いことを考えると，エーテルはきわめてかたい物質ということになる※。

史上最も有名な失敗実験

1887年，アルバート・マイケルソン（1852～1931）とエドワード・モーリー（1838～1923）は，エーテルの存在を証明するため，ある実験を行った。実験に使われた装置は「マイケルソン干渉計（かんしょうけい）」とよばれるもので，二つの方向（たとえば東西方向と南北方向）の光速の差をはかるものだ（右のイラスト）。

ふたりは，エーテルの中を地球が運動するならば，その影響により，二つの方向で光速に差が出ると予想した。しかし，光速にちがいはなかった。

これにより，エーテルが光を伝えるという説明は説得力を失い，観測者が運動していても光速はかわらないという「光速度不変（こうそくどふへん）の原理」が明らかとなった（エーテル説では説明することができない）。そして宇宙のしくみは，アインシュタインの相対性理論によって説明されることとなるのである。

この実験は，「史上最も有名な失敗実験」ともよばれているが，マイケルソンはこれにより，1907年のノーベル物理学賞を受賞している。またふたりの装置は，100年以上あとの別の実験で，相対性理論を実証している（レーザーを用いる巨大なマイケルソン干渉計「LIGO（ライゴ）」により，アインシュタインが一般相対性理論を用いて予言した「重力波（じゅうりょくは）」が検出された）。

※：物体中を伝わる波は，一般的に物体がかたいほど速く伝わることが知られている。

マイケルソンとモーリーの実験（→）

地球はエーテルで満たされた宇宙空間を運動（公転）していると考えるので，地球上では公転方向と逆向きに，エーテルの“風”が吹きつづけていることになる。つまり，エーテルの風に対する角度によって，光の速度はかわるはずだ。

ふたりは，光を二つの経路に分ける「マイケルソン干渉計」を用いて，二つの経路で光の速さにちがいがあるかを観測したが，差は検出できなかった。この失敗が，エーテルの存在の否定につながった。

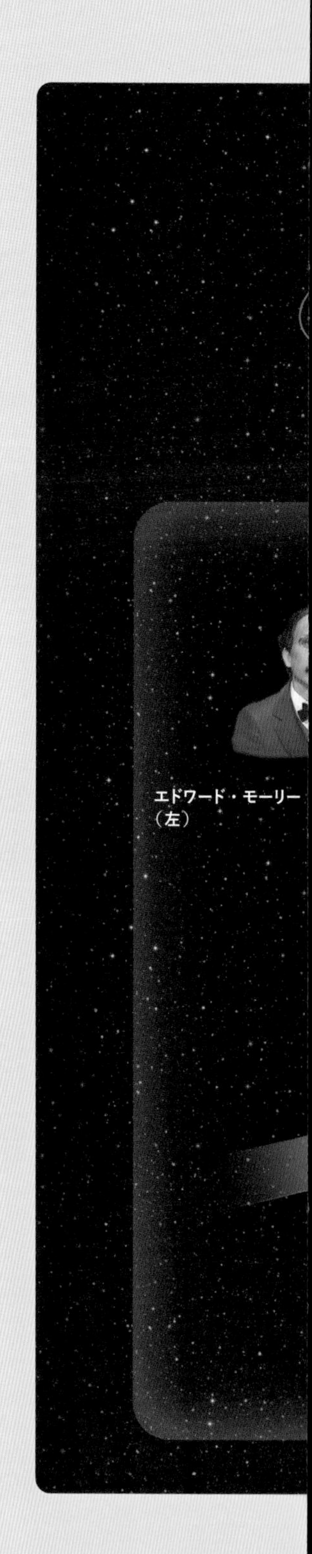
エドワード・モーリー（左）

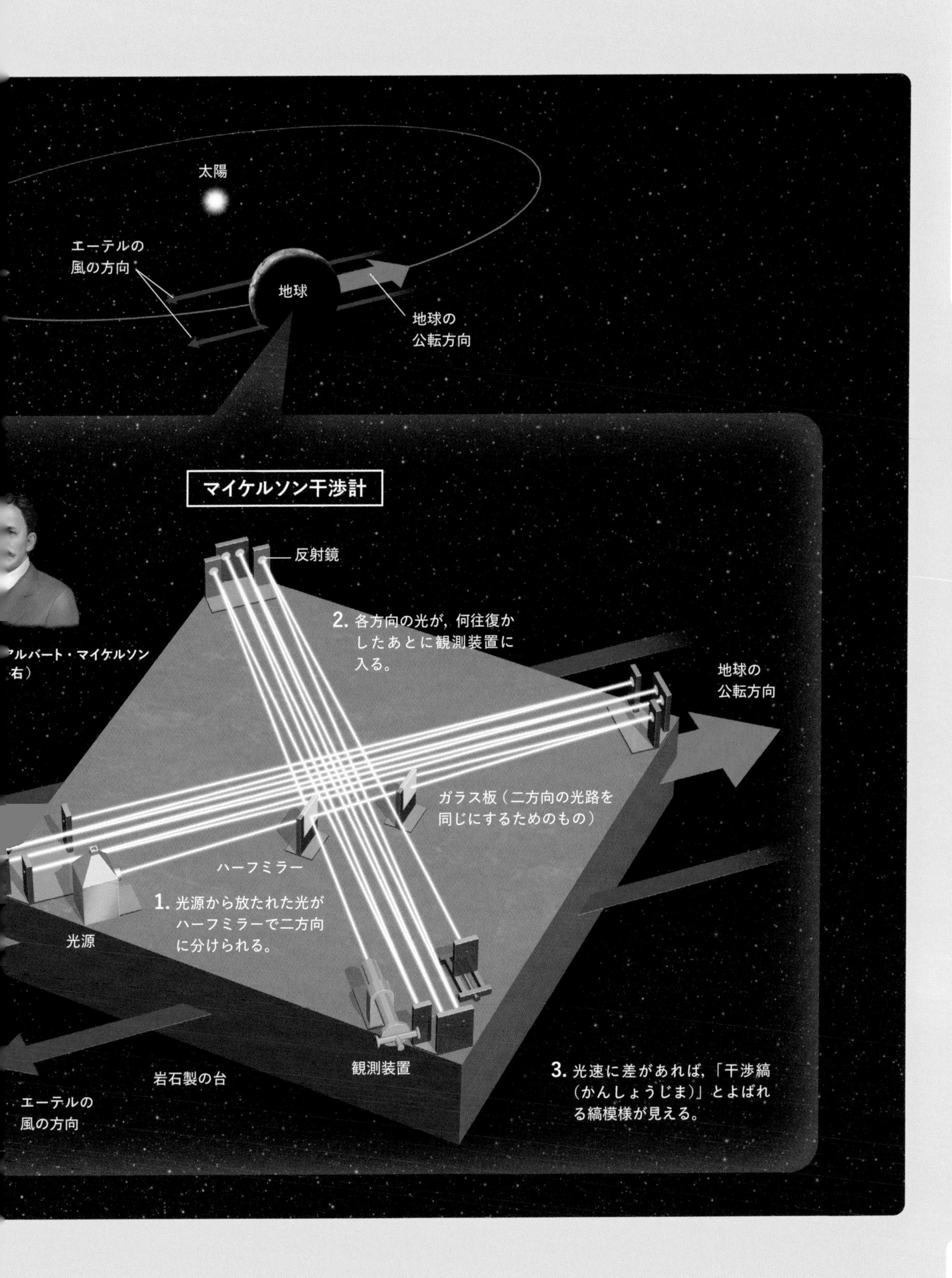
太陽
エーテルの
風の方向
地球
地球の
公転方向
マイケルソン干渉計
反射鏡
2. 各方向の光が，何往復かしたあとに観測装置に入る。
アルバート・マイケルソン
（右）
地球の
公転方向
ガラス板（二方向の光路を同じにするためのもの）
ハーフミラー
1. 光源から放たれた光がハーフミラーで二方向に分けられる。
光源
観測装置
岩石製の台
3. 光速に差があれば，「干渉縞（かんしょうじま）」とよばれる縞模様が見える。
エーテルの
風の方向

なぜ「原子はある」といえるのか？

ノーベル物理学賞受賞者のリチャード・ファインマンは，次のような言葉を残している。

「もし，大異変によってあらゆる科学知識が失われ，たった一つの文章しか未来の生物に継承されないとしたら，最小の語数で最大の情報を伝えるのはどんな言葉だろうか。それは，『万物は原子で構成されている』である[※1]」。

現代において，あらゆるものが原子からできていることは，だれもが知る"常識"だ。一文しか残せないのであれば，より最先端の科学に関することのほうがよいのではないかと思う人もいるだろう。しかし，**大多数の科学者が原子の存在を受け入れたのは，実はたった100年ほど前のことでしかない。**

物質をどんどん分割していくとどうなるのか。物質はいったい何でできているのか。人々は化学や力学，熱力学など，さまざまな分野の学問を舞台に，想像力をはたらかせて仮説を立てた。そして実験で検証して誤りを見つけ，また新たに仮説を立てることをくりかえす過程で，膨大な原子（科学）の知識を獲得していったのである。

原子は確かに存在するようだと多くの科学者が納得したとき，目に見えない原子の存在を，科学者たちはどのようにして科学的事実と認めたのだろうか。ここからは，三つの説明（実験）と議論をみていこう[※2]。

第1の説明「気体の化学反応」

──酸素と水素が充満しているところへ火花を散らすと，水ができた。この水をあたためると，水蒸気になった。反応に使われた酸素と水素，できた水蒸気の体積をはかると，同じ温度と圧力のとき，「2対1対2」の比例の関係にあった。こんなふうに体積の比が決まっているのは，何か法則があるからにちがいない。

これは，気体はどれも無数の分子でできていると考えれば納得できる。「分子」とは，原子が複数結びついたものだ。水素の分子二つに対して，酸素の分子一つが反応すると，水の分子二つができる。だから，体積の比が2対1対2になる。

上の説明は，**気体の化学反応を原子のつなぎかえとして解釈している。そして，温度や気圧などの環境が同じなら，分子の個数と体積の比が，物質の種類によらず一定である**と仮定している。すると「できた気体と，材料の気体の体積の比」というマクロな情報から，「水分子を1個つくるのに，材料の水素分子と酸素分子はいくつずついるか」というミクロの情報がわかるというわけだ。

一方で，この実験からわかることは「比」でしかない。分子が存在し，つなぎかえがおきていると考えることはできるが，そう考えなければならない理由はとくにないはずだ。仮に分子が存在したとしても，分子の個数と体積の比が一定であるとする根拠があるだろうか。

また，酸素と水素の原子がそれぞれ二つ結びついて分子をつくっているとしているが，それぞれの原子が四つ結びついて一つの分子をつくる可能性も考えられる。水分子が二つの酸素原子と四つの水素原子からできると考えれば，分子の数の比はかわらないからだ。

さらに，1リットルの気体が何個の分子からなるかは，この実験からはわからない。1万個でも，1億個でもかまわないのだ（実験の結果は，分子の具体的な数や重さまで決定するわけではない）。このように，分子に

※1：リチャード・ファインマン『ファインマン物理学Ⅰ 力学』（岩波書店）より。趣旨をかえない範囲で表現をかえている。
※2：科学者たちが仮説をどのように書きかえていったかは，江沢洋『だれが原子をみたか』（岩波現代文庫）でくわしく紹介されている。
※3：原子論者の一人であるイタリアの化学者，アメデオ・アボガドロにちなんでいる。現在は，「質量数12の炭素12グラムあたりの炭素原子の数」と定義されている。

よる解釈は「便利な考え方」ではあるが,「分子が存在することの証明」ではないとも考えられるのである。

原子を信じる科学者と信じない科学者

さて，前述（第1）の説明は，フランスの化学者ゲイ＝リュサックが「気体反応の法則」を発見した18世紀から19世紀ごろの議論をもとにしている。当時，さまざまな物質の化学反応について，反応の前後で質量や気体の体積を正確にはかる方法が普及し，化学反応の比の関係がさかんに調べられるようになった。たとえば，スウェーデンの化学者イェンス・ヴェルセリウスは，多くの物質について原子の質量の比を決定している（さまざまな比例関係が見つかるにつれ，原子があると信じる科学者たちはふえていった）。

第1の説明が正しいとするならば，ある体積の気体に含まれる分子の個数は物質によらず一定だ。**1気圧，0°Cのとき，22.4リットルの気体に含まれる原子の数は「アボガドロ定数」とよばれる**※3。もしアボガドロ定数がわかれば，「2リットルの酸素」に含まれる酸素分子の数がわかり，その重さから一つの分子の重さも求められる。

しかし，アボガドロ定数を決定する方法は，長らくわからないままだった（→次ページにつづく）。

「原子の存在」をめぐる科学者たちの考えや発言

デモクリトス
それ以上分割できない粒子である「アトム（原子）」の存在をとなえた。また，原子が運動する空間は「空虚」であるとした。

アイザック・ニュートン（1642～1727）
「自然界には，物質の微粒子を非常に強い引力で密着させる何らかの原因が存在する。この原因を見いだすことが，実験哲学の任務だ」と書き残している。

ジョン・ドルトン（1766～1844）
さまざまな化学反応を調べ，化学反応は，原子の結合が切れたりつながったりすることでおきると考えた。

ルートヴィッヒ・ボルツマン（1844～1906）
熱とは分子の運動であると考え，「熱力学」の基礎として，分子の運動を記述する「統計力学」を確立した。原子論に反対するマッハとはげしく論争した。

「原子は存在しない」

「原子は存在する」

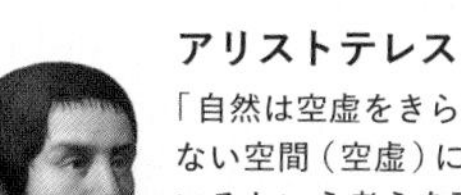

アリストテレス
「自然は空虚をきらう」と考え，何もない空間（空虚）に原子が散在しているという考えを否定した。また，「万物は空気，水，土，火からなる」という説をとなえた。この考えは，17世紀まで広く受け入れられていた。

ルネ・デカルト（1596～1650）
想像の中では，物質はどこまでも分割できる。にもかかわらず，分割できない粒子があると判断するのは矛盾であるとし，原子の存在を否定した。

エルンスト・マッハ（1838～1916）
原子の存在を仮定する科学者に対し，「あなたは原子を見たことがあるのか」とたずねたといわれている。知覚できないものを科学はあつかうべきではないという「経験主義」の立場から，原子論を批判した。

原子論（万物は原子でできているという考え方）について，科学者たちの発言を年表でまとめた。上段は原子論を信じた人々，下段は原子論をまちがっているとした人々である。それぞれが仮説を立てあい，たくみな実験で仮説を検証することで，原子についての知識が蓄積されていった。

原子論は少なくとも2000年以上前，人々の間で議論されていた。原子の存在を大多数の科学者が受け入れたのは，ブラウン運動に対するアインシュタインの仮説を，フランスの科学者ジャン・ペランが精密な実験で証明したときだったといわれている（76～77ページで解説）。

第2の説明 気体の圧力と体積

では，次の説明をみてみよう。

── 気体をピストン付きの容器につめ，上からおもりを乗せると，ピストンの高さは20センチメートルだった（大気圧の影響は考えないものとする）。

*おもりを2倍にすると，ピストンの高さは10センチメートルになった。つまり，***ピストンにかかる力と気体の体積は，反比例の関係にある。**

このことは，気体が原子からなると考えれば理解することができる。原子は高速で運動しており，容器の壁にたえず衝突している。おもりがピストンを押す下向きの力と，原子がピストンにぶつかることによる上向きの力がつり合うところでピストンは止まるというわけだ。

おもりを2倍にするとピストンまでの高さが半分になったのは，原子が移動する距離が半分になると，1秒あたりに原子がぶつかる回数が2倍になり，2倍になったピストンの重さとつり合ったからである（下のイラスト参照）。

この例では，気体の体積と気体にかかる圧力が反比例することを，原子を使ってうまく説明している。

しかし，第1の説明と同様に反論できる。気体が高速運動する原子からなると考えればわかりやすいが，気体に何個の原子が含まれるかなどといった，原子の特徴は求められない。

また，こんな説明もできる。*それぞれの原子には，たがいに反発力がはたらいている。この反発力は，原子どうしが近づくほど大きくなる。おもりが2倍になると，原子どうしの間隔がちぢまって反発力がふえる。その結果，気体全体の体積が半分になり，ピストンまでの高さが半分になる。*

これについても，原子の数がいくつでも成り立つ。ちなみに，高速運動による説明はオランダの科学者ダニエル・ベルヌーイ（1700～1782），反発力による説明はニュートンがとなえたものだ。

実験で原子の数を求めるのは不可能なのか

ここまでにあげた例のほかにも，化学や力学などさまざまな分野で，原子が存在すると仮定することで現象をうまく説明できる場合がふえたため，原子の存在を信じる科学者がふえていった。

このような，**仮説を立てて現象を説明する方法を「演繹（えんえき）」という。**

ただしそれらの仮説は，1個の原子の重さなどは予測しておらず，原子の具体的な特徴はわからなかった。また，もし1個の原子の重さまで予測する仮説が立てられたとしても，それだけでは「原子が存在する」ということを科学的に示したことにはならない。実験により，原子のふるまいが仮説どおりであるかを調べる必要があるからだ。

このように，**実験を何度も行い，仮説を検証することを「帰**

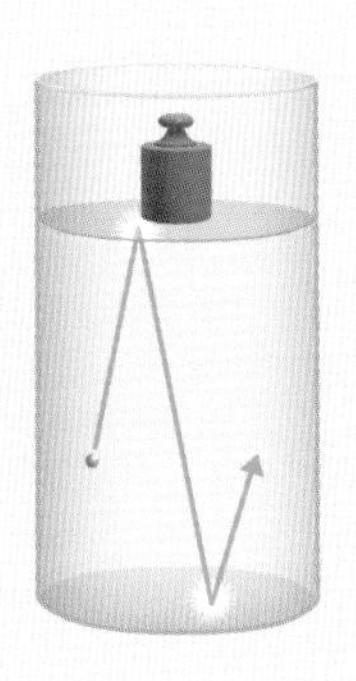

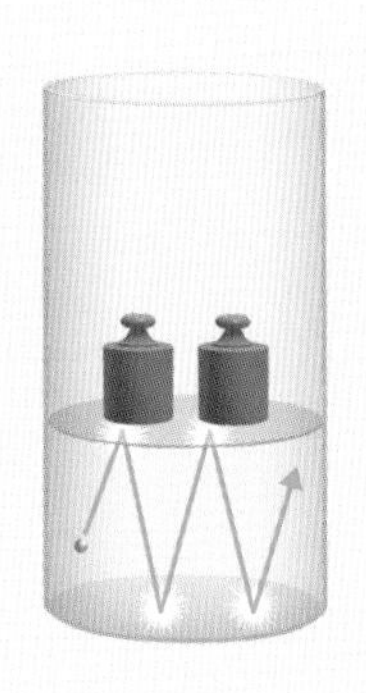

気体に圧力をかけると体積が小さくなる

気体をおもり付きのピストン容器に入れると，ピストンはある位置で止まった（左）。ピストンにもう一つおもりを乗せると，容器内の気体の体積が半分になった（右）。つまり，気体の体積と圧力は反比例の関係にある。これは，気体の原子が高速に移動しており，ひっきりなしに壁に衝突することで，おもりによる圧力に対抗しているからだと考えることができる。

2倍のおもりに対し体積が半分になってつり合うのは，原子が2倍の頻度で壁に衝突できるようになるためだ。しかしこれだけでは，「原子の存在を示す証拠」とまではいえない。

※4：現代では，一つひとつの原子を画像化することも可能。

納」という。

顕微鏡でも見えない原子※4を，実験で調べることなどできるのだろうか。20世紀初頭まで，ドイツの化学者ウィルヘルム・オストワルト（1853～1932）や，オーストリアの物理学者エルンスト・マッハなどは，「実験で検証できない以上，科学は原子が存在するか否かという問題を取りあつかうべきではない」と主張していた。

このような立場の科学者たちは，**原子を「作業仮説」（考えを先に進めるために試しに採用される暫定的な仮説）**とよび，原子が実在するとは考えていなかったのだ。

一方，原子論を支持する科学者たちは，実験で測定できる情報，たとえば「重さ」「力」「体積」「温度」などと，“原子の特徴をあらわす数”を結びつける方法を模索していた。原子の特徴をあらわす数とは，たとえば先にあげた「アボガドロ数」である。

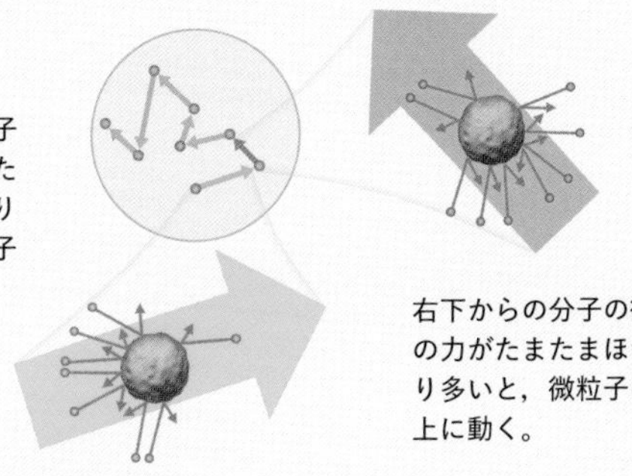

第3の説明「微粒子のブラウン運動」

アボガドロ数が発見される舞台となったのは，1827年，イギリスの植物学者であるロバート・ブラウン（1773～1858）が発見した「微粒子の運動」である。

ブラウンは，受粉のしくみを調べるため，水中の花粉を顕微鏡で観察していた。すると，水を吸った花粉が破裂し，中から微粒子がまき散らされた。この微粒子が，それぞれ不規則に運動していたのだ（上のイラスト参照）。

ブラウンははじめ，この微粒子が生きていると考えたという。しかしやがて，チョークの粉など，ある程度小さな微粒子なら，どんな物質でもこの運動がみられることに気づいた。

ブラウン以前にもこの現象は報告されていたが，微粒子が何かに関係なくおきる一般性の高い現象であることに気づいたのは，ブラウンが最初だった。そのため，この現象は「ブラウン運動」とよばれるようになった。

ブラウン運動は，どのようにしておきるのだろうか。当時，たとえば「熱による対流」という説がとなえられた。この説が正しいなら，近くの微粒子どうしは流れに乗って一緒に運動しそうである。しかし実際には，近くの微粒子でもまったくちがう方向に，ちがうタイミングで動いていた。

ほかには，「微粒子が表面から溶けだして周辺の液体の表面張力がかわり，流れが生じた」「水が蒸発し，水の流れが生じた」という説もあった。

しかしこれらの仮説は，長時間の観察や，透明な水晶の内部に閉じこめられた水滴の中でもブラウン運動がおきることが判明したことにより，くつがえされた（密閉された水晶の中で，数千～数万年も水が蒸発しつづけたり，微粒子が溶けだしつづけたりするということは考えられなかったため）。

そして，ブラウンの発見から80年後，アインシュタインによる**「不規則に運動するたくさんの水分子が四方八方から微粒子に衝突しており，たまたまある一方向からの衝撃がたくさん重なったとき，微粒子が動く」**という説が考えられたのである（→次ページにつづく）。

左下からの分子の衝突の力がたまたまほかより多いと，微粒子は右上に動く。

右下からの分子の衝突の力がたまたまほかより多いと，微粒子は左上に動く。

ブラウン運動がおきるしくみ

アインシュタインは，微粒子のブラウン運動について「周囲から分子が衝突することでおきる」という仮説をはじめてとなえた。分子が四方から均等に衝突した場合は微粒子は動かないが，ある方向からの分子の衝撃が，ほかの方向からの衝撃よりもたまたま多く重なったとき，微粒子は突き動かされるという。

不規則な分子の運動から規則性をみちびく

アインシュタインの仮説では,「たくさんの分子は不規則に運動している」としている。このような「不規則な運動」を，数式で表現することなどできるだろうか。

19世紀末，オーストリアの物理学者ルートビッヒ・ボルツマンは，熱とは分子の運動であると考え，分子の運動を記述する「統計力学(とうけいりきがく)」を，熱力学(ねつりきがく)（気体などのエネルギーのやり取りをあつかう物理学）の基礎として打ち立てた。

一つひとつの分子の運動は不規則なので，予測することができない。それは，コイン投げをして，次に表が出るかどうかを予測できないのと同じだ。**しかし1000回コイン投げをしたとき，表が出るのは約500回前後であることが多いと推測することはできる。**

同じようにボルツマンは，分子の集団のふるまいを統計を使って推測できることを示した。しかも，気体の比熱(ひねつ)や粘性(ねんせい)係数など，それまでは各物質についていちいち測定していた量を，計算で求められることも示したのである。

ただし，当時は統計力学が正しいかどうかを，実験で確認するすべがなかった。そのため，統計力学はマッハらにはげしく批判された。

“巨大”な微粒子を使って分子のふるまいを探る

そこでアインシュタインは，ブラウン運動の主役である微粒子に注目した。微粒子は直径0.5マイクロメートルほどで（＝2000分の1ミリメートル，1マイクロは100万分の1），分子よりもはるかに大きい[※5]。顕微鏡で観察することもできる。

一方で微粒子は，分子の衝突がたまたまある方向から重なると，ジグザグに運動するくらいには小さい。そのため，この微粒子の不規則な動きを観察すれば，微粒子に衝突する無数の分子のふるまいも目で見て調べることができると考えたのだ。

アインシュタインは微粒子がジグザグに運動するとき，平均でどれくらい移動するかを計算した。すると,「微粒子の移動距離の平均は時間の平方根(へいほうこん)に比例する」という関係が示されたのである。

さらに，アインシュタインはこの関係を使って，**ブラウン運動する微粒子が，平均するとどれくらい移動するかを示す「アインシュタインの関係式」をみちびき出した。**

この式は，微粒子の半径や温度，粘性係数などの実験で測定できる数値と，アボガドロ数であらわされていた。つまり，アボガドロ数以外の数値を調べれば，アボガドロ数が求められることを意味していたのだ。

2次元のランダムウォーク（酔歩）
不規則に方向をかえて進む微粒子の動きは,「ランダムウォーク」，または酔っぱらいの歩行にたとえて「酔歩（すいほ）」とよばれている。たとえば，たくさんの酔っぱらいにスタート地点から一定時間進ませて，その位置をはかると，平均の移動距離は「経過時間の平方根」に比例する。

実験をくりかえしたペラン

フランスの科学者ジャン・ペラン（1870～1942）は1908年，アインシュタインの関係式を検証する実験に取りかかった。式を構成する要素のうち，アボガドロ数以外は「測定できる」とはいえ，顕微鏡でなければ見えない微粒子の直径などを正確に

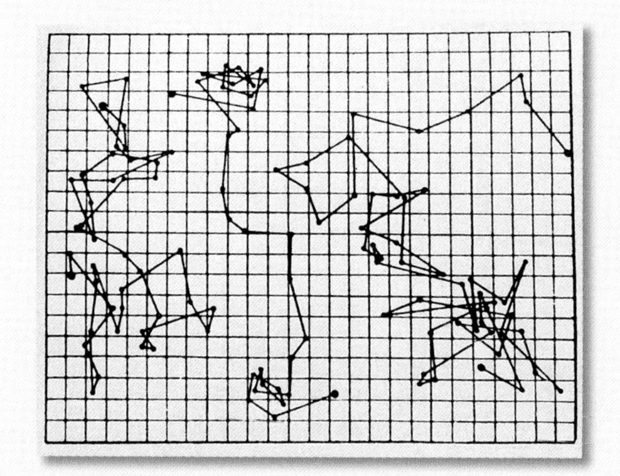

(←)ブラウン運動の軌跡

ペランが記録した，ブラウン運動の軌跡。直径0.53マイクロメートルの微粒子の位置を，30秒ごとに記録した。マス目は3.2マイクロメートル角。なお，この図では30秒ごとに測定した粒子の位置を「直線」で結んでいるが，それらが微粒子の軌跡なのではない。もしもっと短い時間間隔で測定していたら，各直線はそれぞれ「ジグザグな線」になっていたはずだ。このような，乱雑の中に乱雑が隠されている連鎖こそが，ブラウン運動が微小な衝撃の積み重ねであることの証拠である。

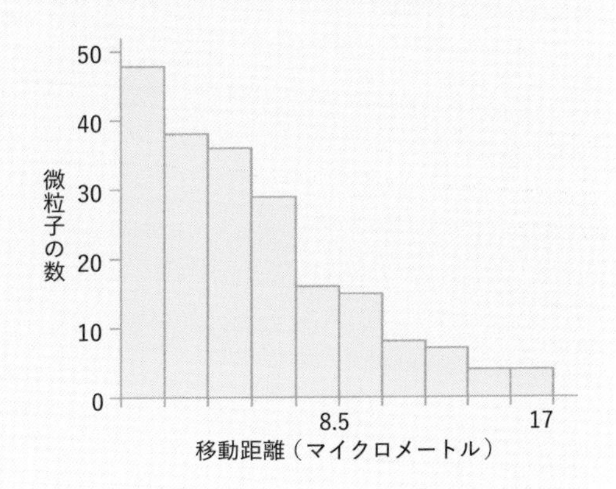

微粒子の移動距離（→）

グラフは，205個の微粒子の30秒後の移動距離を調べた結果である。多くの微粒子はスタート地点からあまり動かず，一部の微粒子がスタート地点から遠く離れるという規則性があらわれた。時間をかえて調べると，移動距離の平均は時間の平方根に比例していた。

はかるのは至難の業だったといわれている。

ペランは樹脂から微粒子をつくり，遠心分離器（えんしんぶんりき）で粒子の大きさをそろえるなどの工夫を重ねて微粒子の大きさを統一した。そして，さまざまな液体の中で，微粒子の移動距離を何百回もはかり※6，測定値から分子の数（アボガドロ数）をみちびいたのである。

その結果，アボガドロ数はいつも6～7×10^{23}の範囲におさまっていた。条件をかえても，アボガドロ数が一定の範囲におさまっているということは，**原子が存在するという仮説が正しいことを強く示唆している。**

この結果を見て，マッハなどのごく一部の科学者をのぞく大多数の科学者は，分子，そして分子を構成する原子の存在が科学的に示されたと認めたのである。ペランはこの業績により，1926年にノーベル物理学賞を受賞している。

「物質の根源」の探究は現在もつづけられている

さて，ペランの成果よりも10年以上前に「電子」が発見された。また1908年には，イギリスの科学者ラザフォードによって，原子に「核」が存在していることが明らかになった。つまり，原子は確かに存在しているが，「それ以上分割できない粒子」ではなかったのだ（現在では，電子以外の「素粒子（そりゅうし）」も発見されている）。

『だれが原子をみたか』などの著作で知られる，学習院大学の名誉教授江沢洋（えざわひろし）博士は次のように語る。

「かつて，科学者たちがさまざまな現象を根拠に『原子はある』と信じたこと，また信じなかったことから，さまざまな仮説と実験が生まれ，新しい分野が切り拓かれてきました。そして現在も，『物質は何でできているのか』という問いは，科学を前進させつづけているのです」

※5：分子の大きさは直径0.0001マイクロメートルなので，微粒子よりも5000分の1も小さいことが，現在ではわかっている。

※6：ここから，ブラウン運動の具体的な姿がわかった。半径0.5マイクロメートルの微粒子1個に対し，その1000分の1以下の半径しかない水分子が，1秒に1京（10^{16}）回も衝突して，微粒子を不規則に突き動かしていた。

原子を構成したり力を伝えたりする「素粒子」

万物を構成する原子は，原子核と電子からなり，原子核は陽子と中性子からなる。では，陽子と中性子は，いったい何からできているのだろうか。

それ以上分けることのできない最小の粒子を「素粒子」とよぶ。20世紀中ごろ,「クォーク」という素粒子が存在することが新たに明らかとなった。陽子と中性子は，このクォークの一種である「アップクォーク」と「ダウンクォーク」という素粒子でできている（ちなみに電子は素粒子の一つで，それ以上分けることができない）。

さて, 現代の素粒子物理学(素粒子を研究対象とした物理学)の基盤となっている理論が「標準モデル」である。標準モデルによれば，自然界にもともと存在する力には「重力」と「電磁気力」, そして素粒子レベルのミクロな世界でしか顔を出さない

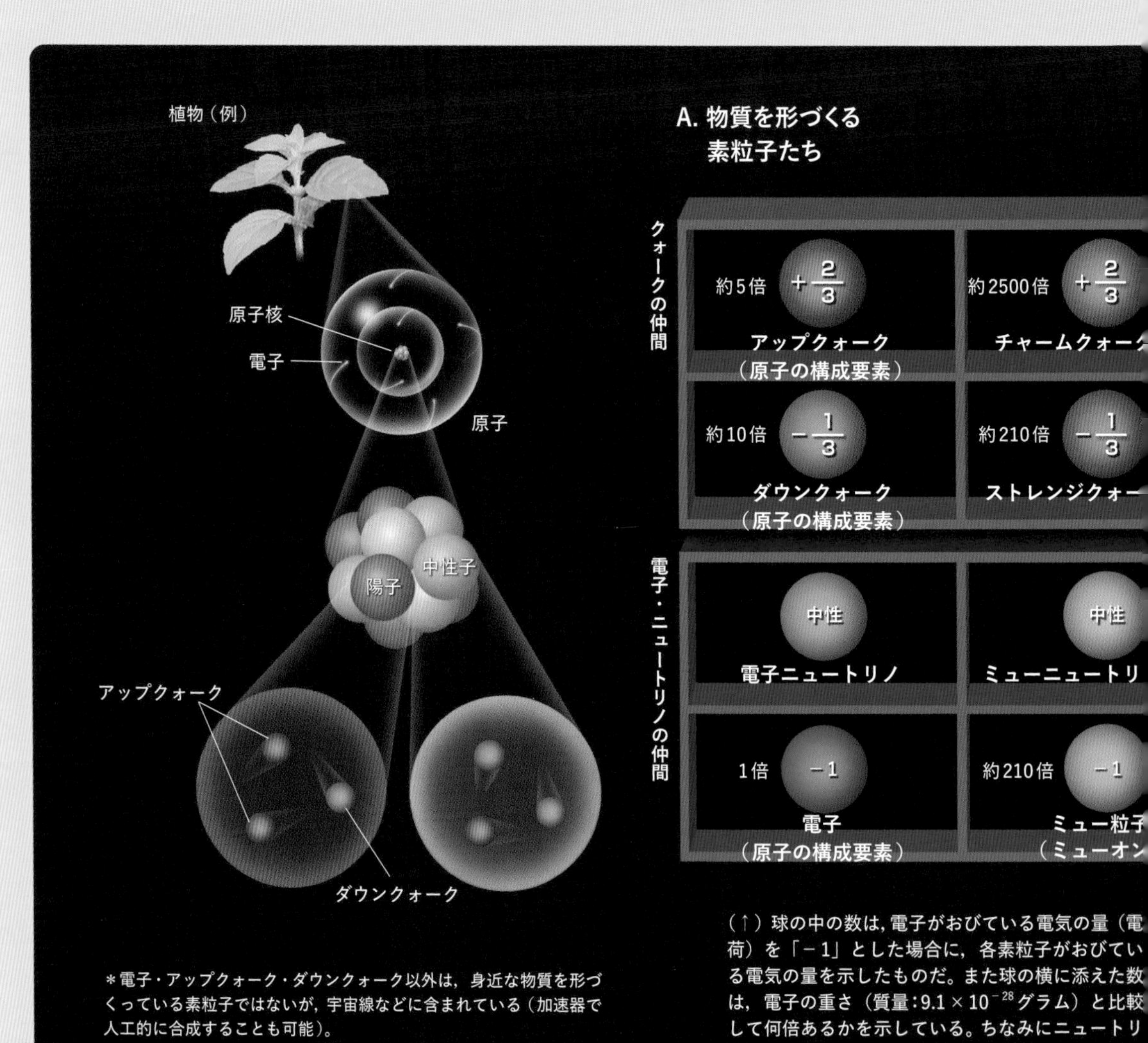

（↑）球の中の数は, 電子がおびている電気の量（電荷）を「−1」とした場合に，各素粒子がおびている電気の量を示したものだ。また球の横に添えた数は，電子の重さ（質量:9.1×10^{-28}グラム）と比較して何倍あるかを示している。ちなみにニュートリ

＊電子・アップクォーク・ダウンクォーク以外は，身近な物質を形づくっている素粒子ではないが，宇宙線などに含まれている（加速器で人工的に合成することも可能）。

「弱い力」「強い力」の四つがあるという。

弱い力とは「ベータ崩壊」という現象を引きおこす力である。太陽でおきている「水素の核融合反応」の一部も，弱い力がになっている。一方，強い力は，クォークどうしを結びつける力だ。原子核をつなぎとめる「核力（かくりょく）」も素粒子レベルでみると，強い力が複雑に絡みあって生じている力だといえる。

「物質を形づくる素粒子」（下図**A**）は，いわば“役者”だ。四つの力は「力を伝える素粒子」（**B**），つまり役者を動かす“監督の指示や台本”である。役者は指示や台本によって，たがいに影響をおよぼし合いながら（相互作用），自然界という“劇”が成立しているのである。

さまざまな素粒子（↓）

現在，存在が明らかになっている（または存在が確実視されている）素粒子をまとめた。素粒子は「物質を形づくる素粒子」「力を伝える素粒子（ゲージ粒子）」「ヒッグス粒子」に大別できる。

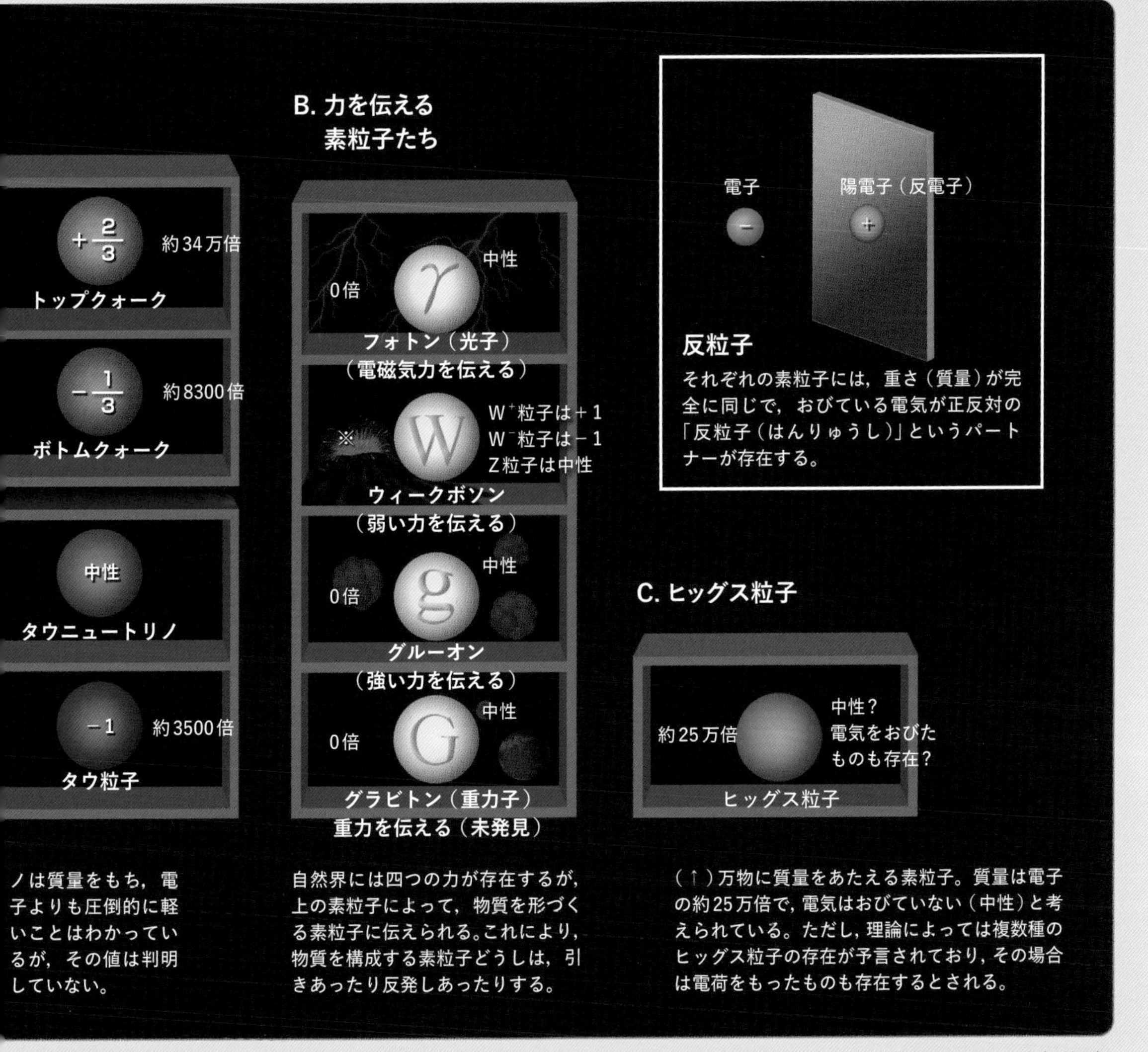

ノは質量をもち，電子よりも圧倒的に軽いことはわかっているが，その値は判明していない。

自然界には四つの力が存在するが，上の素粒子によって，物質を形づくる素粒子に伝えられる。これにより，物質を構成する素粒子どうしは，引きあったり反発しあったりする。

（↑）万物に質量をあたえる素粒子。質量は電子の約25万倍で，電気はおびていない（中性）と考えられている。ただし，理論によっては複数種のヒッグス粒子の存在が予言されており，その場合は電荷をもったものも存在するとされる。

※：約15万7000倍（W⁺粒子とW⁻粒子），約17万8000倍（Z粒子）。

「無」と存在-2

協力　一ノ瀬正樹／松原隆彦
協力・監修　和田純夫

「量子論」とは，ミクロな世界のふるまいを解き明かす理論である。この理論はものの存在について，それまでの常識を根底からくつがえしてしまった。たとえば電子などの素粒子は，観測するまで位置が確定しないという，私たちの常識に反することがおこるという。本章では，そんな量子論が明らかにした“奇妙な世界”にせまっていく。

太陽光も電波も赤外線も すべて「光」

ひとくちに「光」といっても，さまざまな種類がある。私たちが見ることのできる「可視光」のほか，日焼けの原因となる「紫外線」や，電気ストーブから発せられて体を温めてくれる「赤外線」も光の仲間だ。また，レントゲン撮影に使われる「X線」，ウランなどから出る放射線の一種である「ガンマ線」，電子レンジでものを温める「マイクロ波」，テレビや携帯電話で使われる「電波」なども，すべて光の仲間である。物理学では，**これらすべてをまとめて「電磁波」とよぶ。**

ここで，アンテナを例に電磁波（光）の振動と波長について考えてみよう。電波がアンテナに向かって飛んでくると，その振動にあわせてアンテナ内の電子が上下に振動する（右ページ下の図）。電子の動きとはすなわち電流なので，変動する電流が

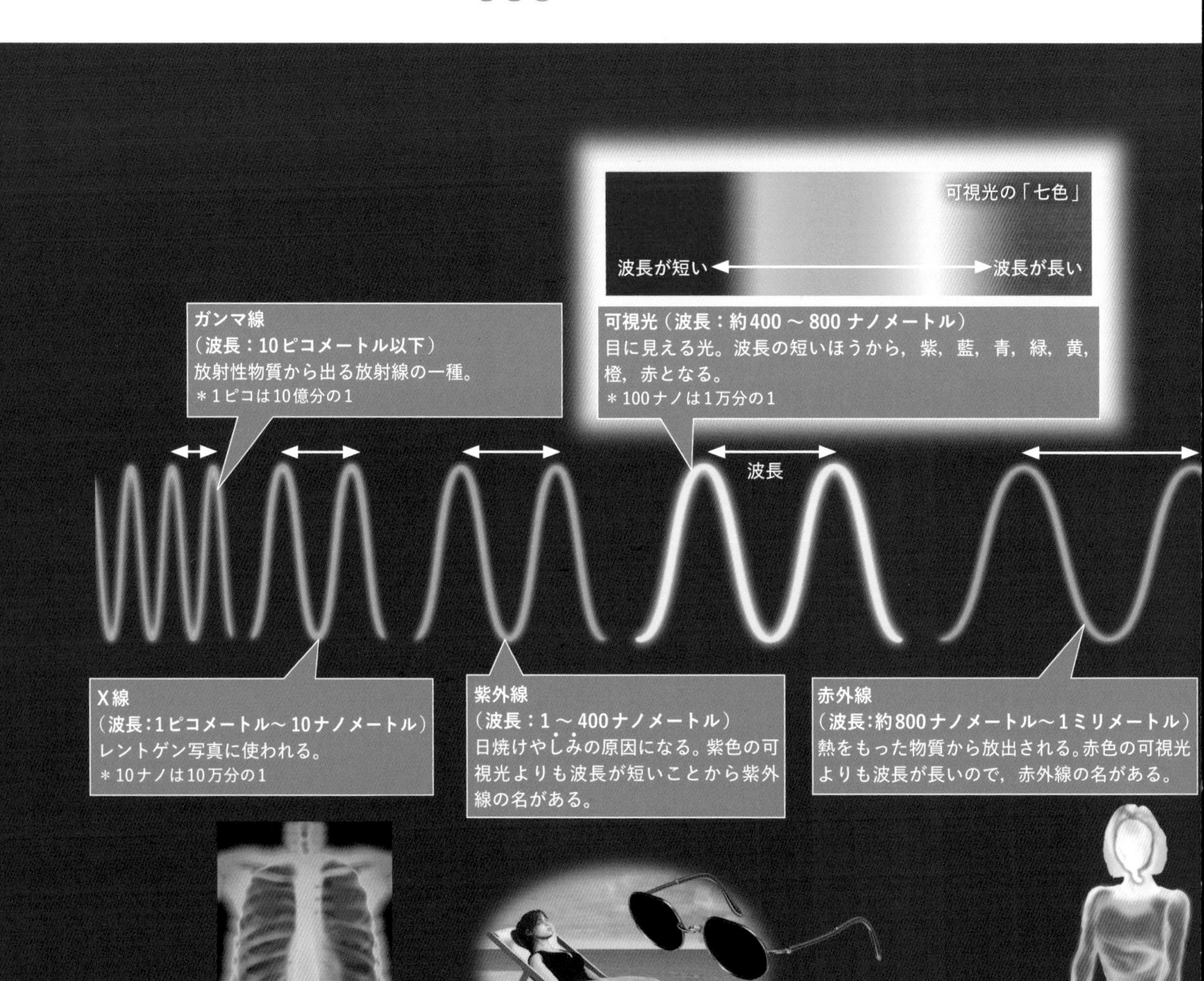
可視光の「七色」
波長が短い
波長が長い
可視光（波長：約400 ～ 800 ナノメートル）
目に見える光。波長の短いほうから，紫，藍，青，緑，黄，橙，赤となる。
＊100ナノは1万分の1
ガンマ線
（波長：10ピコメートル以下）
放射性物質から出る放射線の一種。
＊1ピコは10億分の1
波長
X線
（波長：1ピコメートル～ 10ナノメートル）
レントゲン写真に使われる。
＊10ナノは10万分の1
紫外線
（波長：1 ～ 400ナノメートル）
日焼けやしみの原因になる。紫色の可視光よりも波長が短いことから紫外線の名がある。
赤外線
（波長：約800ナノメートル～ 1ミリメートル）
熱をもった物質から放出される。赤色の可視光よりも波長が長いので，赤外線の名がある。

レントゲン写真（イメージ）

赤外線サーモグラフィーの画像（イメージ）

生じる。これは水面の波によって，水面に浮かんだボールが上下に揺らされるのと似ている。つまり光とは，**「電子（正確には電気をもった粒子）を振動させる作用が空間を伝わっていくこと」といえる。**

なお，ここで注意したいのは，光は真空（物質がない空間）でも伝わるので，**「何か物質が振動することによる波ではない」**ということだ。

さて，冒頭であげた光の仲間は波長がそれぞれことなる。「波長」とは，光がえがく波の山（波の最も高い場所）と山の間の長さ，または谷（波の最も低い場所）と谷の間の長さのことである。人間には，光の波長によって色がちがって見える。波長の短いほうから，紫，藍（あい），青，緑，黄，橙（だいだい），赤となる。

さまざまな光の仲間（↓）

それぞれの波長の範囲は厳密に決まっておらず，おたがいにいくらか重なりあっている。また，イラストでの各電磁波の波長は，実際の比率ではえがいていない。

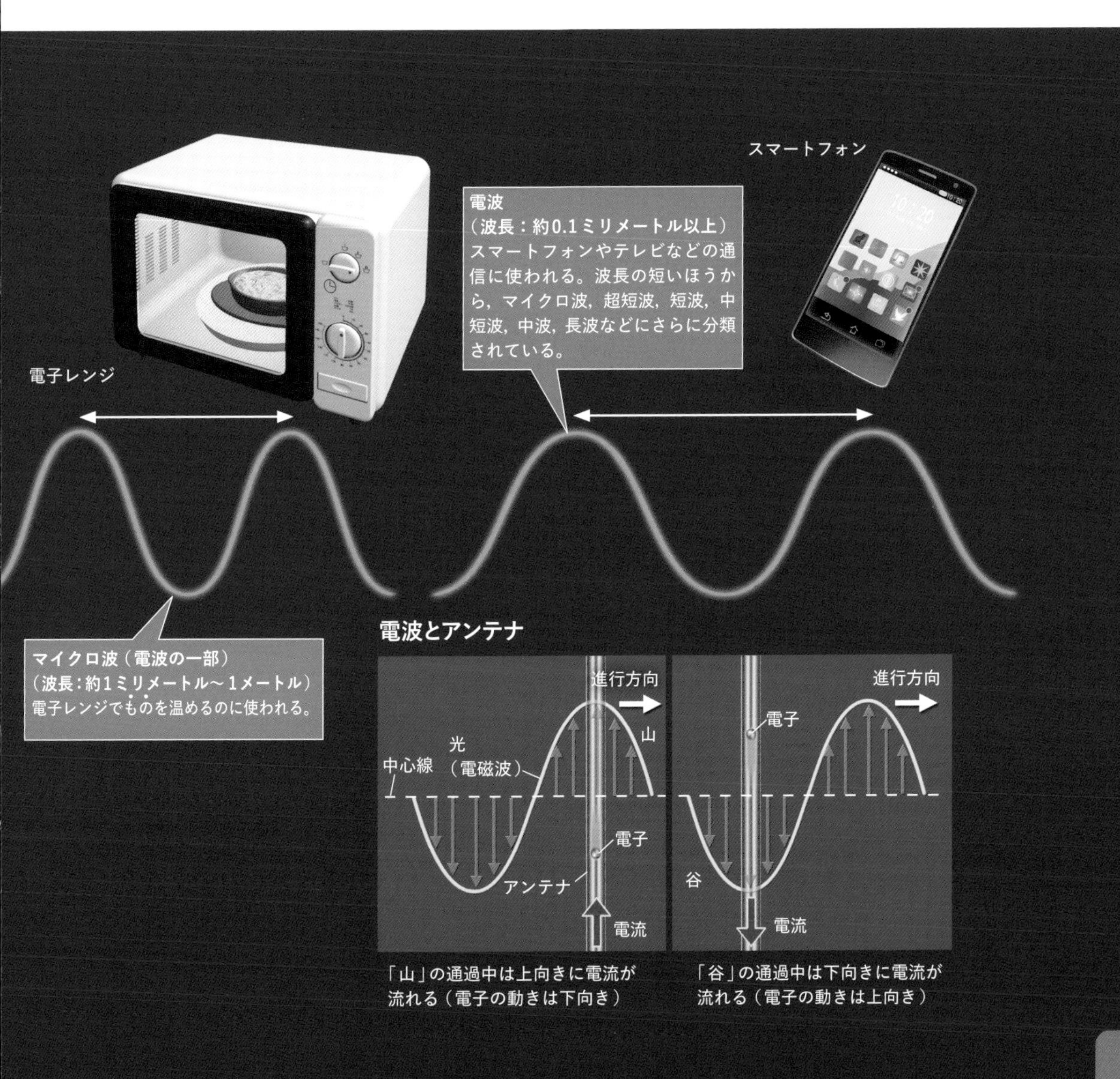

電子レンジ
スマートフォン
電波
（波長：約0.1ミリメートル以上）
スマートフォンやテレビなどの通信に使われる。波長の短いほうから，マイクロ波，超短波，短波，中短波，中波，長波などにさらに分類されている。
マイクロ波（電波の一部）
（波長：約1ミリメートル～1メートル）
電子レンジでものを温めるのに使われる。
電波とアンテナ
進行方向
山
光
（電磁波）
中心線
電子
アンテナ
電流
谷
「山」の通過中は上向きに電流が流れる（電子の動きは下向き）
「谷」の通過中は下向きに電流が流れる（電子の動きは上向き）

光は波の性質をもつことを証明したトーマス・ヤング

量子論登場前の19世紀には,「光は波である」という考えが常識になっていた。そのきっかけとなったのは,イギリスの物理学者トーマス・ヤング（1773～1829）が1807年に行った「光の干渉（かんしょう）」実験である。

干渉とは,**二つの波が重なりあい,強めあったり弱めあったりする現象だ**。ヤングは,下のイラストのような装置を使い,光で干渉がおきるかどうかを確かめた。光が波であるならば,最初のスリットを通過したあとも,その先の二つのスリットを通過したあとも,光は回折（かいせつ）※をおこして広がりながら進むだろう。二重スリットの先では,二つの

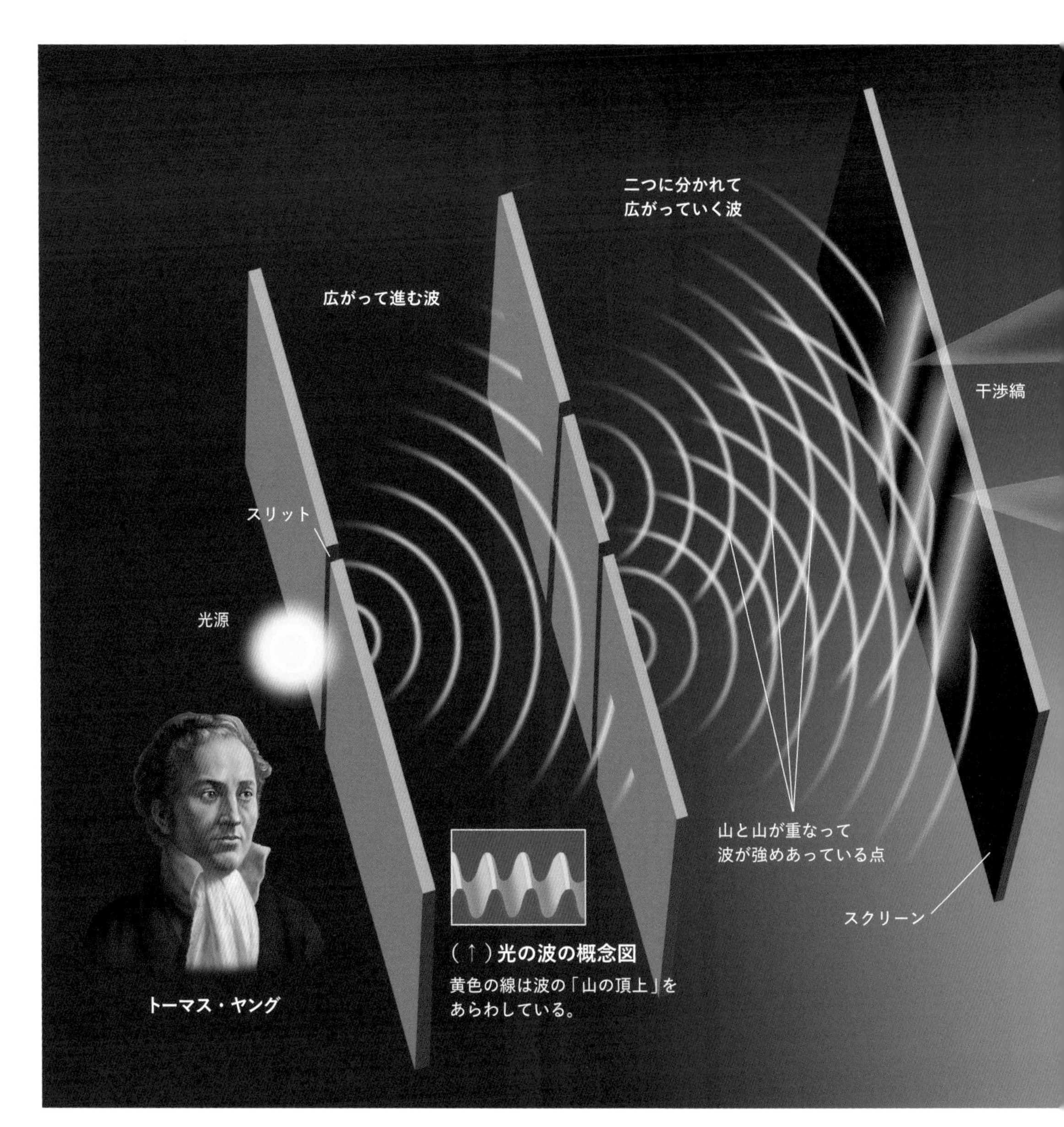

(↑)光の波の概念図
黄色の線は波の「山の頂上」をあらわしている。

波が干渉をおこすはずだ。
　そしてヤングは実験の結果，**二重スリットの先のスクリーン上に干渉縞（明暗の縞模様）ができることを実際に示してみせたのである。**

※：波は広がりながら進むので，障害物があったとしても，そのうしろにある影の部分にまでまわりこんで進む。この現象は，回折とよばれる。

ヤングが行った実験（↓）

二つのスリット（二重スリット）を通過した光は，回折をおこして広がりながら進む。そして波の性質の一つである干渉をおこし，スクリーン上に干渉縞をつくる。もし，光が単純な粒子であれば，このような模様はあらわれない。

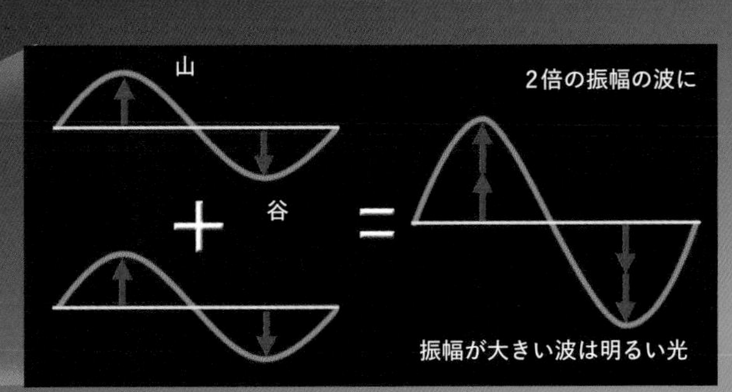

波が強めあってスクリーンは明るくなる（↑）

光の波では，山の高さは「明るさ」に相当する。波の山と山が重なる場所では波が強めあい，光は明るくなる。山と谷が重なる場所では波が弱めあい，光は暗くなる。その結果，スクリーンに縞模様ができる。

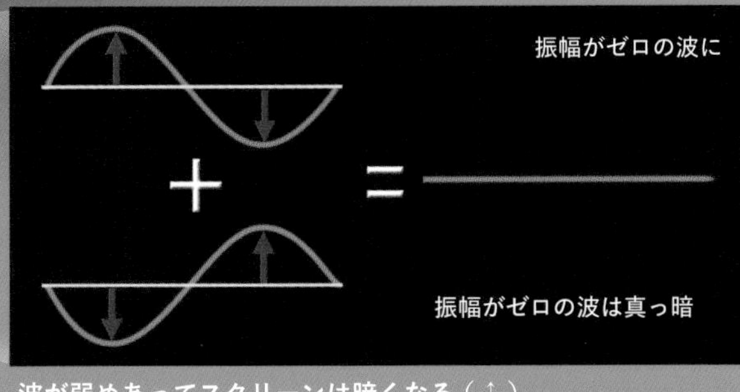

波が弱めあってスクリーンは暗くなる（↑）

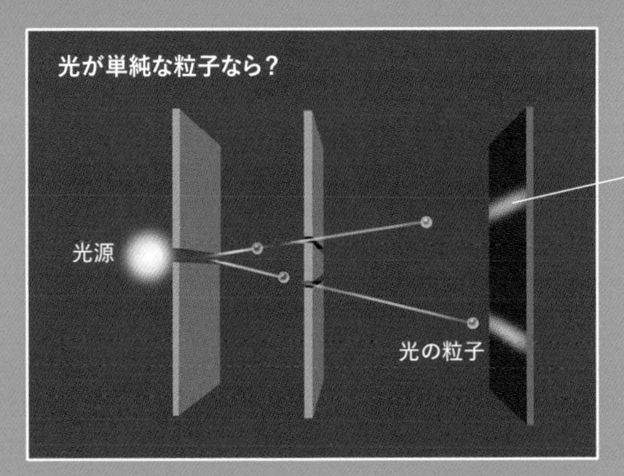

光には粒子の性質もあるとアインシュタインは考えた

ところが19世紀の終わりごろ，光についてある謎が持ち上がった。このころの製鉄業では，高温のもの（溶けた鉄の入った溶鉱炉（ようこうろ）や鉄の板など）から発せられる光の色から，温度の推定が行われていた。しかしその光の法則性が，理論的に説明がつかなかったのだ。

この問題に取り組んだドイツの物理学者マックス・プランク（1858 ～ 1947）は1900年，「光を発する粒子の振動エネルギーは，とびとびの不連続な値しかとれない」という考えにたどり着いた（量子仮説）。プランクはこの考えを使い，光の色と温度の法則性をうまく説明することに成功したという。

一方でアインシュタインも，高温のものから発せられる光について独自に考察を重ねていた。そして1905年，プランクとは少しことなる結論に達した。それは**「エネルギーがとびとびなのは，光のほうである」というものだ（光量子（こうりょうし）仮説）**。これは光が，粒のような性質をもつ集合であることを意味する※。

光の粒子性を考えないと説明がつかない現象は，日常の中にもある。たとえば，私たちが夜空の星を見ることができるのは，光が不連続な光子（こうし）の集合だからだといえる（右下のイラスト）。

一方で，前節でみたように，光は波の性質をもつ。**つまり光は「波と粒子の二面性」をもつ，なんとも奇妙な代物なのだ。**アインシュタインが光量子仮説を発表した当時，「光は波」だと考えていた物理学者のほとんどは，この革命的な仮説をすぐには支持しなかった。

アインシュタイン自身も，光の不思議な性質については，生涯悩み抜いたようだ。アインシュタインは，「光量子は何であるか」という問題を50年もの長い間考えつづけているが，その答えに近づいたと感じたことは一度もなかったという言葉を残している（J.S.リグデン『アインシュタイン奇跡の年1905』より）。

※：光を粒ととらえた場合，それら一つひとつは「光子（フォトン）」とよばれる。また，量子とは「小さなかたまり」という意味で，光量子は「光のエネルギーのかたまり」をさす。

光を波として
考えた場合のイメージ

（→）
光が空間を連続的に広がっていくものであるなら，光は無限に薄まることができることになる。その場合，遠く離れた星からの光は，私たちの目が感知できないほど薄まってしまうはずだ（イラスト左側）。

もし光が不連続で「粒」としての性質をもつならば，どんなに遠く離れても，そのエネルギーは減ることがない。つまり遠い星からの光も，私たちは感知できることになる（イラスト右側）。

光を粒子の集合として
考えた場合のイメージ

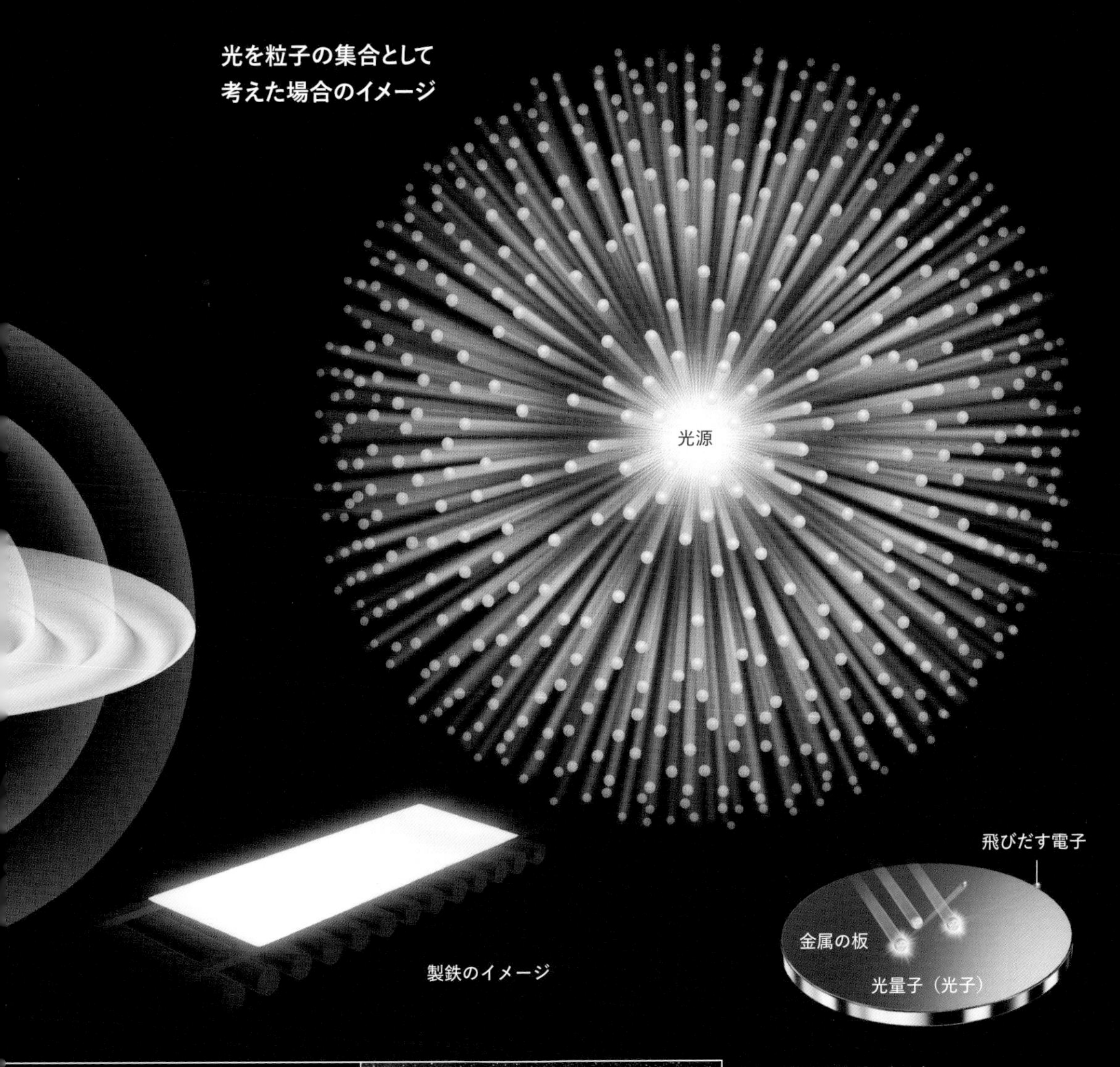

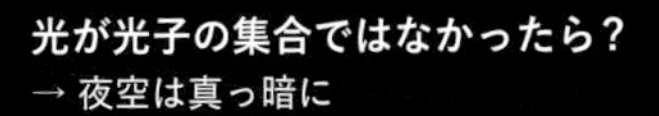

製鉄のイメージ

光電効果（↑）

金属に光を当てると，金属中の原子が光からエネルギーをもらって外に飛びだす。この現象を「光電（こうでん）効果」という。光を単純な波と考えていては，うまく説明できない。アインシュタインは，光量子仮説を用いて光電効果のしくみを説明し，飛びだす電子について理論的な予測を行った。そして1919年のロバート・ミリカンの実験で，この予測は証明された。

しかし，光を粒子とする考え方はなかなか認められず，1923年にアーサー・コンプトンらが行った実験（X線を金属に当てて，X線光子と電子の間の衝突現象を調べたもの）によって広く受け入れられるようになった。

原子より小さな「電子」が発見された

1858年，ドイツの数学者で物理学者であるユリウス・プリュッカー（1801～1868）は，空気を抜いてほぼ真空にしたガラス管の両端に電圧をかけると，内部に紫色の光が走る「真空放電」という現象の実験中に，ガラス管からさらに空気を抜くと，紫色の光が消え，陽極側のガラス管が蛍光を発することを発見した。

その後，イギリスの化学者で

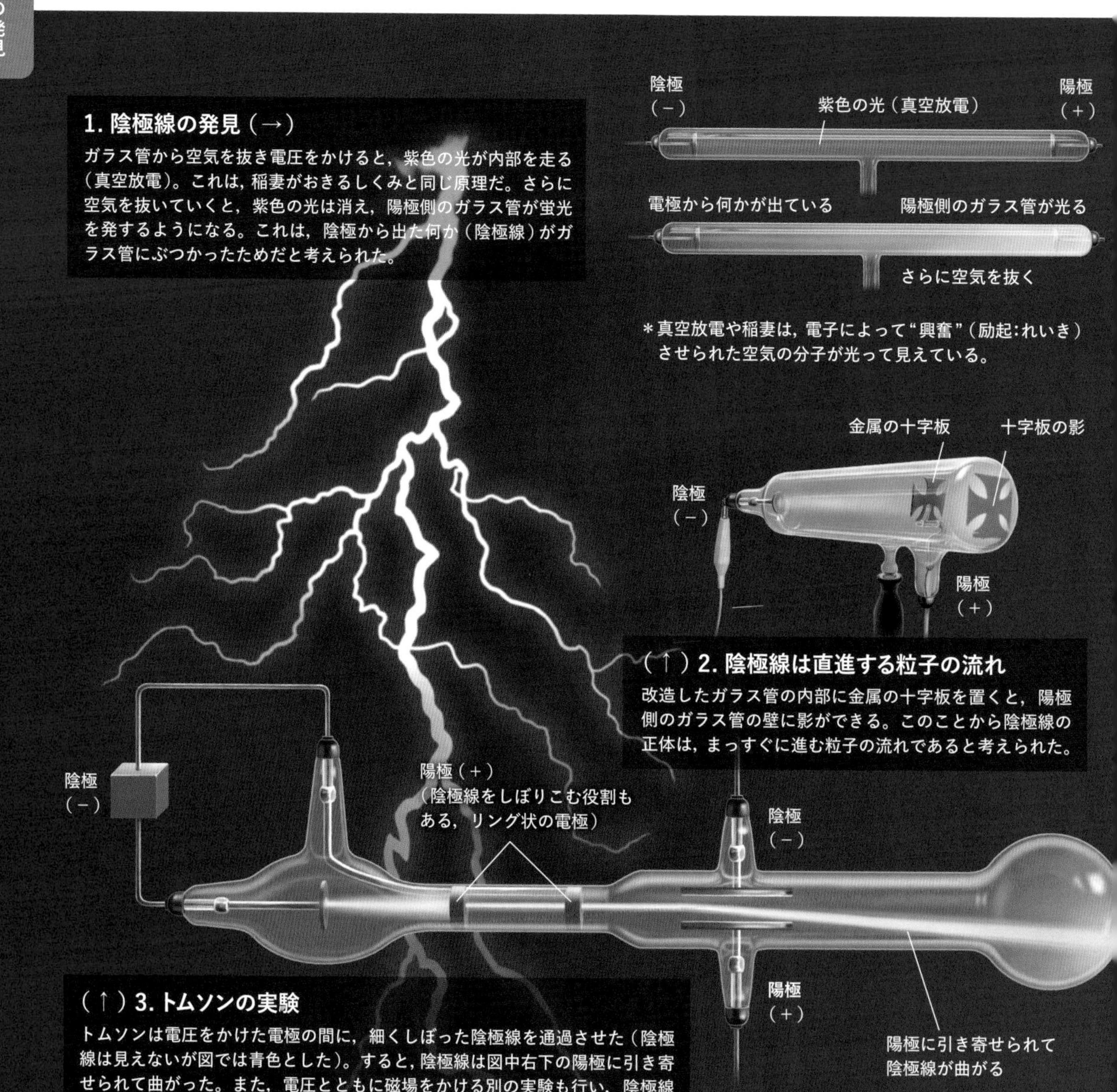

1. 陰極線の発見（→）
ガラス管から空気を抜き電圧をかけると，紫色の光が内部を走る（真空放電）。これは，稲妻がおきるしくみと同じ原理だ。さらに空気を抜いていくと，紫色の光は消え，陽極側のガラス管が蛍光を発するようになる。これは，陰極から出た何か（陰極線）がガラス管にぶつかったためだと考えられた。
陰極（－）
紫色の光（真空放電）
陽極（＋）
電極から何かが出ている
陽極側のガラス管が光る
さらに空気を抜く
＊真空放電や稲妻は，電子によって“興奮”（励起：れいき）させられた空気の分子が光って見えている。
金属の十字板
十字板の影
陰極（－）
陽極（＋）
（↑）2. 陰極線は直進する粒子の流れ
改造したガラス管の内部に金属の十字板を置くと，陽極側のガラス管の壁に影ができる。このことから陰極線の正体は，まっすぐに進む粒子の流れであると考えられた。
陰極（－）
陽極（＋）（陰極線をしぼりこむ役割もある，リング状の電極）
陰極（－）
陽極（＋）
陽極に引き寄せられて陰極線が曲がる
（↑）3. トムソンの実験
トムソンは電圧をかけた電極の間に，細くしぼった陰極線を通過させた（陰極線は見えないが図では青色とした）。すると，陰極線は図中右下の陽極に引き寄せられて曲がった。また，電圧とともに磁場をかける別の実験も行い，陰極線の質量と電荷の比を求めた。トムソンは実験結果から，陰極線はマイナスの電気をおびた粒子の流れで，水素原子の約2000分の1の質量をもつと考えた。

物理学者であるウィリアム・クルックス（1832 ～ 1919）らは，**ガラスを光らせているのは，陰極から放たれた，マイナスの電気をおびた何らかのごく小さな粒子の流れであるととなえた。**この粒子の正体を明らかにしたのが，イギリスの物理学者ジョセフ・ジョン・トムソン（1856 ～ 1940）である。この粒子は「電子」とよばれた。

当時，あらゆるものは原子でできており，それ以上分割することはできないと考えられていた。しかし，原子より小さな電子が発見されたことで，トムソンを含む科学者たちは電子が原子を構成する“部品”の一つであると推測し，さまざまな原子の姿を想像していった。

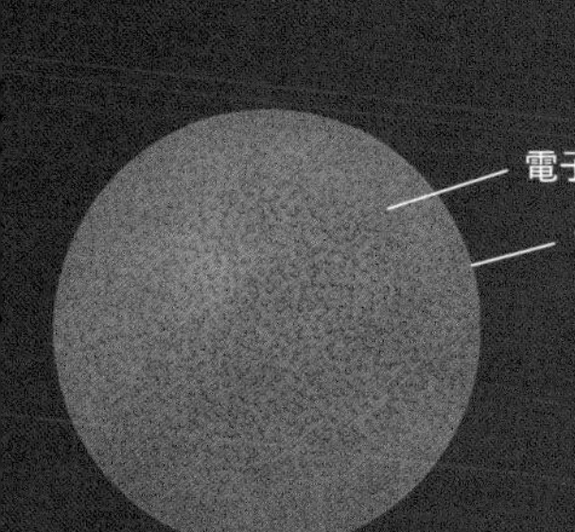

電子（水色）

プラスの電気をおびた球（ピンク色）

ブドウパンモデル

電子が発見されたことで，原子の構造について複数の“モデル”が考えだされた。その一つが，プラスの電気をおびた球の中にたくさんの電子が埋めこまれ，自由に動きまわる「ブドウパンモデル（プラムプディングモデル）」である。イギリスの物理学者ウィリアム・トムソン（ケルビン卿，1824 ～ 1907）が主張した。電子を発見したトムソンも，当初このようなモデルを考えたといわれている。

プラスの電気をおびた球

電子

土星型原子モデル

1903年に，日本の物理学者である長岡半太郎（ながおかはんたろう，1865 ～ 1950）が提案した原子モデル。電子どうしは反発しあうので，こちらのほうがブドウパンモデルより安定しているとされた。なお，図中のリングは，複数ある場合も考えていたという。

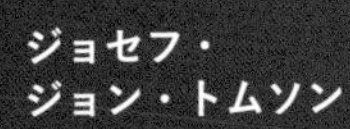

ジョセフ・
ジョン・トムソン

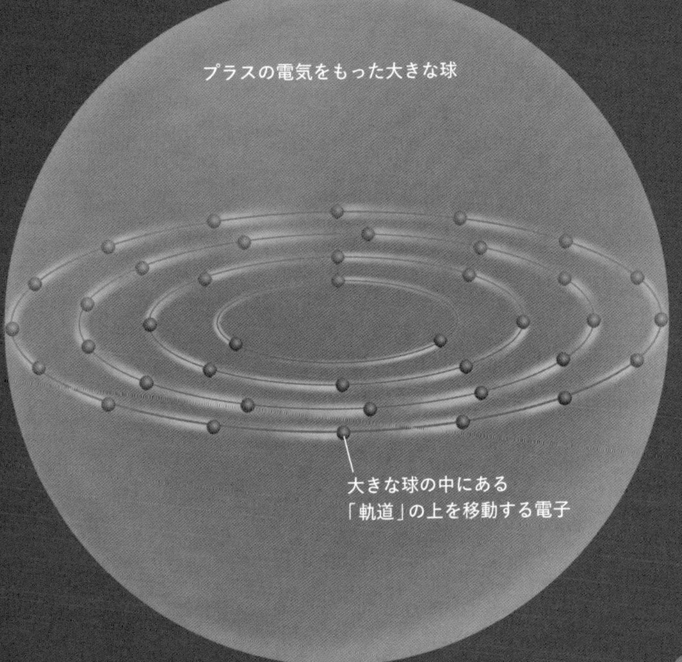

トムソンの原子モデル（→）

トムソンは，電子が決まった道筋（軌道）の上を動くと考えた。さらに軌道は一つではなく，複数あったほうが原子全体として安定であるとした。

原子の中央に存在する プラスの電気のかたまり「原子核」

トムソンによる電子の発見以来，原子の構造については多くの憶測が飛びかっていた。気体や液体は，それ自体電気をおびていない。つまり，原子はもともと電気的に中性だと考えられるが，電子はマイナスの電気をおびている。だとすれば，それを打ち消すプラスの電気は，いったいどこにあるのだろうか。

その答えを出したのが，イギリスの物理学者アーネスト・ラザフォード（1871～1937）である。ラザフォードは当時,「アルファ線」という放射線の研究を進めていた。アルファ線は電子より約8000倍重く，プラスの電気をおびたアルファ粒子の

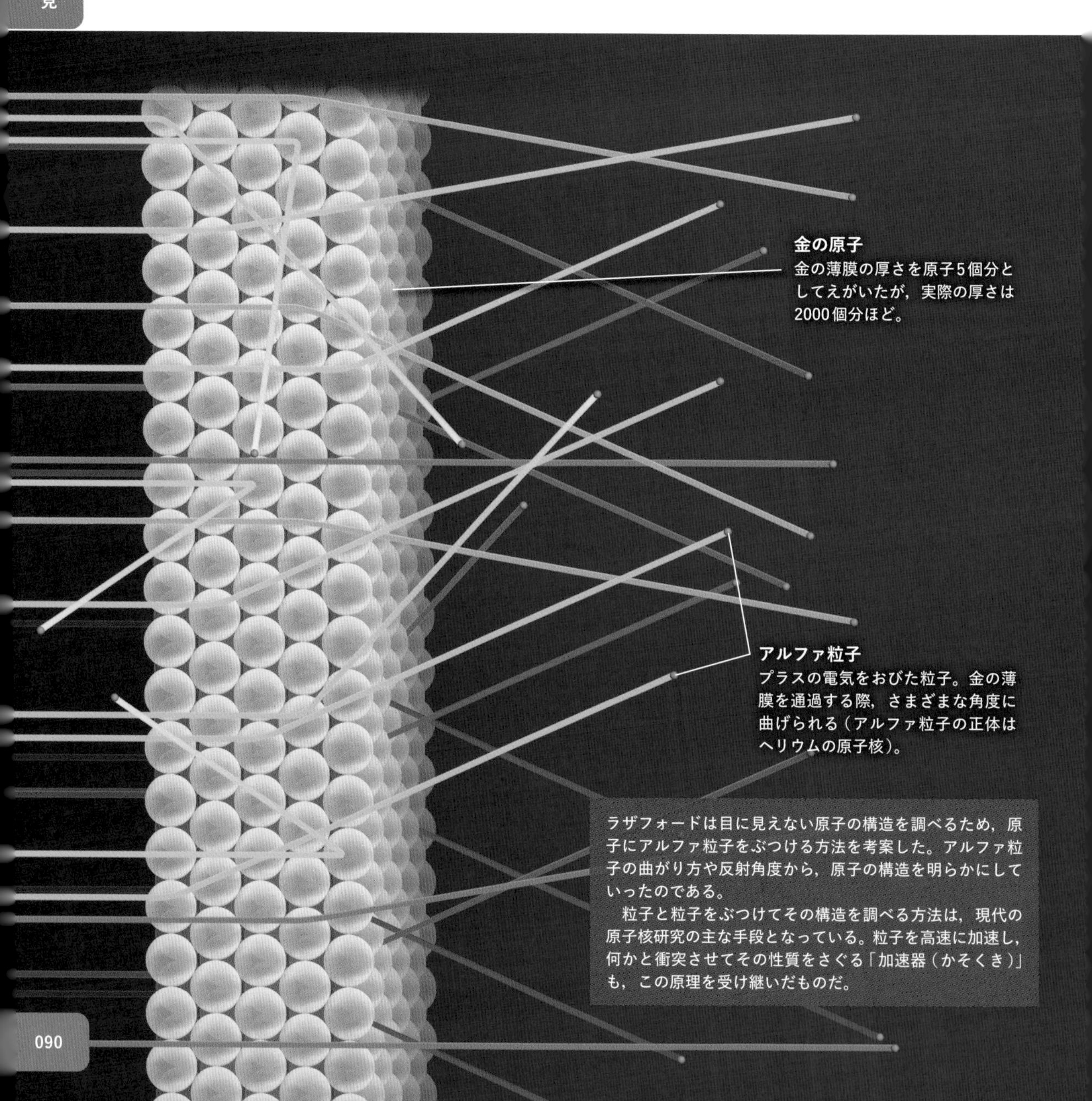

金の原子
金の薄膜の厚さを原子5個分としてえがいたが，実際の厚さは2000個分ほど。
アルファ粒子
プラスの電気をおびた粒子。金の薄膜を通過する際，さまざまな角度に曲げられる（アルファ粒子の正体はヘリウムの原子核）。

ラザフォードは目に見えない原子の構造を調べるため，原子にアルファ粒子をぶつける方法を考案した。アルファ粒子の曲がり方や反射角度から，原子の構造を明らかにしていったのである。

粒子と粒子をぶつけてその構造を調べる方法は，現代の原子核研究の主な手段となっている。粒子を高速に加速し，何かと衝突させてその性質をさぐる「加速器（かそくき）」も，この原理を受け継いだものだ。

集まりである。アルファ粒子は電子にくらべて非常に重いので，仮に原子に向かって放ったとしても素通りするだろうとラザフォードは予想していた※。

ところが，研究室の若手ハンス・ガイガー（1882 ～ 1945）とアーネスト・マースデン（1889 ～ 1970）に測定させてみたところ，約1万回に1回と非常にまれなことではあったが，**大きな角度で曲がるアルファ粒子が確認されたのだ。時には，進行方向と逆方向にはね返されたものもあったという。**

電子が，はるかに重いアルファ粒子をはね返すとは考えられない。そこでラザフォードは，**原子の中央のせまい領域にプラスの電気が集中しているのではないかと考えた。**これが，「原子核」の発見である。

※：ただし電子の影響を受けて，わずかに進路をかえるとは考えていた。プラスの電気のほうも，もし広がっているとすれば，アルファ粒子に大きな影響をあたえられない。

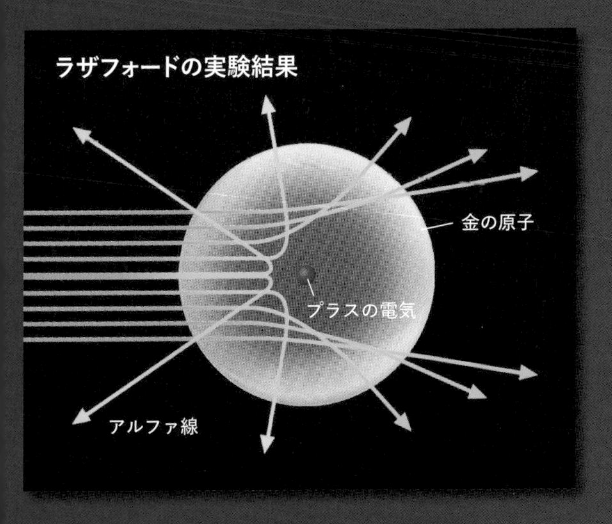

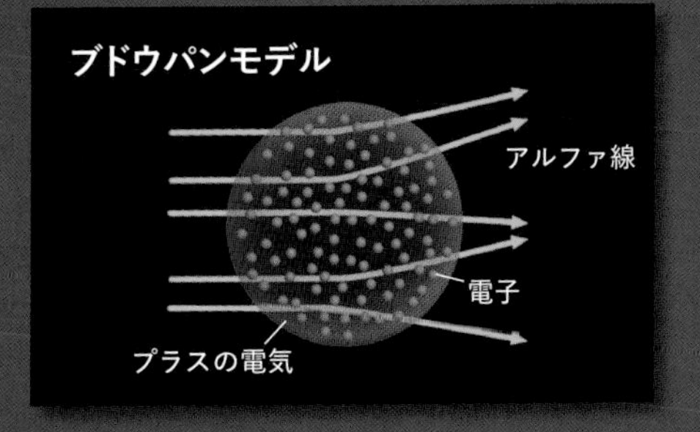

ブドウパンモデルのように，プラスの電気をおびた大きな球の中に電子が散らばっているとしたら，アルファ粒子はわずかにその進路が曲げられるだけだ。ところがラザフォードの実験では，進路と逆方向にはね返されるアルファ粒子も確認された。この結果を説明するためには，原子の中央にプラスの電気が小さく一点にかたまって存在していると考える必要があった。

アーネスト・ラザフォード

ラザフォードは自分たちの実験結果から，原子の中央にプラスの電気のかたまりがあると主張した。ただし，電子の数やふるまいについては，ラザフォード自身は意見を述べなかった。

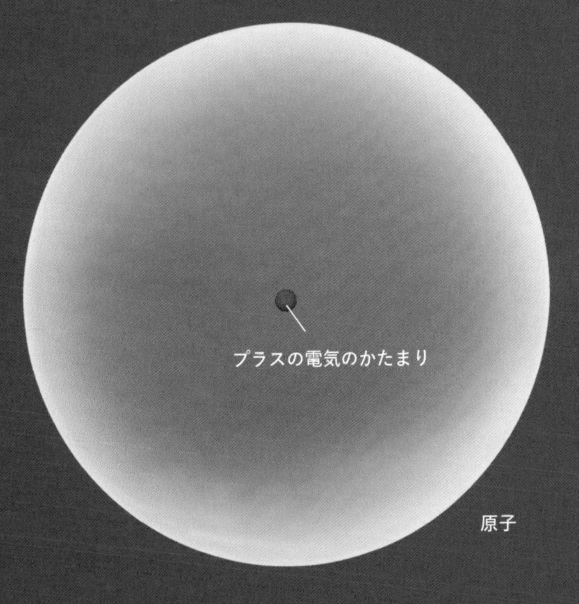

電子は限られた軌道だけをたどる

ラザフォードの実験結果が発表されたのち，科学者たちは真の原子の姿を求めてさらに追求していった。その先頭にいたのが，デンマークの理論物理学者ニールス・ボーア（1885～1962）である。

ボーアはまず，ラザフォードの実験結果を満たすような原子モデルを考えた。それは，原子の中央にあるプラスの電気のかたまりを取りかこむように，電子が自由に動きまわるというものだ（下図1）。

しかし，この考え方には問題

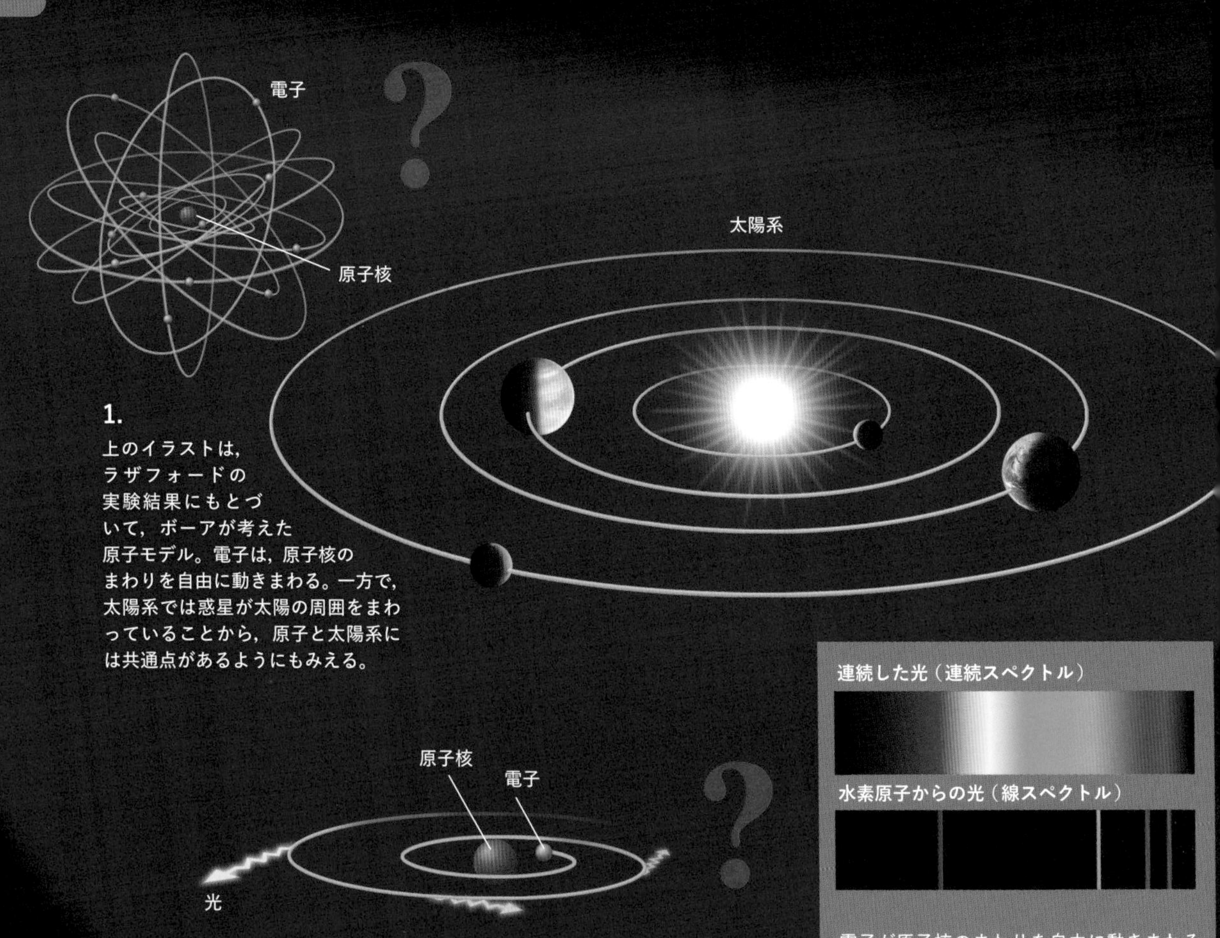

1.
上のイラストは，ラザフォードの実験結果にもとづいて，ボーアが考えた原子モデル。電子は，原子核のまわりを自由に動きまわる。一方で，太陽系では惑星が太陽の周囲をまわっていることから，原子と太陽系には共通点があるようにもみえる。

2.
電子が原子核のまわりをまわっているとすることには，問題があった。電磁気学によると，電気をおびている電子が原子核の周囲をまわると，光を出してエネルギーを失いながら原子核に近づいていってしまうからだ。そして最終的には衝突する。この場合，原子は安定して存在していられない。

電子が原子核のまわりを自由に動きまわるとすると，生じる問題がもう一つあった。それは，原子からの光（スペクトル）である。電子が原子核に近づいていくとき，連続的に光が出る。この光を波長別に分けて調べると，スペクトルは連続的になるはずだった（上段）。しかし実際には，原子からの光の波長はとびとびになっていた（下段）。

があった。電磁気学によれば，電気をおびたもの（電子）が円運動をすると，光を出しながら急速にエネルギーを失う。結果として電子は原子核に衝突し，原子はその姿を保てないと考えられたからだ（2）。

ボーアは1913年に，この問題に対処するための「ボーア仮説」を発表した。**原子核のまわりにはさまざまな形や半径の軌道が考えられるが，電子はとびとびの（つまり不連続な）特別な軌道にしか存在できないという仮説である。とくに，原子核に落ちこんでしまうような軌道は許されないとした。**

これは，ボーアが原子の姿を説明するために従来の力学を“否定して”つくった，新しいルールだった（3）。

3.

下は，ボーアが主張した仮説にもとづいてえがいた新しい原子モデル。ボーアはその後，ほかの研究者とともにこの考えを発展させ，複数の電子の軌道を含むグループがいくつか存在すると考えるようになった。ボーアは，このグループを「電子殻（でんしかく）」とよんだ。イラストでは，電子の軌道を電子殻ごとに色分けしている。

電子は黄色の軌道より内側に入りこむことができないので，原子核に衝突することはない。また，2の問題を解決するために，電子はグループ間を移動するときにだけ光を出すと考えた（＝光の波長はとびとびになる：次ページ参照）。

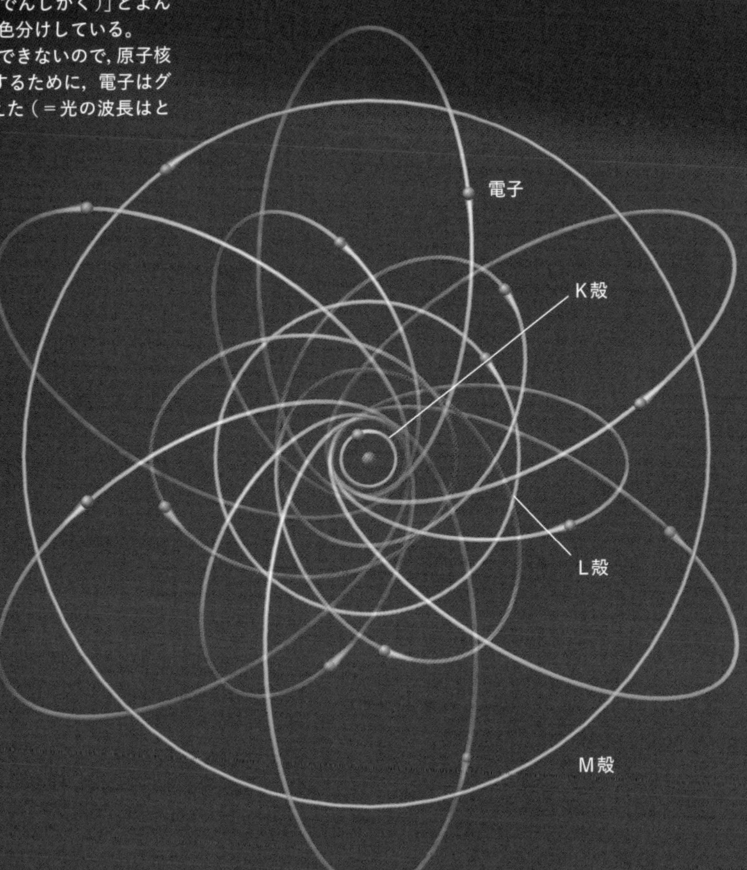

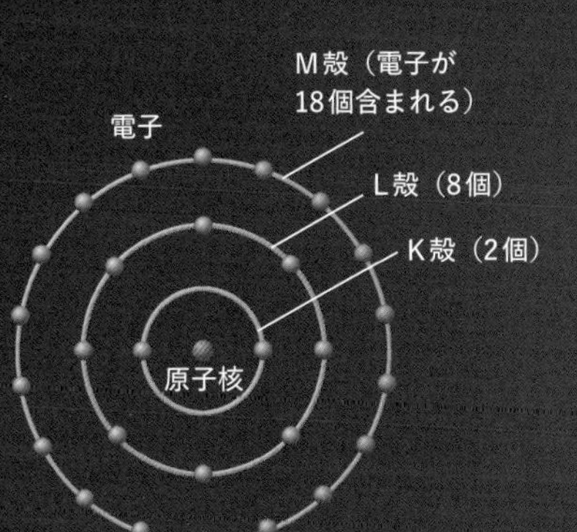

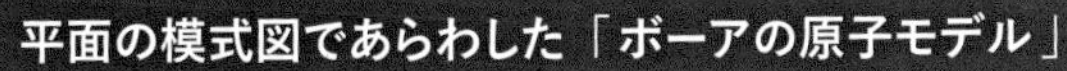
（↑）
平面の模式図であらわした「ボーアの原子モデル」
現代でも，原子をあらわすときにはこのようにえがくことが多い。電子殻の名前が「K」からはじまっているのは，当初はこの内側にもさらに小さな電子殻があると予想されたためだ。

＊イラストにえがいたのは，3～6番目にエネルギーが低い軌道から，2番目にエネルギーが低い軌道へと電子が飛び移る際の光（バルマー系列）の放出だ。このような過程で発せられる光は，可視光線になる。これ以外の軌道の組み合わせでも光が発生するが，それらは赤外線や紫外線になる。

ニールス・ボーア

ボーアの原子モデルと光の発生（↑）

イラストは，ボーアが考案した原子モデルと，そこから発せられる光の概念図である。ボーアは「電子がエネルギーの低い別の軌道に乗り移る際，そのエネルギー差を光のエネルギーとして放出する。電子の軌道はとびとびなので，そこから出てくる光の色もとびとびになる」と考えた。

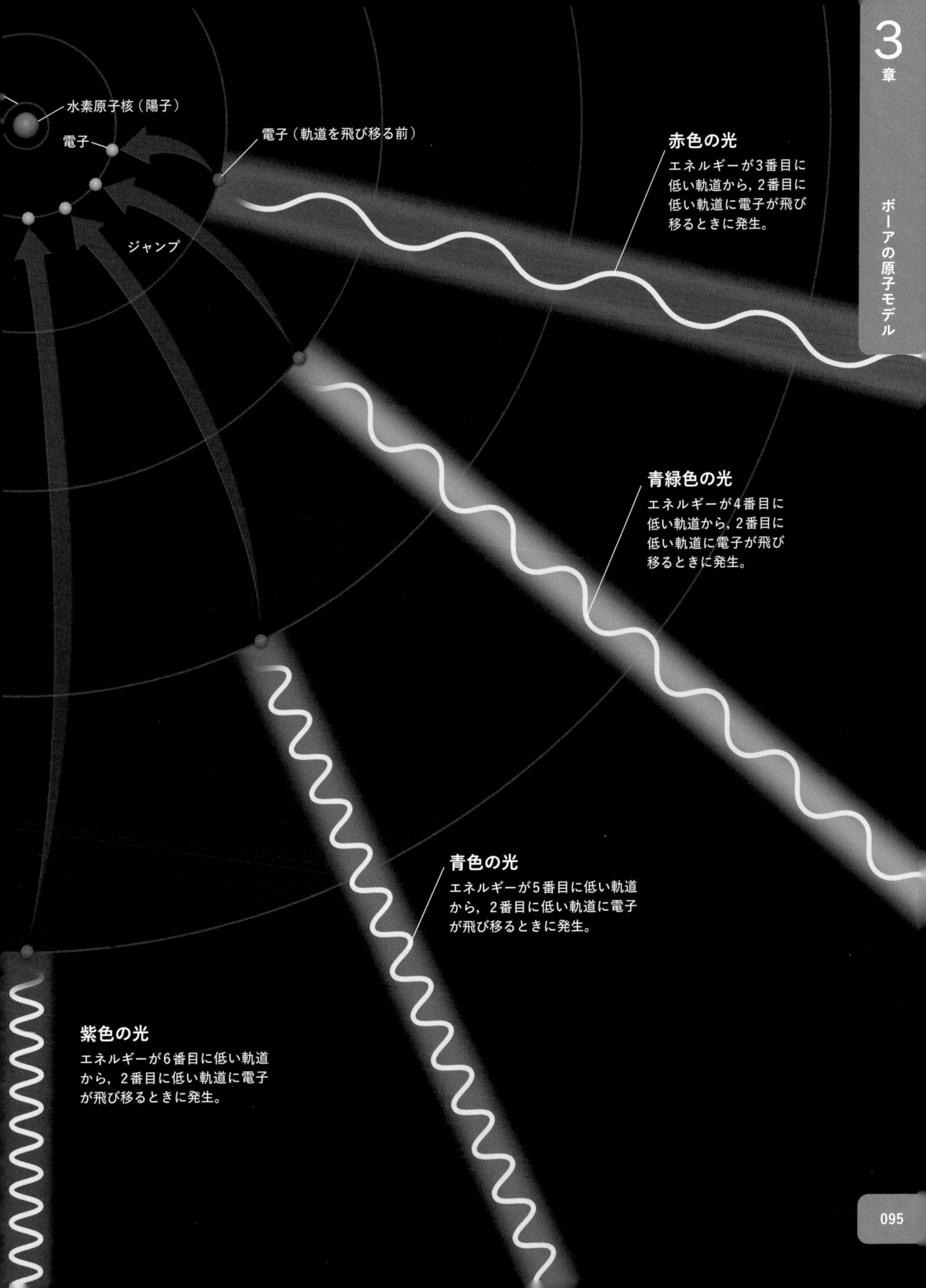
水素原子核（陽子）
電子
電子（軌道を飛び移る前）
ジャンプ
赤色の光
エネルギーが3番目に低い軌道から，2番目に低い軌道に電子が飛び移るときに発生。
青緑色の光
エネルギーが4番目に低い軌道から，2番目に低い軌道に電子が飛び移るときに発生。
青色の光
エネルギーが5番目に低い軌道から，2番目に低い軌道に電子が飛び移るときに発生。
紫色の光
エネルギーが6番目に低い軌道から，2番目に低い軌道に電子が飛び移るときに発生。

電子もまた粒子と波の性質をもつ

電子はなぜ，とびとびの軌道にしか存在できないのだろうか。1923年，フランスの物理学者ルイ・ド・ブロイ（1892～1987）は，アインシュタインの光量子（こうりょうし）仮説に影響を受け，**光が粒子と波の二面性をもつならば，同じように電子などの物質粒子（物質を形成する粒子）も，波の性質をもつのではないかと考えた。**

それまで，電子は「粒子」だと考えられていた。たとえば真空にした管の中で，電極の間に電圧をかけると電流が流れる。これは，電極の間を電子が流れるということだ。電極の間に蛍光板を置くと，その流れを間接的に観察できる（電子がぶつかって光る）。

ここに磁石を近づけると，蛍光板に浮かび上がった線が曲がる。このときの曲がりの大きさは，電子を粒子と考え，磁石の力で進行方向が曲げられたと考えるとうまく説明できたのだ（88ページ参照）。

話をもどそう。電子の軌道を，原子核のまわりの円（右図の点線）だとする。ド・ブロイは，**軌道一周の長さが電子の波にとって“ちょうどよい長さ”でないと，電子の波は安定的に存在できないと考えた。**

Aでは，波の山（点線の円より外側）と谷（点線の円より内側）のセットが，一周の中にちょうど四つある。Bでは五つある。電子の波と軌道の周の長さが，このような関係を満たすときだけ，電子の波は安定に存在できるという。このような波を「物質波（ぶっしつは）（ド・ブロイ波（は））」という。

電子の波を数式であらわしたシュレーディンガー

1926年，オーストリアの物理学者エルヴィン・シュレーディンガーは，ド・ブロイの物質波の考えを発展させ，電子の波が満たすべき式を提唱した。これを「シュレーディンガー方程式」という。シュレーディンガー方程式を解く（ψ（プサイ）がどんな関数か求める）ことで，**原子や分子内での電子の波の形（軌道）や，その時間変化を求めることができる。**ただしこの方程式は，電子の波が実際に何を意味するのかは述べていない。

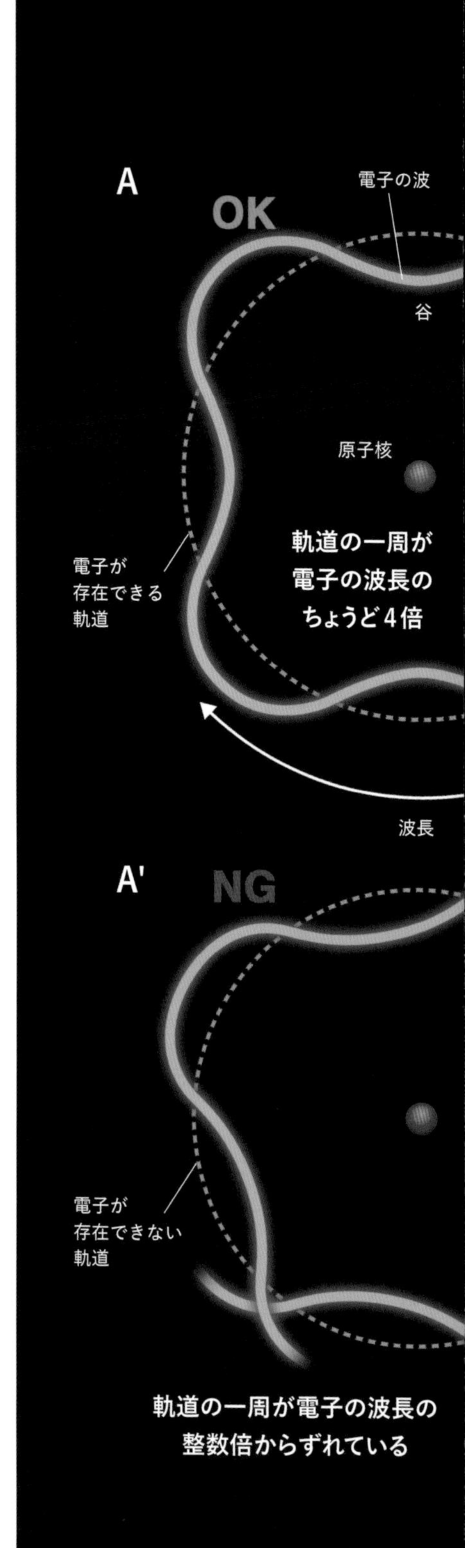

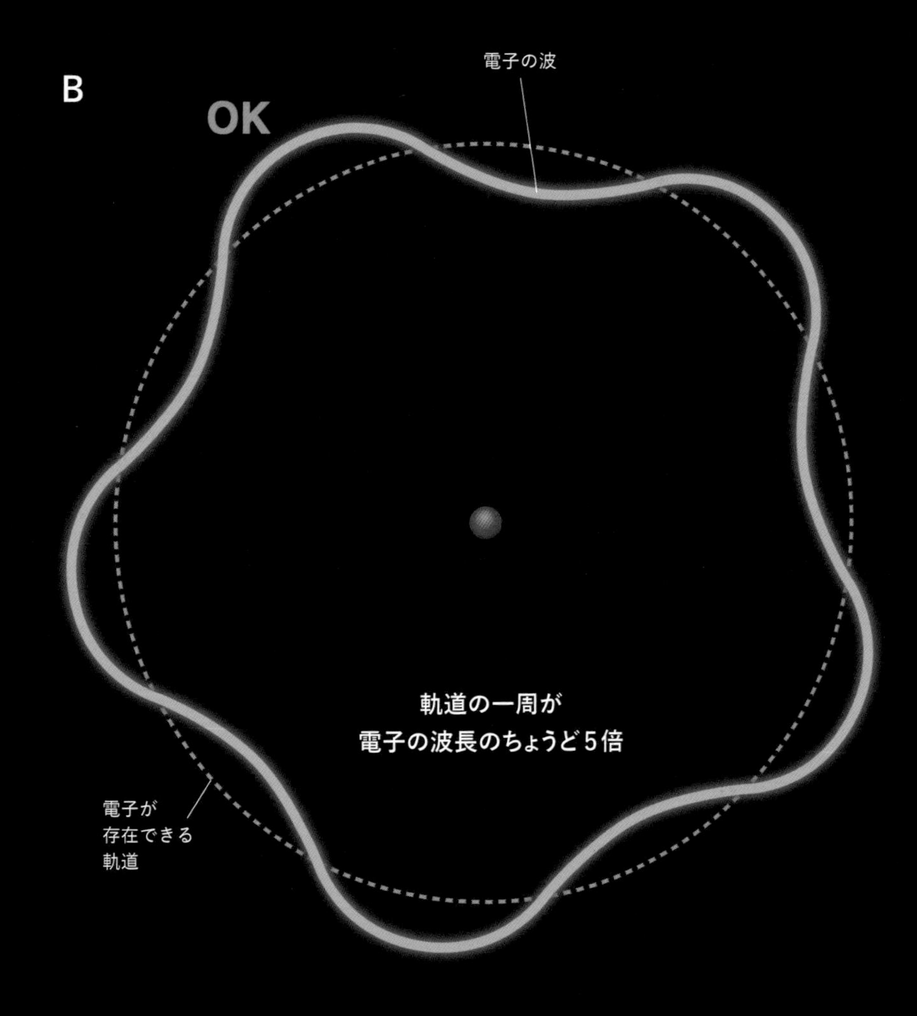

電子の波と電子の軌道の関係（↑）

AとBは，軌道の一周の長さが，電子の波長の整数倍になっている。このような軌道には，電子が存在できるとド・ブロイは考えた。A'のように，軌道の長さと電子の波長がこの関係からずれていると，そのような軌道に電子は存在できない。

シュレーディンガー方程式

シュレーディンガーが考えた，電子の波が満たすべき方程式（微分方程式）。ψは「波動関数（はどうかんすう）」といい，電子の波を数学的にあらわしたものである。

$$i\hbar\frac{\partial\psi}{\partial t}=-\frac{\hbar^2}{2m}\frac{\partial^2\psi}{\partial x^2}+U(x)\psi$$

電子や光は観測されることで粒子としての姿をあらわす

量子論によれば，電子をあらわす波は，観測していないときは，本ページ下のイラストのように空間に広がっている。しかし，電子の波に光を当てるなどして，**その位置を観測しようとすると，不思議なことに電子の波は瞬時にちぢみ，“とがった波”が形成される**（右ページ下のイラスト）。

このような波は，通常の波のように広がっておらず，一点に集中しているため，私たちには粒子のように見える。つまり，電子は“見ていないとき”は波としてふるまい，“見る”と粒子としての姿をあらわすのだ。

電子を観測すると，電子は観測前に波として広がっていた範囲内のどこかに出現する。**どこに出現するかは，確率的にしかわからない。**

右ページ上のように，電子の波を波動関数（はどうかんすう）のグラフであらわした場合，電子の波の“頂上”あるいは"谷底"で電子の発見確率が高くなり，電子の波がまじわっているところでは発見確率がゼロになる。

このように，**電子の波を，電子の発見確率をあらわす波と考えるのが「確率解釈（かくりつかいしゃく）」である。**確率解釈は1926年，ドイツ出身の物理学者マックス・ボルン（1882～1970）によってはじめて提案された。

この「波の収縮」と「確率解釈」を合わせたのが，量子力学において標準とされる「コペンハーゲン解釈」という考え方である。

＊基本的には，電子以外のミクロな粒子（光子，原子，分子，原子核，陽子，中性子，そのほかの素粒子など）も，すべて同じようなふるまいを示す。

観測前

空間に広がっている
観測前の電子の波のイメージ

電子の波の高さと発見確率（→）

波動関数の高さ（横軸からの離れぐあい）は，電子がその場所に発見される確率と関係している。電子は，波が横軸から離れている場所（山の頂上や谷の底）に発見される確率が高いということだ。

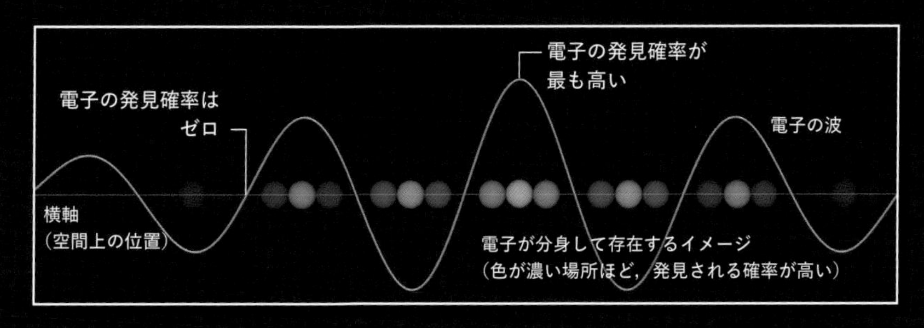

瞬時にちぢむ電子の波（↓）

電子における「粒子と波の二面性」についてのイメージをえがいた。空間的に広がっている電子（の波）は，観測を行うと，広がっていた範囲内のどこか1か所に瞬時に集まり“とがった波”となる。このとがった波を，私たちは粒子として観測する。

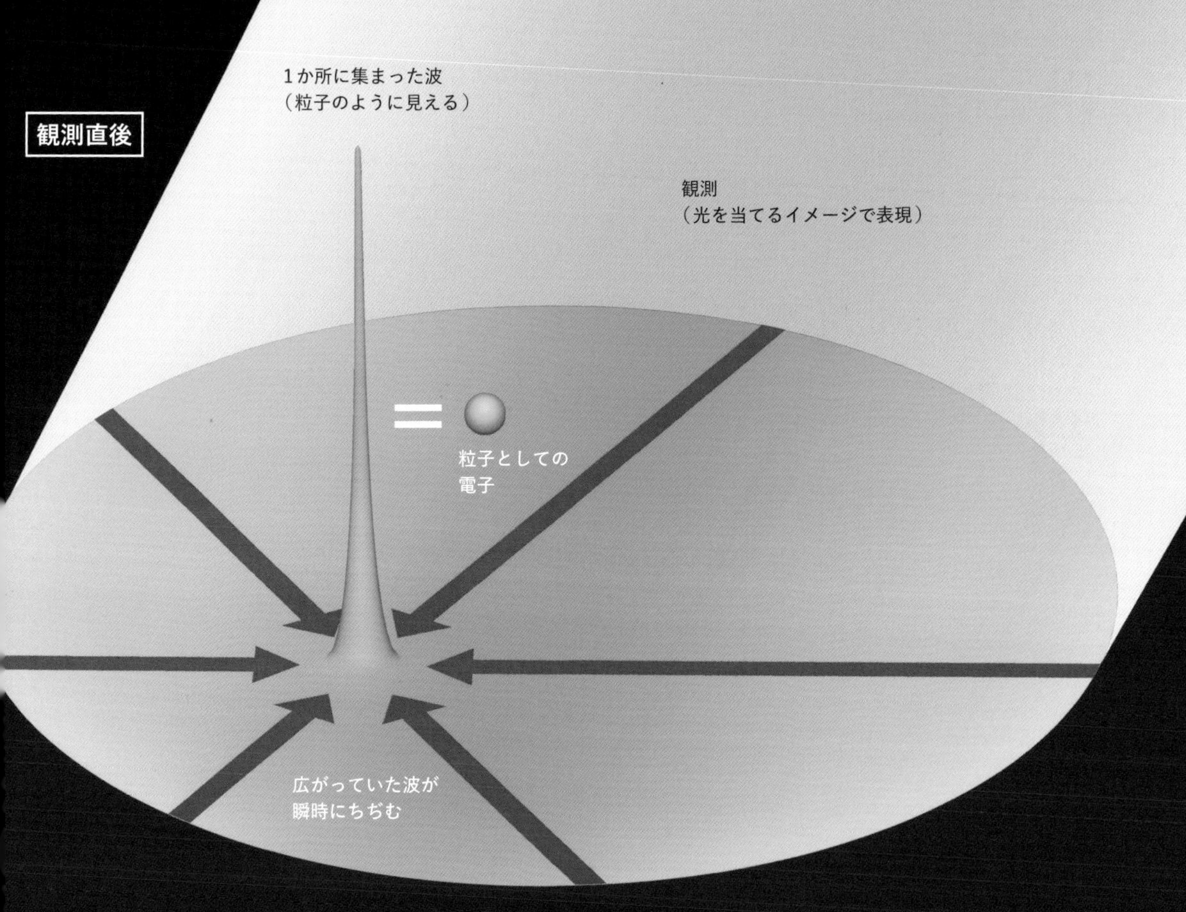

＊電子の波の高さは，実際の空間における高さではない。

1個の電子が二つのスリットを通過する!?

観測前の電子が，波のように広がっているというようなことが，本当にありうるのだろうか。次のような「電子の干渉(かんしょう)実験」で考えてみよう。

電子を発射する「電子銃(でんしじゅう)」の先に，二つのスリットが入った板を置く。その先にはスクリーン（写真フィルムや蛍光板など）があり，電子がぶつかるとその跡が記録される。電子は1個ずつ発射されるようにする。

電子が単なる粒子なら，直進するだけだ。電子の発射をくりかえせば，スリットの先の近辺（スクリーン）だけに，電子が到達した跡が残るだろう。しかし実際には，**電子を1個発射すると一つの点状の跡が残り，何度も発射するとしだいに干渉縞(しま)が見えてくる。**

干渉縞の出現は，84ページで紹介したヤングの実験同様，電子を単純な粒子と考えていては説明できない。1個の電子が波のように広がって，二つのスリットを通過したために生じたと考えるしかないようだ。

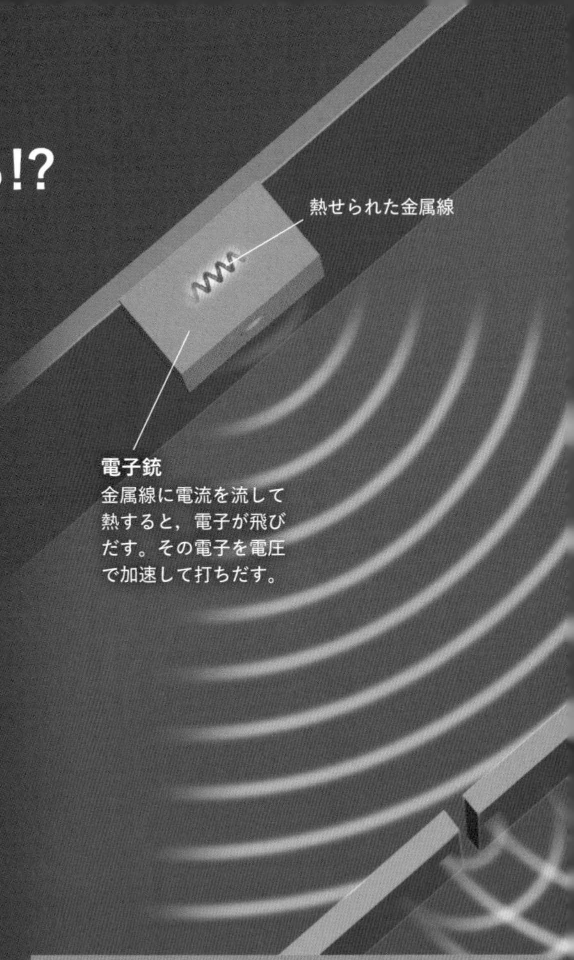

それぞれのスリットで電子を観測すると？

では，電子がどちらのスリットを通っているかを確認しながら同じ実験を行ったらどうなるだろうか。それぞれのスリットのそばに電子の通過を観測する装置を置いて実験を行うと，**興味深いことに干渉縞はあらわれない。**

このことを量子論（コペンハーゲン解釈）にもとづいて考えると，観測という行為によって電子の波が収縮し，スリットのどちらか一方しか通らないことになった。そのため，干渉縞があらわれなくなったということだ。

1個の電子が二つのスリットを通過するようすは，**電子が「一方のスリットを通った状態」と「他方のスリットを通った状態」が共存している状態**だといえる。そのときは，干渉縞があらわれる。

熱せられた金属線
電子銃
金属線に電流を流して熱すると，電子が飛びだす。その電子を電圧で加速して打ちだす。

電子が「スリットB」で観測された場合

電子の到達数
スリットAを通るはずだった波は消えた
スリットA
電子の波
粒子としての電子が姿をあらわす
電子銃
スリットB
観測装置
右の大きな図のような干渉縞はできない！
位置

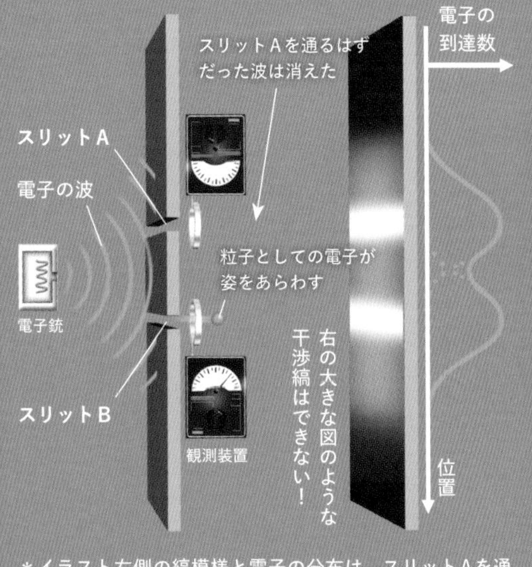

＊イラスト右側の縞模様と電子の分布は，スリットAを通った場合と，スリットBを通った場合の“合計”をえがいた。

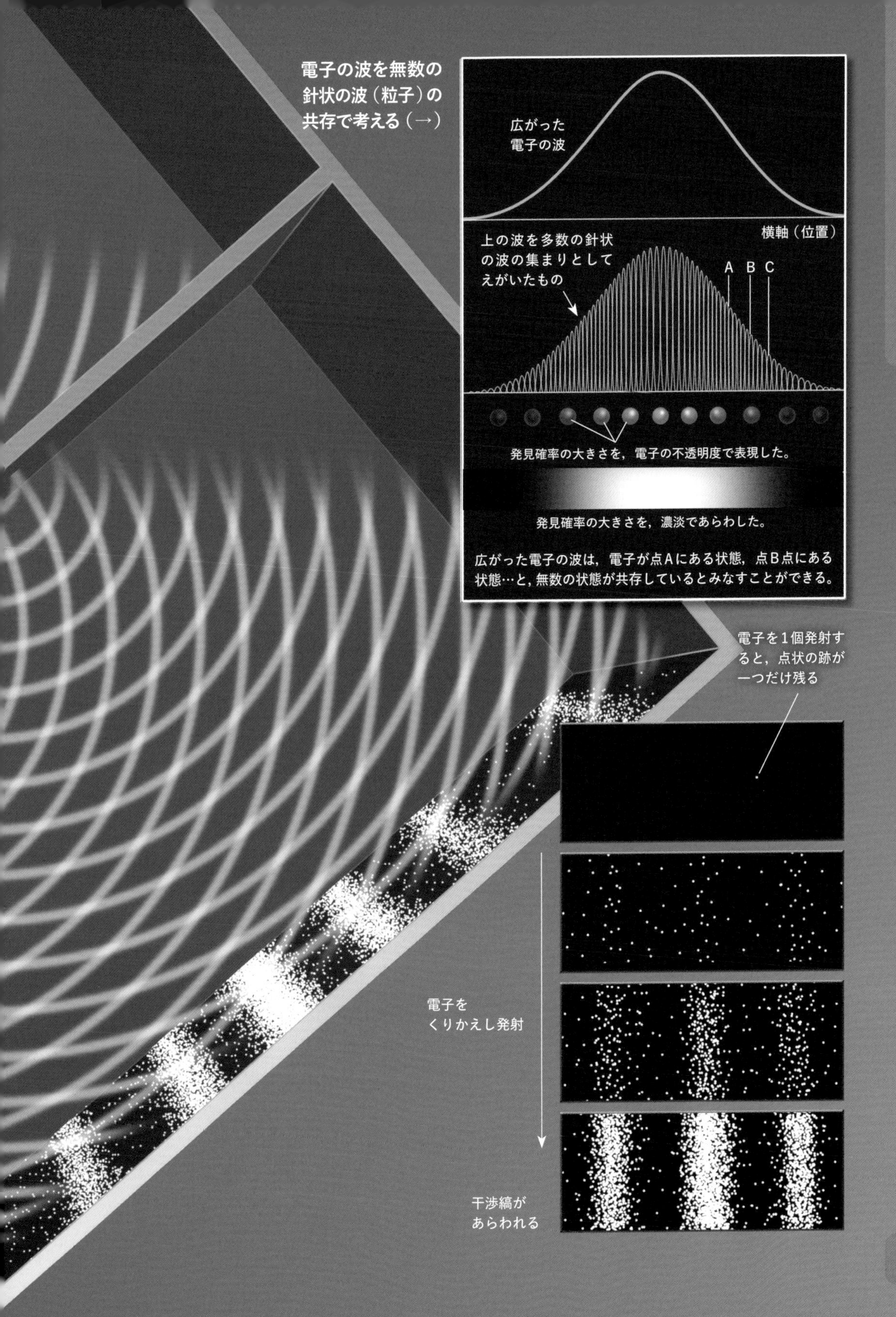
電子の波を無数の
針状の波（粒子）の
共存で考える（→）
広がった
電子の波
横軸（位置）
上の波を多数の針状
の波の集まりとして
えがいたもの
A B C
発見確率の大きさを，電子の不透明度で表現した。
発見確率の大きさを，濃淡であらわした。
広がった電子の波は，電子が点Aにある状態，点B点にある
状態…と，無数の状態が共存しているとみなすことができる。
電子を1個発射す
ると，点状の跡が
一つだけ残る
電子を
くりかえし発射
干渉縞が
あらわれる

ネコは“生き”ながら“死んで”いる？

波のように広がる電子が，観測されることで1か所に瞬時にちぢみ，粒子として姿をあらわすこと，言いかえれば**「状態の共存は，一方の状態が人の脳で認識されたときに，はじめて解消する」**という量子論の考え方に対し，シュレーディンガーは，次のような思考実験を使って対抗した。

箱の中に，1匹のネコと，毒ガスを発生させる液体の入ったビン，放射線検出器とつながった毒ガス発生装置が入っている。検出器の前には，放射性をもつ原子を少量含んだ鉱石が置かれている。原子の原子核が崩壊し，放射線が検出されると，毒ガスが発生してネコは死ぬ。

原子核が崩壊する現象は，量子論にしたがう。このため，原子核が崩壊したかどうかを観測するまでは，「崩壊した状態」と「崩壊していない状態」が共存していることになる。しかし，もし「観測」を“人が脳で認識すること”とするならば，窓を開けて箱の中を見るまでは**「ネコが死んでいる状態」と「生きている状態」が，共存しているという事態になる。**シュレーディンガーは，このようなばかげた話はないと主張したのだ。

これに対し，ある人※は「マクロな物体である放射線検出器が放射線を検出した段階で，波の収縮がおきる」とする。ミクロな粒子の「観測」とは，**ミクロな粒子が「マクロな痕跡」（膨大な数の粒子に対し，元にもどすことのできない影響をあたえること）をつくりだすことだという。**たとえば，ミクロな粒子が観測装置の針（膨大な数の粒子からなる）を動かした場合は「観測」されたことになり，人に観測されたかどうかは関係ないという。

※：コペンハーゲン解釈の支持派でも，人によって回答がことなる。なお量子論においては，シュレーディンガーが指摘したような「パラドックス」を解消するために，さまざまな解釈がこれまでに提案されているが，結論は出ておらず，現在も議論がつづけられている。

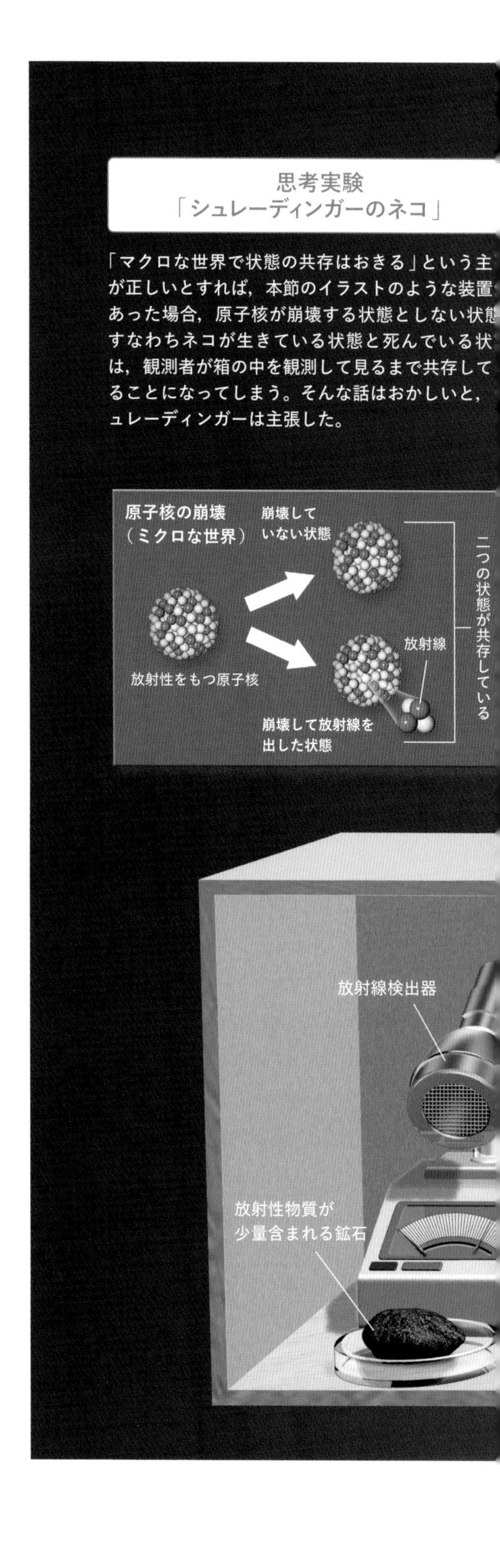

思考実験
「シュレーディンガーのネコ」
「マクロな世界で状態の共存はおきる」という主
が正しいとすれば，本節のイラストのような装置
あった場合，原子核が崩壊する状態としない状
すなわちネコが生きている状態と死んでいる状
は，観測者が箱の中を観測して見るまで共存して
ることになってしまう。そんな話はおかしいと，
ュレーディンガーは主張した。
原子核の崩壊
（ミクロな世界）
崩壊して
いない状態
放射性をもつ原子核
放射線
崩壊して放射線を
出した状態
二つの状態が共存している
放射線検出器
放射性物質が
少量含まれる鉱石

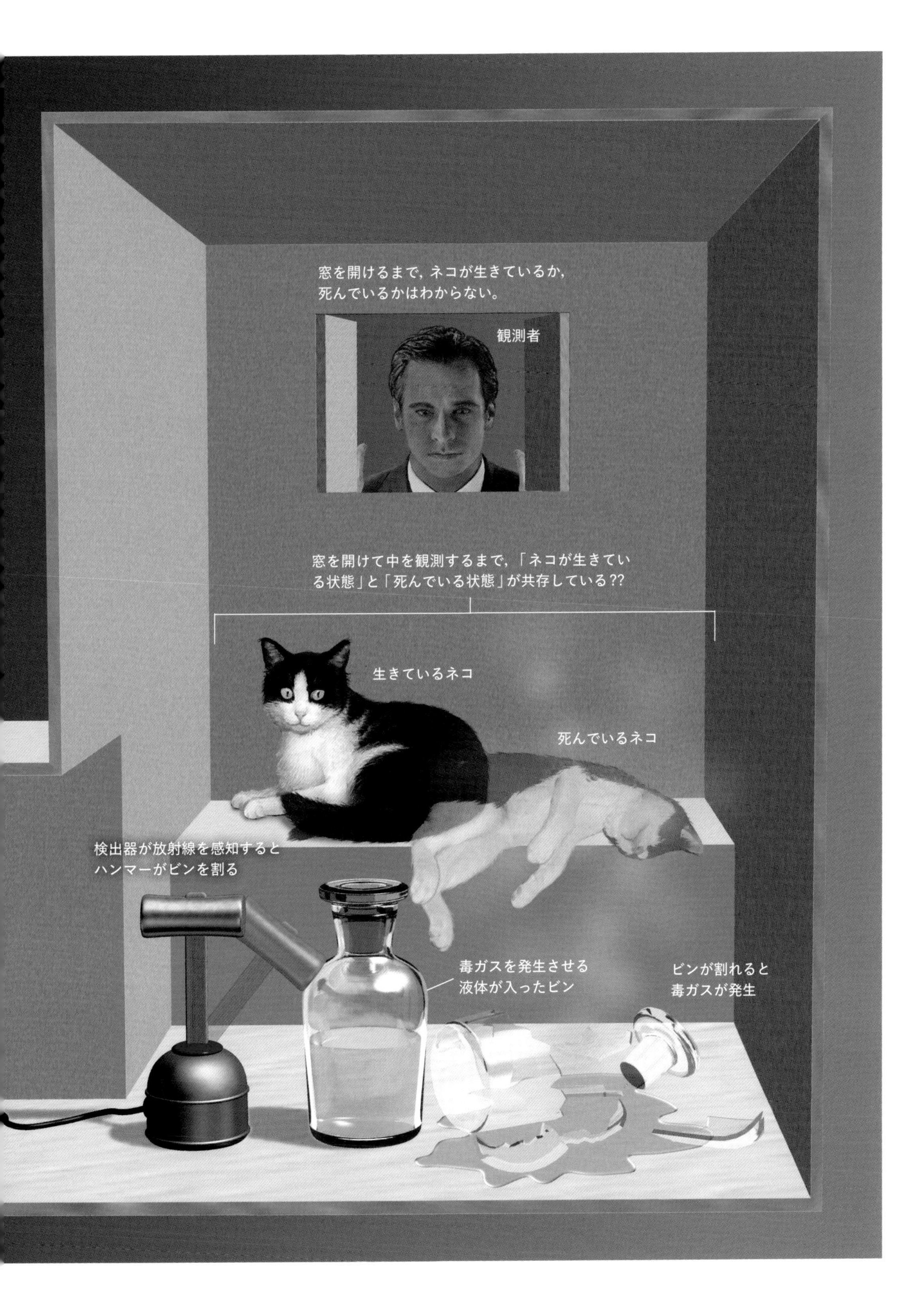
窓を開けるまで，ネコが生きているか，
死んでいるかはわからない。
観測者
窓を開けて中を観測するまで，「ネコが生きてい
る状態」と「死んでいる状態」が共存している??
生きているネコ
死んでいるネコ
検出器が放射線を感知すると
ハンマーがビンを割る
毒ガスを発生させる
液体が入ったビン
ビンが割れると
毒ガスが発生

観測されると世界が分岐する？

量子論には，「コペンハーゲン解釈」以外にも，さまざまな解釈（考え方）が存在する。その一つが，1957年にアメリカの物理学者ヒュー・エベレット（1930～1982）によって考えだされた「多世界解釈（たせかいかいしゃく）」である。

コペンハーゲン解釈では，共存していた複数の状態のうち，どれかが観測された瞬間，観測されなかった状態は消えることになるとしている。

一方，多世界解釈では，**共存していた複数の状態のうち，どれかが観測されたあとでも，ほかの状態も消えずに残っていると考える。**

シュレーディンガーのネコでいえば，放射線の検出前は,「原子核が崩壊した世界（ネコが死んだ世界）」と「原子核が崩壊していない世界（ネコが生きている世界）」は共存し，干渉しあっている。検出後は，二つの世界は干渉しあうことができなくなり，関係性は切れてしまうが，どちらの世界も並列して存在しているとみなす。

ここでいう「世界」とは，人間や宇宙に存在するあらゆるものを含めたものだ。つまり多世界解釈では，“目の前の世界”が**時々刻々と無数のパラレルワールド（並行世界）に分岐していくと考えるわけだ。**

多世界解釈は非常に大胆な考えであるが，コペンハーゲン解釈がうまく説明できない「状態の消失」の問題をうまく回避しており，理論的にも矛盾のない解釈といえる。

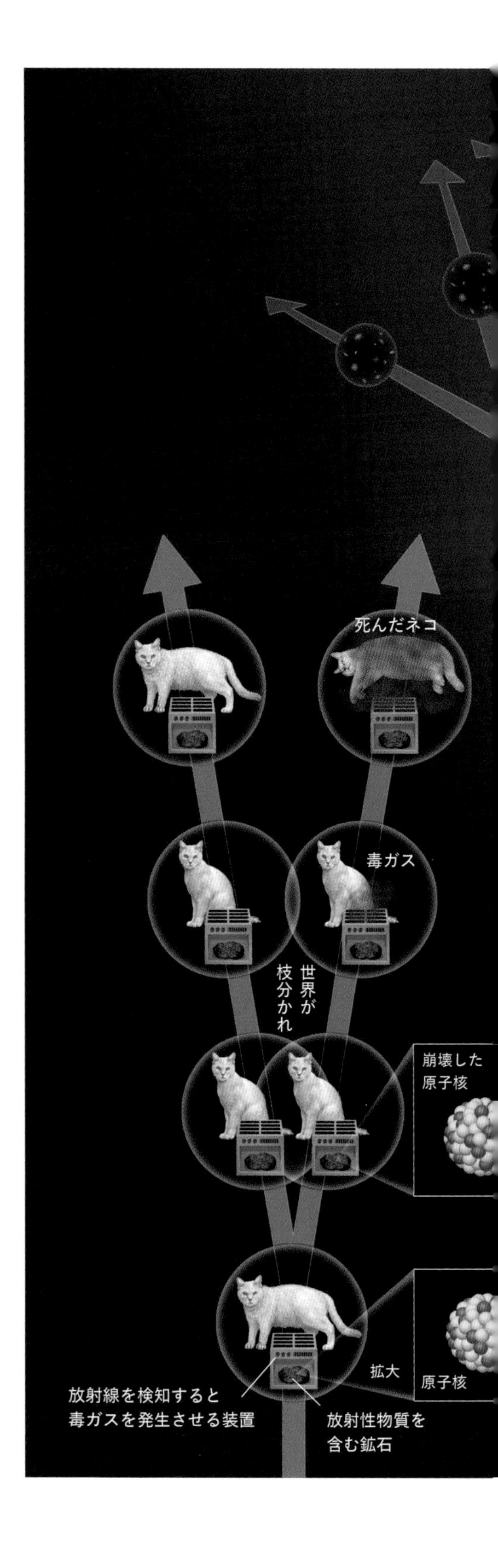

枝分かれする世界（一）

イラストの左側は「シュレーディンガーのネコ」を，多世界解釈にもとづいてえがいたもの。放射線の検出にともなって，世界は枝分かれする。一方の世界では毒ガスが発生しネコは死んでいるが，別の世界では原子核の崩壊はおきず，ネコは無事である。

イラスト右側は，宇宙が可能性の数だけ枝分かれするようすである。それぞれの世界がともに並列していると考えるのが，多世界解釈なのである。

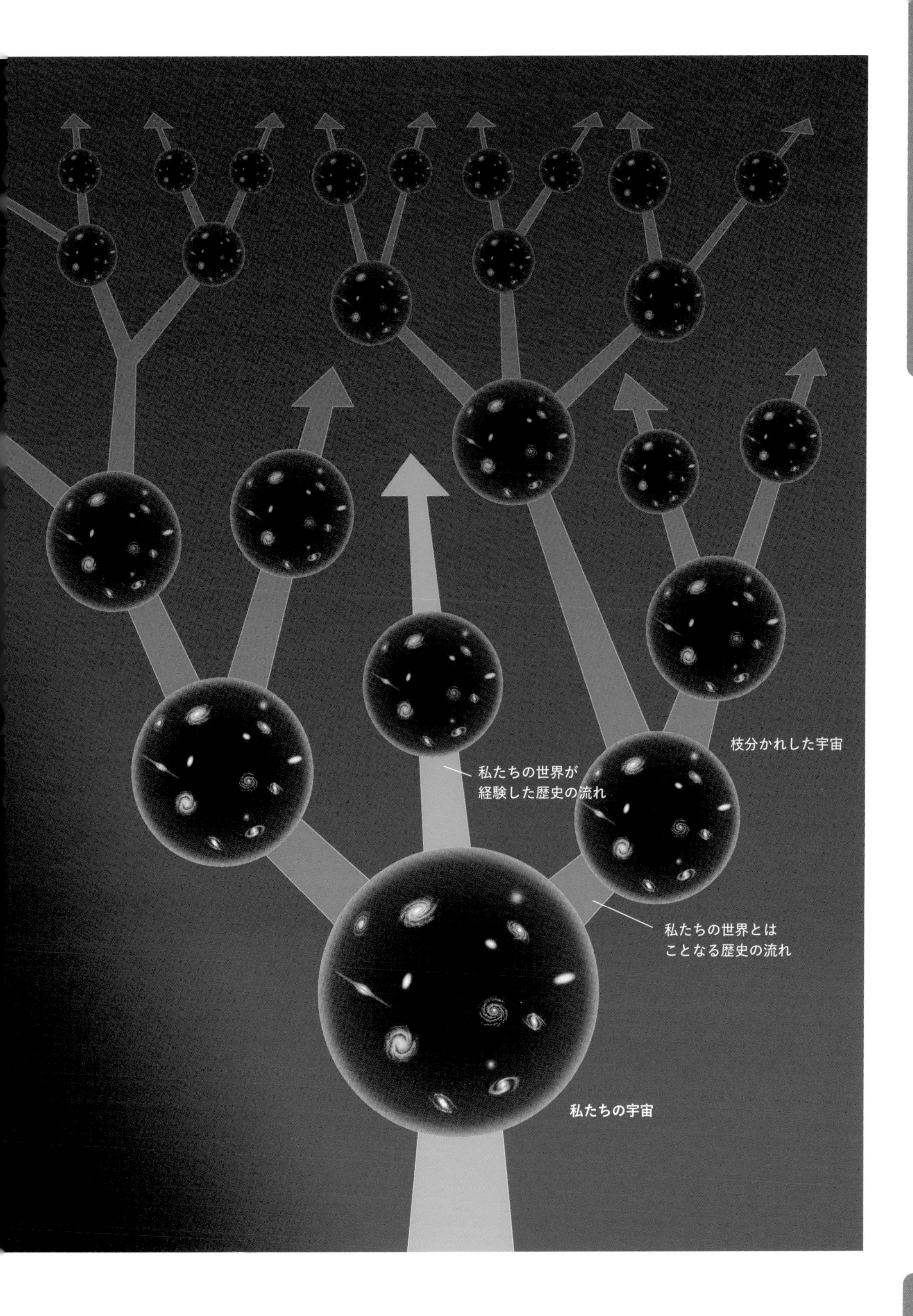
枝分かれした宇宙
私たちの世界が
経験した歴史の流れ
私たちの世界とは
ことなる歴史の流れ
私たちの宇宙

すべての事物は他者との関係によって存在する

東洋では，無や存在に関連する考え方が古くから存在する。たとえば，日本でも広く信仰されている仏教には，さまざまな宗派で共通する「空」という基本的な考え方がある。これを「空の思想」として発展させ，体系化したのが，龍樹（ナーガールジュナ）という2世紀ごろのインドの僧である。

龍樹がまとめた空の思想は，「般若心経（摩訶般若波羅蜜多心経）」という経典に，わずか262字の漢字でまとめられている。その中の「色即是空」（読み下すと，「色すなわちこれ空なり」）という有名な言葉には，空の思想が端的に表現されている。

“色”とは，この世のすべての物質や現象を意味する言葉だ。一方で，“空”とは何も存在しない「無」ではなく，それ自体で独立した不変の実体など存在しないという意味である。つまり色即是空とは，「すべての事物は形のある実体のようにみえるが，それらはすべて他者との関係（因縁）によってのみ存在しており，それ自体だけで独立に存在するような実体などない」ということなのだ。

すべての存在は「関係」から生まれる

イタリアの物理学者カルロ・ロヴェッリは，『世界は「関係」でできている』という著書の中で，龍樹がとなえた「空の思想」が，量子論を考察するうえでヒントになると述べている。

物理学では，ものの存在を粒子としてとらえることから出発する。しかし，その本来の姿は実は広がった波であり，人間が観測したときにのみ粒子としてあらわれる。これを言いかえると，粒子という存在は，私たちとの「関係」においてのみあらわれるということだ。

また逆にいえば，粒子にせよ波にせよ，いかなる関係にもとらわれず，それ自体で独立しているような実体は存在しない。つまり量子論は，この宇宙が「空」であることを示しているとも考えられるというわけだ。

般若心経と量子論の考え方が類似しているのは，偶然なのかもしれない。しかし，はるか昔から考えられてきた仏教の思想によって，最先端物理学にもとづく世界像の考察が深まるとすれば，なんとも興味深い一致といえる。

摩訶般若波羅蜜多心経
観自在菩薩行深般若波羅蜜多時照見五
蘊皆空度一切苦厄舎利子色不異空空不
異色色即是空空即是色受想行識亦復如
是舎利子是諸法空相不生不滅不垢不浄
不増不減是故空中無色無受想行識無眼
耳鼻舌身意無色聲香味觸法無眼界乃至
無意識界無無明亦無無明尽乃至無老死
亦無老死尽無苦集滅道無智亦無得以無
所得故菩提薩埵依般若波羅蜜多故心無
罣礙無罣礙故無有恐怖遠離一切顛倒夢
想究竟涅槃三世諸佛依般若波羅蜜多故
得阿耨多羅三藐三菩提故知般若波羅蜜
多是大神呪是大明呪是無上呪是無等等
呪能除一切苦真實不虚故説般若波羅蜜
多呪即説呪曰
掲諦掲諦 波羅掲諦 波羅僧掲諦 菩提薩婆訶
般若心経

般若心経

“般若”とは「悟りを得るための智慧（ちえ）」，“心経”とは「真髄を教えるお経」を意味する。般若心経は，お釈迦様（観自在菩薩）が弟子の舎利子（シャーリプトラ）に語りかけるように話が進んでいく。

龍樹（ナーガールジュナ）

仏教において存在した「空の思想」を発展させ，体系化した人物。空の思想をもとにした般若心経にはさまざまな訳が存在するが，日本で広く知られているものは，玄奘（げんじょう）という僧によって翻訳（漢訳）されたものだ。

4
章

完全な「無」ではない
真空の姿

協力　一ノ瀬正樹・松原隆彦／奥田雄一・前田恵一／橋本省二・佐々木真人・藤井恵介／橋本幸士・諸井健夫
監修　縣 秀彦

真空と聞いて,「あらゆる物質を取り除いた，からっぽの空間」を想像する人も多いかもしれない。しかし現代物理学によると，一見何もない空間でも，そこには自然界のしくみの根幹をなす，さまざまなものが満ちている。たとえば，物質に質量をあたえるヒッグス粒子もその一つだ。本章では真空についてさらに探究し，その「真の姿」にせまっていく。

物質を取り去っても そこには“何か”がある？

今，真空ポンプを使って，ある箱の中から空気を吸いだすことを考えよう。すると，箱の中は物質が少なくなっていき，一見真空になったようにみえる。

だが，物質を取り去っただけでは“完全なからっぽ”になったとはいえない。その空間にはまだ，光（電磁波）が含まれているためだ。これは，箱の壁が赤外線などの光をつねに放射していることによる（具体的には「熱放射」とよばれる）。

では箱全体の温度を，自然界の温度の下限である「絶対零度（マイナス273.15℃）」の近くになるまで下げてみよう。これで，熱放射をかぎりなくゼロに近づけることができるはずだ。

しかし“完全なからっぽ”になるかといえば，答えは「NO」だ。現代物理学によれば，空間から物質や光を取り去ったとしてもなお，**真空にはさまざまなものが満ちているという。**

宇宙空間にも さまざまなものが満ちている

物質の質量をその体積で割ると，密度を求めることができる。たとえば，岩石がぎっしり詰まっている地球の平均密度は，1立方センチメートルあたり約5.5グラムだ。大気は，1立方センチメートルあたり約0.001グラムしかない。これに対し，宇宙全体の平均密度は1立方センチメートルあたり約3×10^{-30}グラムである※。

完全な真空は，物質がまったくない空間なので，その密度はどんなに大きな体積あたりでも，厳密にはゼログラムだ。つまり，**宇宙空間は「ほぼ真空」だが，完全にからっぽの「無」ではないのだ。**

※：ダークマターを含めた密度。

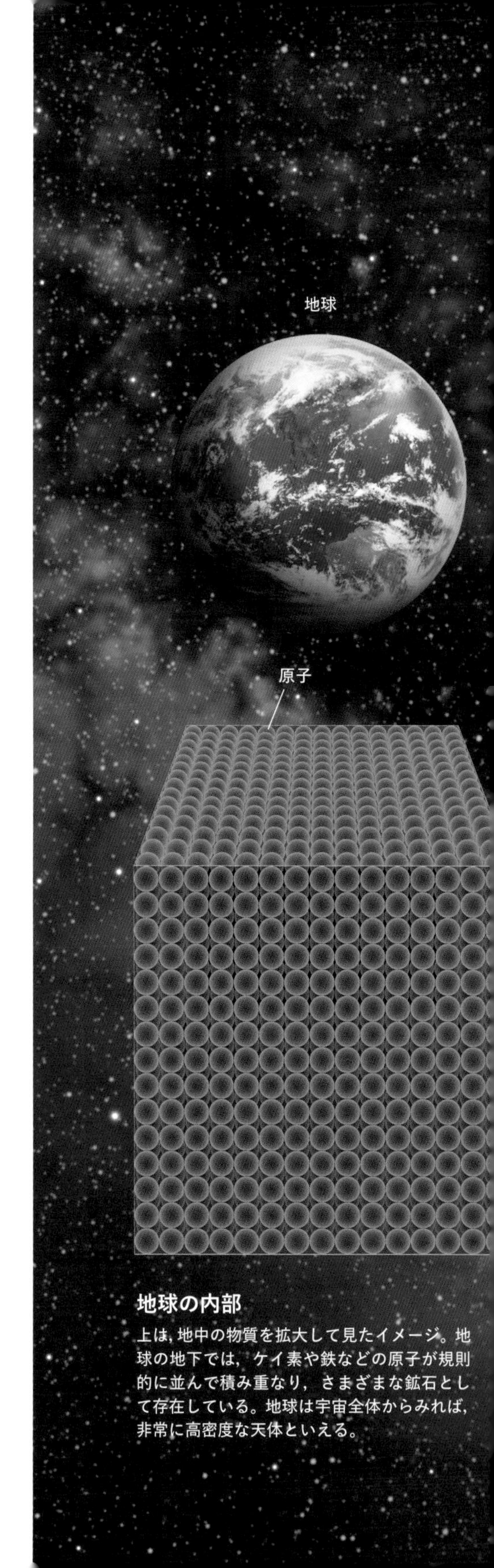

地球の内部
上は，地中の物質を拡大して見たイメージ。地球の地下では，ケイ素や鉄などの原子が規則的に並んで積み重なり，さまざまな鉱石として存在している。地球は宇宙全体からみれば，非常に高密度な天体といえる。

宇宙空間（→）

宇宙空間を拡大して見たイメージ。宇宙全体の密度は，1立方センチメートルあたり，約3グラムの1000兆分の1の1000兆分の1（3×10^{-30}グラム）だ。これは，1立方センチメートルあたり水素原子0.000001個分，1立方メートルあたり水素原子1個分しかない。宇宙空間のほとんどは，ほぼ真空といえるほどすかすかだ。

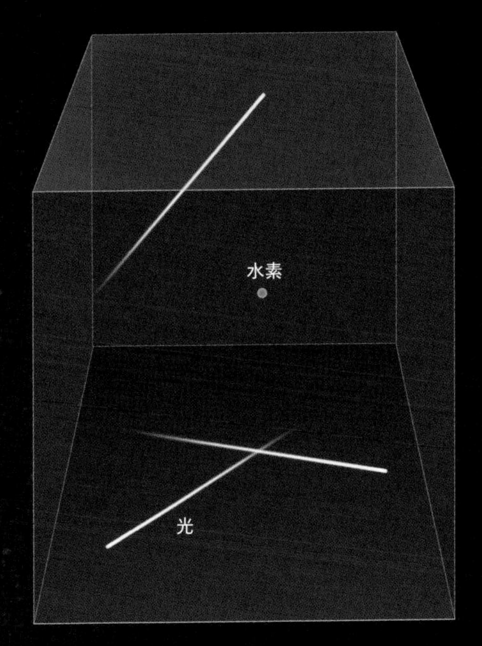

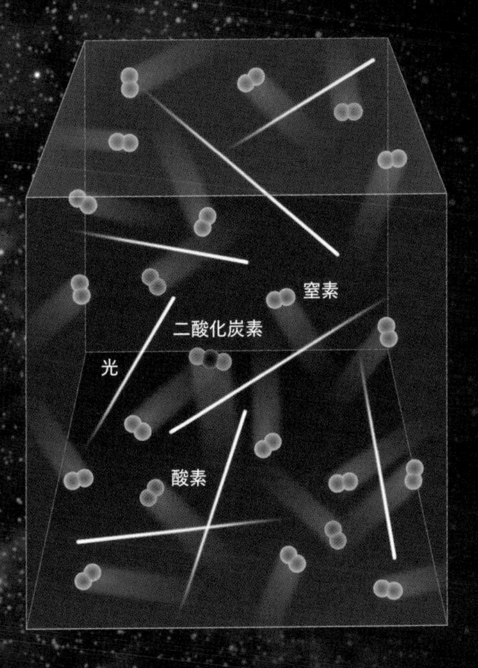

（←）大気

地球の大気を拡大して見たイメージ。地球の大気の密度は，1立方センチメートルあたり約0.001グラムだ。とても低密度のように思えるが，これは1立方センチメートルあたりに分子が約3×10000000000000000000個（＝3000京個）もあることを意味している。宇宙全体からみれば，高密度といえる。

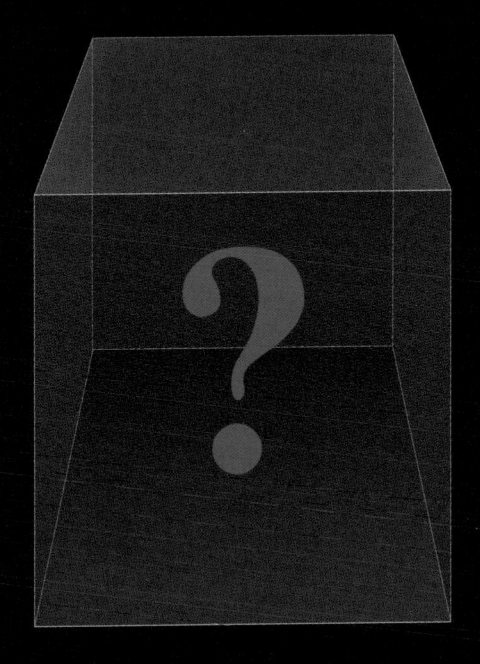

真空（→）

ある空間から物質を完全に取り去り，周囲の熱源からの光（電磁波）もなくしても，そこには“何か”が満たされており，完全な真空にではないようだ。

物質のない宇宙空間でも そこには光が満ちている

宇宙空間には，X線，ガンマ線，紫外線，赤外線，電波，可視光線など，無数にある天体(星や銀河など）が放つさまざまな波長の光が飛びかっている。

しかし，宇宙空間で私たちが見ることができるのは，目に入ってきた光だけだ。ほかの方向に進む光，たとえば目の前を横切る光を，私たちは見ることができない。これは，宇宙空間はちりなどの物質が少なく，光が散乱されずに進むことによる(その結果，宇宙空間は真っ暗にみえる)。

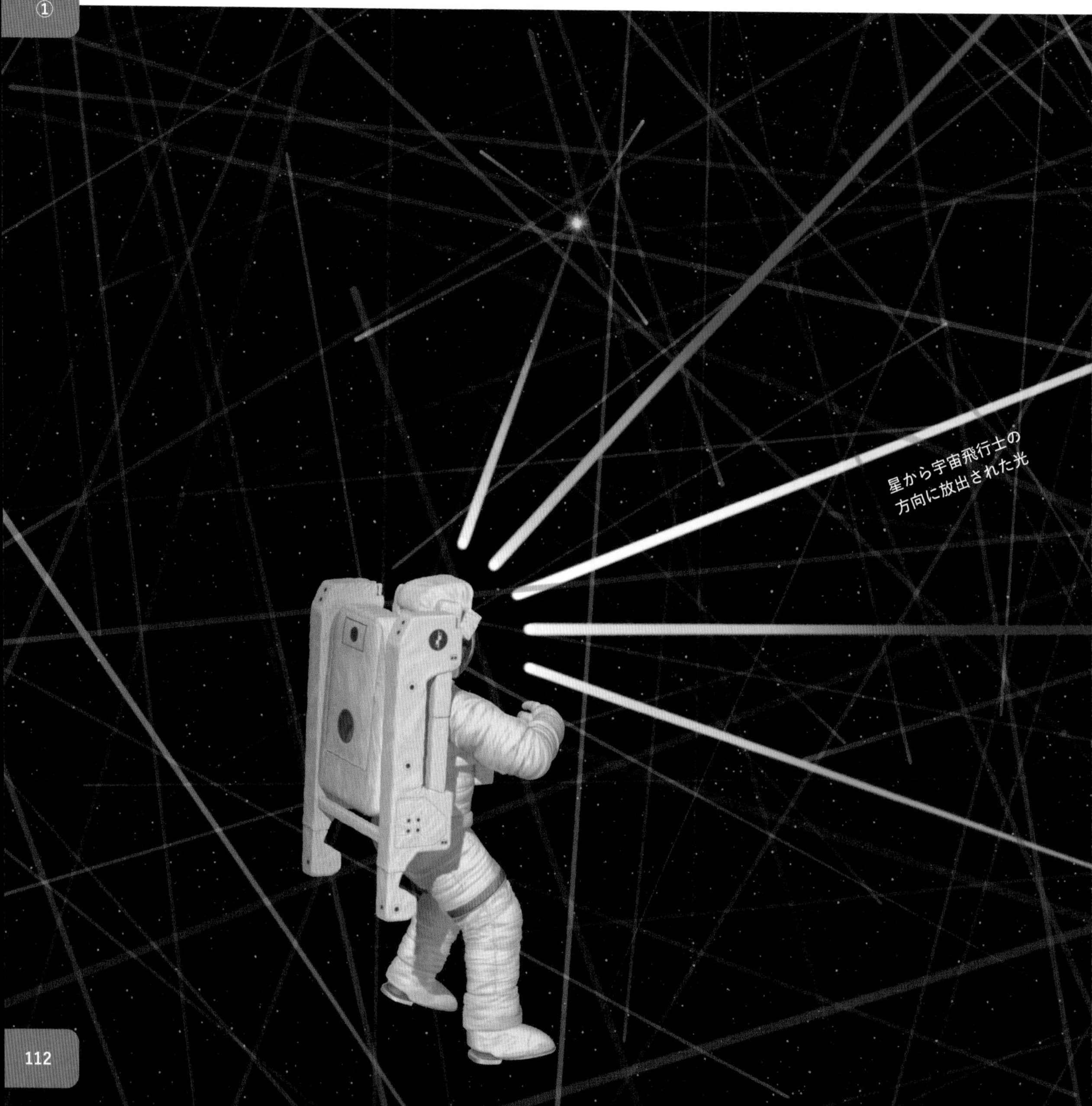

宇宙誕生直後の光が今も宇宙を満たしている

宇宙は，約138億年前に誕生したと考えられている。誕生直後の宇宙は灼熱(しゃくねつ)の火の玉のような状態で，光に満ちていたようだ。このときの光のなごりは「宇宙背景放射(うちゅうはいけいほうしゃ)」とよばれ，今もなお，宇宙空間をただよっている。宇宙背景放射は，“時間がたつ”につれて（宇宙が膨張するにつれて）その波長が引きのばされ，現在は電波の一種である「マイクロ波(は)」となっている。

宇宙空間には，この宇宙背景放射の光の粒子（光子(こうし)）が，1立方センチメートルあたり約410個もある。このように，何もないようにみえる宇宙空間であっても，そこには光が満ちているのである。

雲間から光の帯が見えるわけ（→）

雲間から，光の帯がのびているのを見たことがある人も多いだろう。光の帯が見えるのは，空中に浮遊しているちりや水滴などに光が当たり，周囲に反射する「散乱」という現象がおきているためだ。

光の経路上のあちこちで散乱がおき，あなたが立っている方向にたまたま進路をかえた光が届いた結果，光の経路が見える。空間に物質が存在しない真空では，散乱がおきない。そのため，あなたのいる方向とは別の方向に進む光は，どんなに強い光でもその経路が見えることはない。

光はなぜ真空中を伝わるのか

私たちは，夜空に美しい星々を見ることができる。これは，光が真空の宇宙空間を伝わることができるからだ。

かつて，光がなぜ真空中を伝わることができるのかについては，大きな謎とされていた。たとえば静かな水面にものが落ちると，水面が上下に振動して，周囲に波が伝わっていく。研究者たちは，光にはこのような波の性質があることを知っていたため，光の波を伝える“未知の物質”が宇宙空間に充満していると考え，その物質を仮に「エーテル」とよんでいた。

しかし，70ページで紹介したマイケルソンとモーリーの実験によって，エーテルは存在しないことが明らかになった。そして，光はエーテルのような「物質」ではなく，「空間を満たす場(ば)」が振動することで伝わるものであることが，マクスウェルやヘルツらによって明らかにされたのだ。

光を伝えるのは，**電気力や磁力といった電磁気力がはたらく「電磁場(でんじば)」（電場と磁場）という場である。**電磁場は，前述の水面のようなものだ。たとえばマイナスの電気をおびた電子が原子の中で“揺(ゆ)れ動く”と，電子の周囲の電場も揺れ動く。電場と磁場は密接に関連しているので，電場が揺れ動くと，磁場も揺れ動く。すると，その磁場の

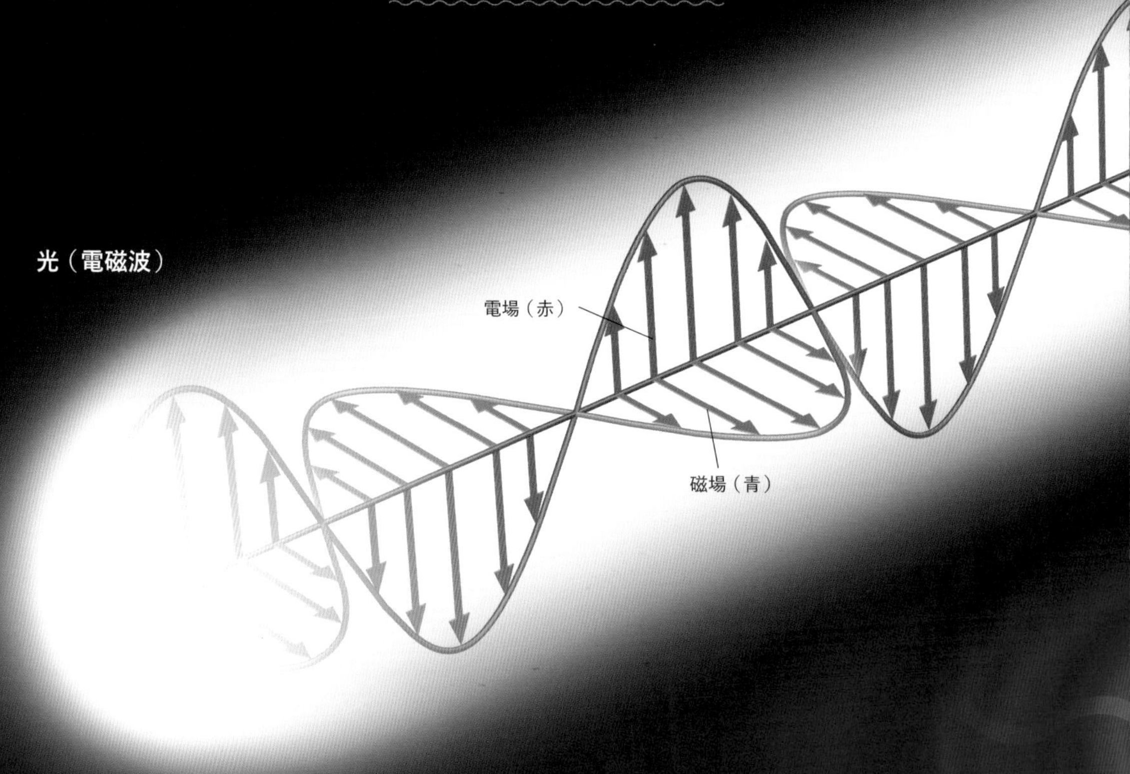

振動が新たな電場の振動を引きおこし，振動は周囲にどこまでも広がっていく。**この現象が電磁波，すなわち光の正体なのである。**

宇宙飛行士は，真空である宇宙空間で方位磁石を使って地球の磁力を観測することができる。また，宇宙遊泳中の宇宙飛行士と宇宙船の間に静電気が生じることがありうるという（電磁力は真空中にも存在できる）。

＊場については，134ページ以降でくわしく解説する。

電子の振動

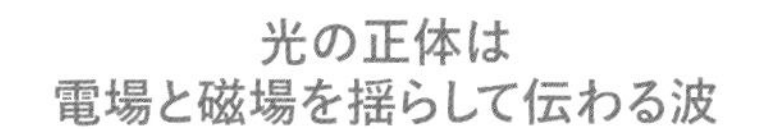

光の正体は 電場と磁場を揺らして伝わる波

電子などの電気をおびた粒子が上下に振動すると，電場や磁場が振動して（図の青や赤の矢印がのびちぢみしたり，向きがかわったりして），周囲に伝わっていく。光の正体は，このようにして電場や磁場が振動することでできる「電磁波（でんじは）」だ。水面の波は2次元的に伝わっていくが，電磁波は3次元的に伝わっていく。

なお，ラジオやテレビの電波も光の一種で，送信アンテナの中で電子を振動させることで，送信所から発信されている（83ページ参照）。

ものが落ちると水面が波打ち，
周囲に同心円状の波が伝わっていく。

正体不明の見えない物質「ダークマター」

私たちの体も，空気も，星も，あらゆる物質は原子からできている。ところが宇宙には，そうした普通の物質をすべて取り除いたとしても，**原子以外の何かでできた，未知の物質が大量に存在していると考えられている。**この物質は，「ダークマター（暗黒物質）」とよばれる。

ダークマターは直接的には光を出さないため，私たちはその姿を直接見る（とらえる）ことができない。可視光線（かしこうせん）だけでなく，あらゆる電磁波を放ったり吸収したりしないのだ。また，普通の物質とぶつかることもほとんどないと考えられている。

ダークマターは周囲に重力をおよぼす

では，見えもしないダークマターが，なぜ「ある」と考えられているのだろうか。実は，ダークマターには重さ（質量）があり，周囲に重力をおよぼす。たとえば，銀河の集まりである銀河団の質量は，個々の銀河の運動速度などから推定することができる。しかし，目に見える物質だけでは銀河団全体の質量をまかなえない。そこで，何らかの目に見えない物質，つまりダークマターが銀河団に分布していると考えられるようになったのである。

宇宙の観測などから推定すると，**宇宙には普通の物質の5～6倍の質量のダークマターが存在しているとみられている。**ダークマターの粒子1個の質量はわかっていないが，陽子の100倍以上という説がある。もしそうだとすると，地球のまわりでは，1立方メートルあたり3000個程度のダークマターの粒子があることになる。

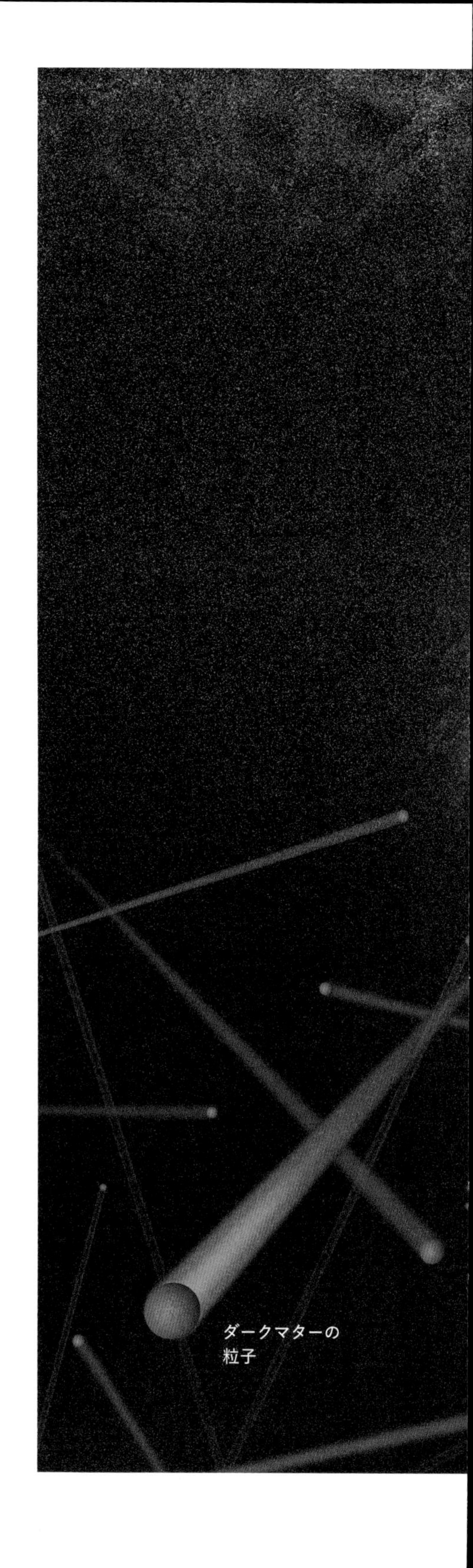

宇宙空間に満ちるダークマター（→）

宇宙空間に満ちるダークマターのイメージをえがいた。ダークマターは，私たちの体を形づくる普通の物質とはことなり，見ることもさわることもできない未知の物質である。しかしダークマターは，私たちの周囲（空気中）にも存在する。

宇宙の大規模構造
無数の銀河が網目状に分布した巨大な構造。ダークマターが大量に含まれていると考えられている。
銀河を取り巻くダークマター

宇宙を加速膨張させる「ダークエネルギー」

現在の宇宙論では，宇宙空間には**宇宙を加速的に膨張させるエネルギーが満ちていると考えられている。**

アインシュタインがみちびいた一般相対性理論により，空間はそれ自体が変化するものだということがわかった。また，一般相対性理論を使って宇宙全体のふるまいを考えると，宇宙全体が膨張しうる（宇宙空間そのものが広がる）ことが示された。実際，天文学者であるエドウィン・ハッブル（1889 ～ 1953）は1929年，複数の銀河を観測することで確かに宇宙が膨張していることを発見している。

宇宙は，誕生（インフレーション）から80億年後ごろまでは膨張速度が徐々に小さくなっていたが，それ以降は逆に膨張速

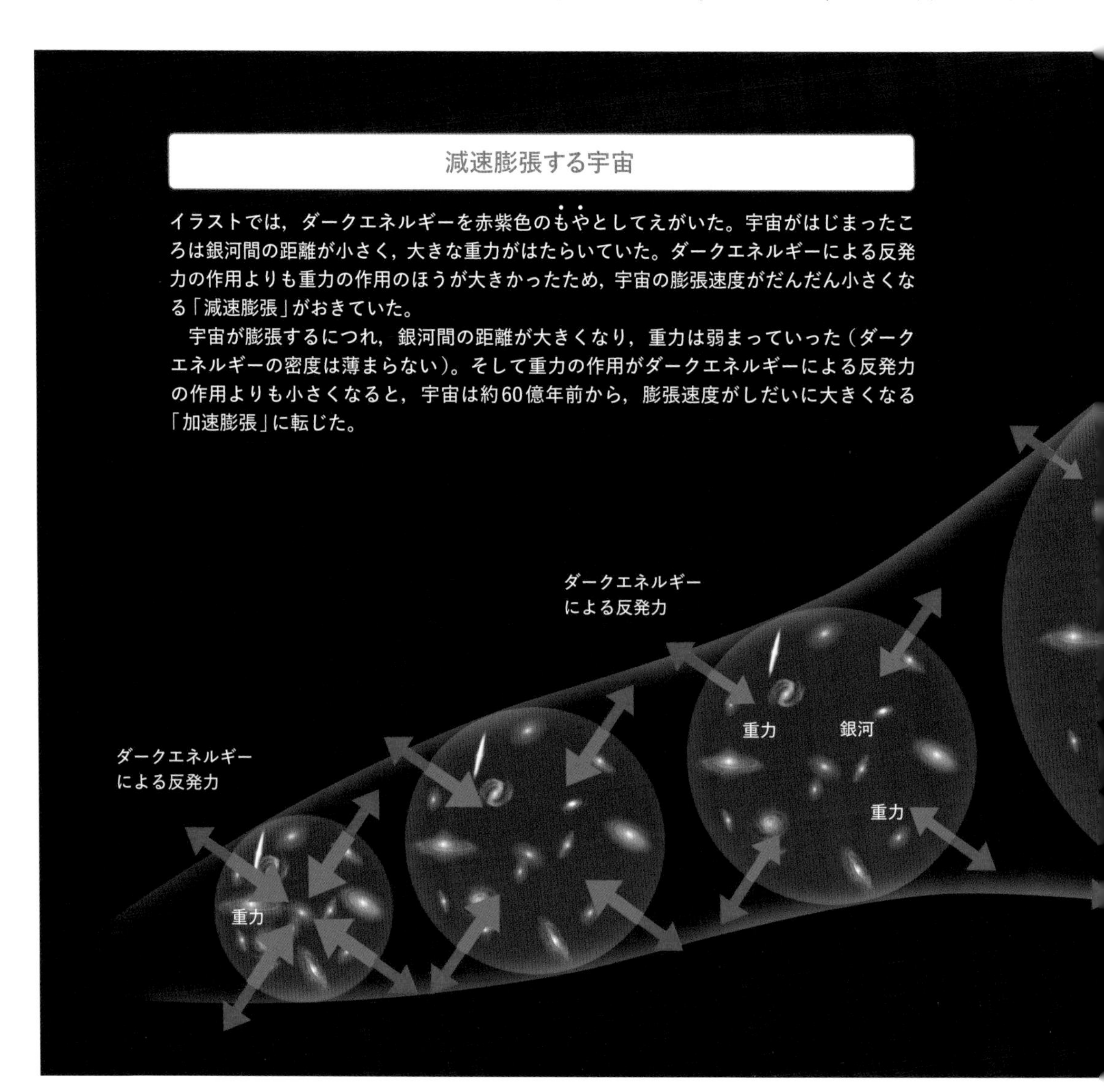

減速膨張する宇宙

イラストでは，ダークエネルギーを赤紫色のもやとしてえがいた。宇宙がはじまったころは銀河間の距離が小さく，大きな重力がはたらいていた。ダークエネルギーによる反発力の作用よりも重力の作用のほうが大きかったため，宇宙の膨張速度がだんだん小さくなる「減速膨張」がおきていた。

宇宙が膨張するにつれ，銀河間の距離が大きくなり，重力は弱まっていった（ダークエネルギーの密度は薄まらない）。そして重力の作用がダークエネルギーによる反発力の作用よりも小さくなると，宇宙は約60億年前から，膨張速度がしだいに大きくなる「加速膨張」に転じた。

度が加速しているという。一般相対性理論にもとづけば，宇宙の膨張が加速するということは，**宇宙空間に膨張を加速させるような斥力（反発力）がはたらいているということだ。**

この，反発力の効果をもつ，無であるはずの宇宙空間に満ちたエネルギーは「ダークエネルギー（暗黒エネルギー）」とよばれている。

空間が大きくなっても薄まらない

たとえばガスなどの物質が充満している空間が膨張すると，物質の量はかわらないので，分散により物質の密度は小さくなっていくはずだ。実際，銀河やガスなどの物質は，宇宙が膨張するにつれてたがいに引き離され，密度が低くなっていく。ところがダークエネルギーの密度は，宇宙が膨張しつづけているにもかかわらず，かわっていないという。

これはダークエネルギーが，空間そのものがもっているエネルギーであるためだと考えられている。

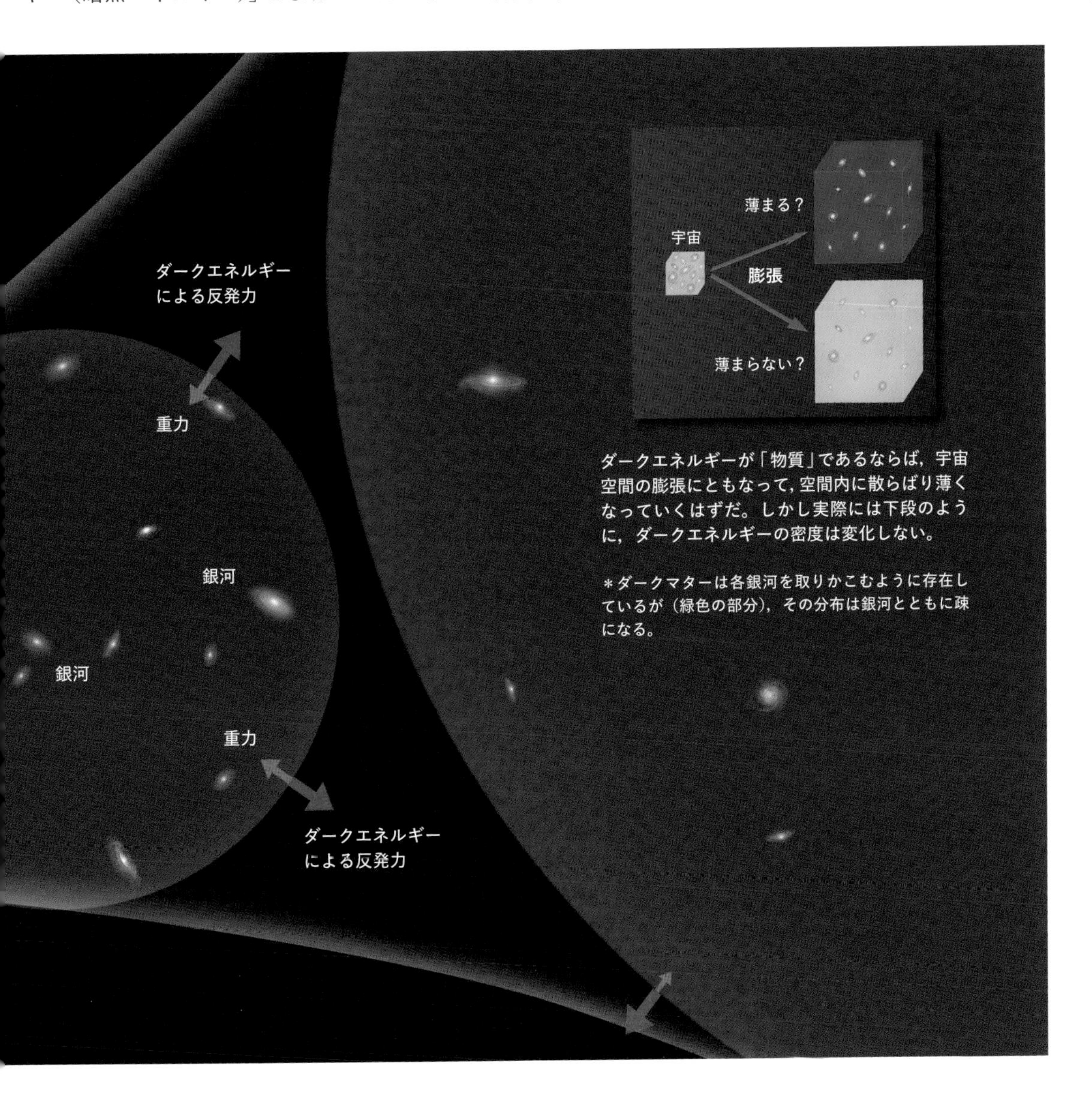

ダークエネルギーが「物質」であるならば，宇宙空間の膨張にともなって，空間内に散らばり薄くなっていくはずだ。しかし実際には下段のように，ダークエネルギーの密度は変化しない。

＊ダークマターは各銀河を取りかこむように存在しているが（緑色の部分），その分布は銀河とともに疎になる。

空間を満たす“水あめ”のような「ヒッグス場」

からっぽにみえる真空には，実はさまざまな場が重なりあって存在しているというのが，現在の物理学の見方だ。なかでも，「ヒッグス場」は特別な存在である。

素粒子の中には，質量（静止質量）をもたない光子のようなものもあれば，電子やニュートリノ，Z粒子などのように質量をもつものもある（78ページ参照）。質量をもたない粒子はつねに光速で飛びまわっている一方で，質量をもつ粒子の動きは光速より遅い。

1964年，ベルギー・ブリュッセル自由大学のロベール・ブルー博士とフランソワ・アングレール博士のグループ，およびイギリス・エディンバラ大学のピーター・ヒッグス博士は，素粒子が質量をもつしくみをそれぞれ独立に発表した。

「ヒッグス機構」あるいは三人の頭文字をとって「BEH理論」とよばれるそのアイデアによると，空間は「ヒッグス場」によって満たされているという。

ヒッグス場は“水あめ”にたとえられる。一部を除く素粒子はそのようなヒッグス場から

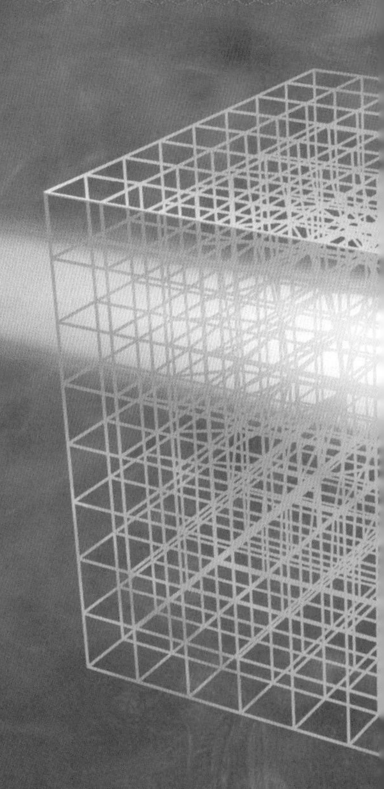

ヒッグス場（緑色の背景）

ヒッグス場

素粒子がヒッグス場の中を進むようすをえがいた（イメージ）。“抵抗”を受けるようすを，変形した格子で表現している。

光子以外のほとんどの素粒子は，ヒッグス場により動きにくくなる。これにより，ヒッグス場は素粒子に「質量」をあたえている。

“抵抗”を受けることで，動きを遅くさせられる。この動きにくさにより，素粒子は「質量」をあたえられているのだ。

予言どおりに発見されたヒッグス粒子

さらにヒッグス博士は，ヒッグス場の振動を粒子として観測することができるだろうと予測した。これが「ヒッグス粒子」である。

ヒッグス粒子は質量が大きく[※1]，その存在を実証することは簡単ではなかった。しかし2012年に，世界最大の加速器（かそくき）[※2]である「LHC」で実験を行っていた二つのグループが，ついにヒッグス粒子の発見を報告したのだ。このとき，ヒッグス博士の予言からすでに40年以上が経過していた。

2013年，アングレール博士とヒッグス博士はノーベル物理学賞を授与された。2011年に亡くなったブルー博士も，もし存命であれば名誉を分かちあったことだろう。

※1：ヒッグス粒子そのものが質量をもつ理由は，ヒッグス機構では説明できない。これは，今後の課題となっている。ちなみにヒッグス粒子は，人名に由来する名をもつ唯一の素粒子である。
※2：加速させた粒子どうしを衝突させて，高エネルギーを発生させる実験装置（→201ページ）。

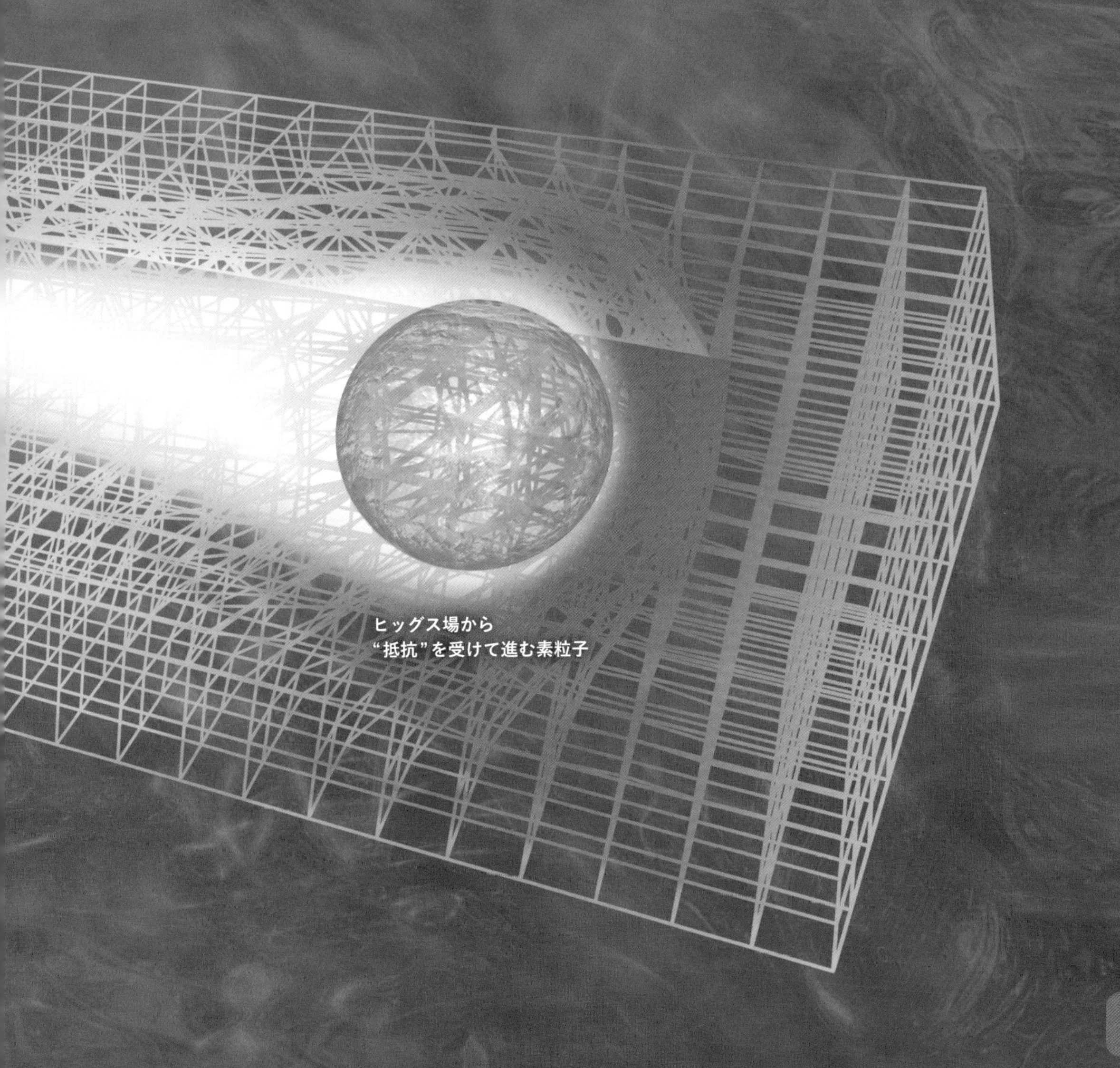
ヒッグス場から“抵抗”を受けて進む素粒子

宇宙誕生直後 ヒッグス場が激変した

誕生直後の宇宙はとても小さく，非常に高温だった。このような環境では，**ヒッグス場が現在のようには機能しておらず，あらゆる素粒子は，自然界の最高速度である「光速」で飛んでいたようだ。**

その後，宇宙が膨張して冷えていくと，あるときヒッグス場の状態が一変し，水あめのようになった。そして，一部を除く素粒子たちに質量が“生まれた”という。

さらにそのあと，クォークが集まって陽子と中性子ができ，37万年ほどたつと宇宙はさらに冷え，減速した電子と陽子との間に電気的な引力がはたらき，水素の原子ができた（宇宙誕生については，5章でくわしくで紹介する）。

素粒子に質量をもたらした「真空の相転移」

ヒッグス場の“変化”には，**「真空の相転移」という現象がかかわっている。**たとえば磁場や電場は，向きと大きさをもつ矢印（ベクトル）であらわすことができるが，ヒッグス場は大きさだけしかもたず，「0」や「1」などの数値であらわされる（下図参照）。

高エネルギーに満ちた初期宇宙（真空）では，ヒッグス場の値はゼロだったため，あらゆる素粒子はヒッグス場から抵抗を受けずに光速で飛んでいた。その後相転移がおき，ヒッグス場の値がかわると，素粒子ごとにことなる抵抗を受けるようになったらしい。

ベクトル場とスカラー場

磁場や電場は「大きさ」と「向き」（矢印）であらわされる「ベクトル場」で，天気予報の風の分布図に似ている。一方で，ヒッグス場は一つの数値であらわすことができる「スカラー場」で，気圧の分布図に似ている（場所ごとに1050ヘクトパスカル，970ヘクトパスカルというふうに，一つの数値であらわすことができる）。

ただしヒッグス場は，宇宙のあらゆる場所で同じ値を取るスカラー場なので，気圧の分布図よりも単純といえる。たとえば電子は，地球でもとなりの銀河でも，ヒッグス場から同じだけ“抵抗”を受ける。これは電子の質量の値が，宇宙のどこでも一緒であることを意味している。

風の分布図は「ベクトル場」

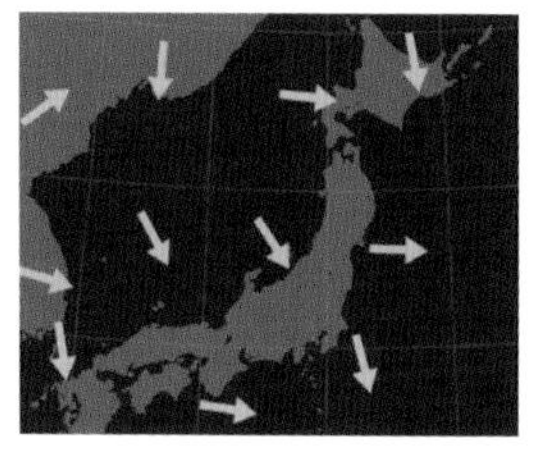

気圧の分布図は「スカラー場」

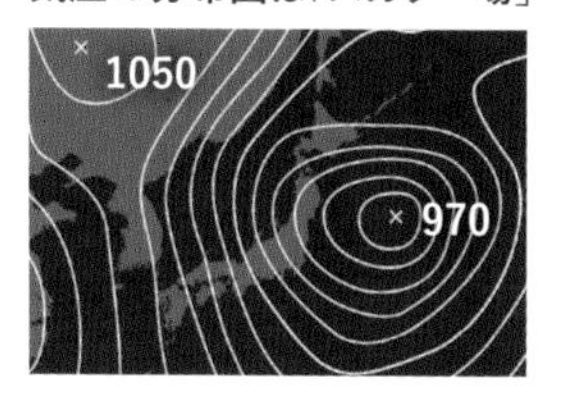

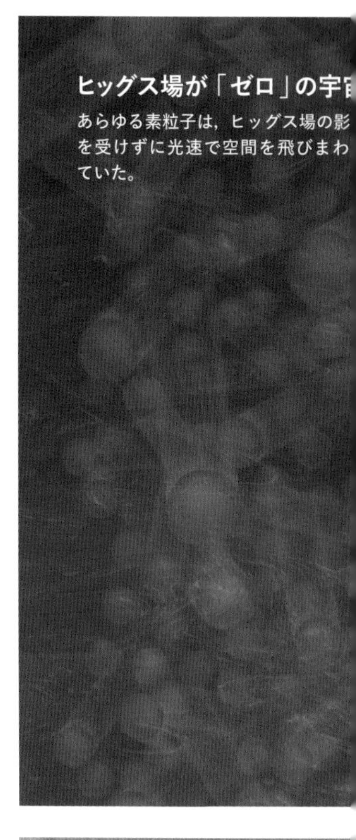

ヒッグス場が「ゼロ」の宇宙
あらゆる素粒子は，ヒッグス場の影響を受けずに光速で空間を飛びまわっていた。

ヒッグス場が変化した宇宙
相転移後の世界では，ヒッグス場の状態が変化し，ほとんどの粒子がヒッグス場と相互作用し，動きにくくなった。これにより，一部の素粒子は質量をもたらされた。

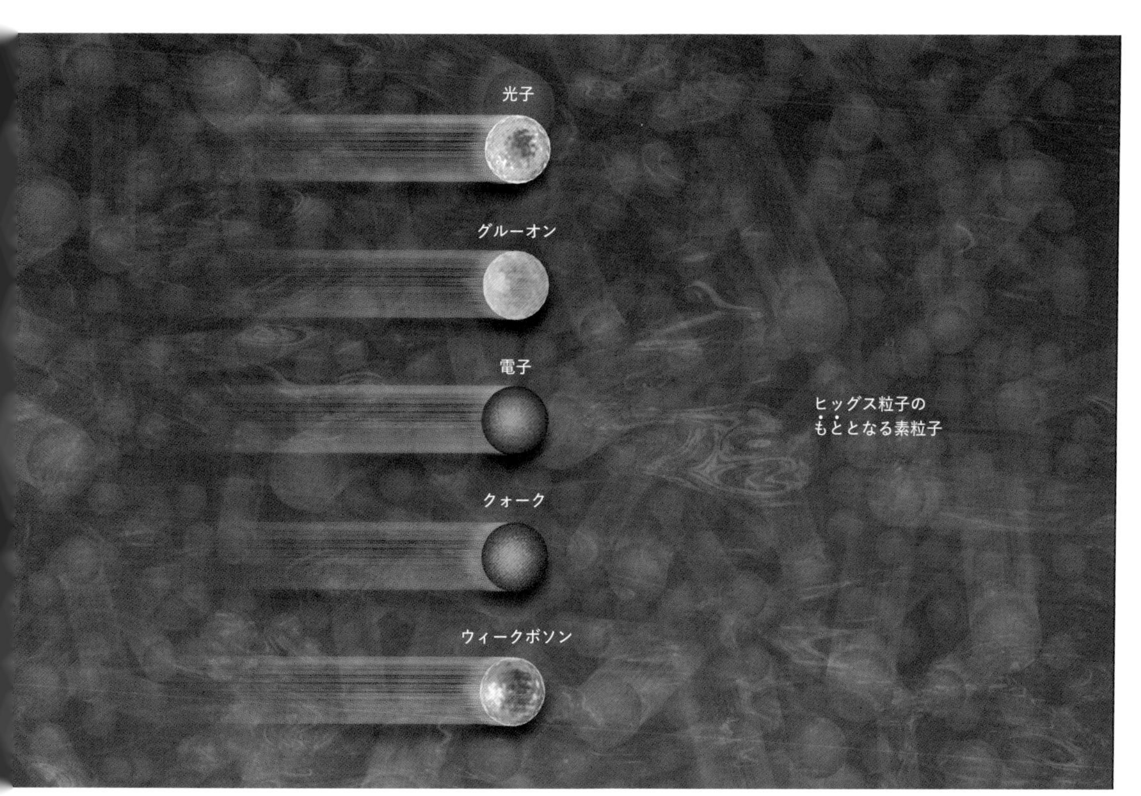
光子
グルーオン
電子
クォーク
ウィークボソン
ヒッグス粒子の
もとになる素粒子

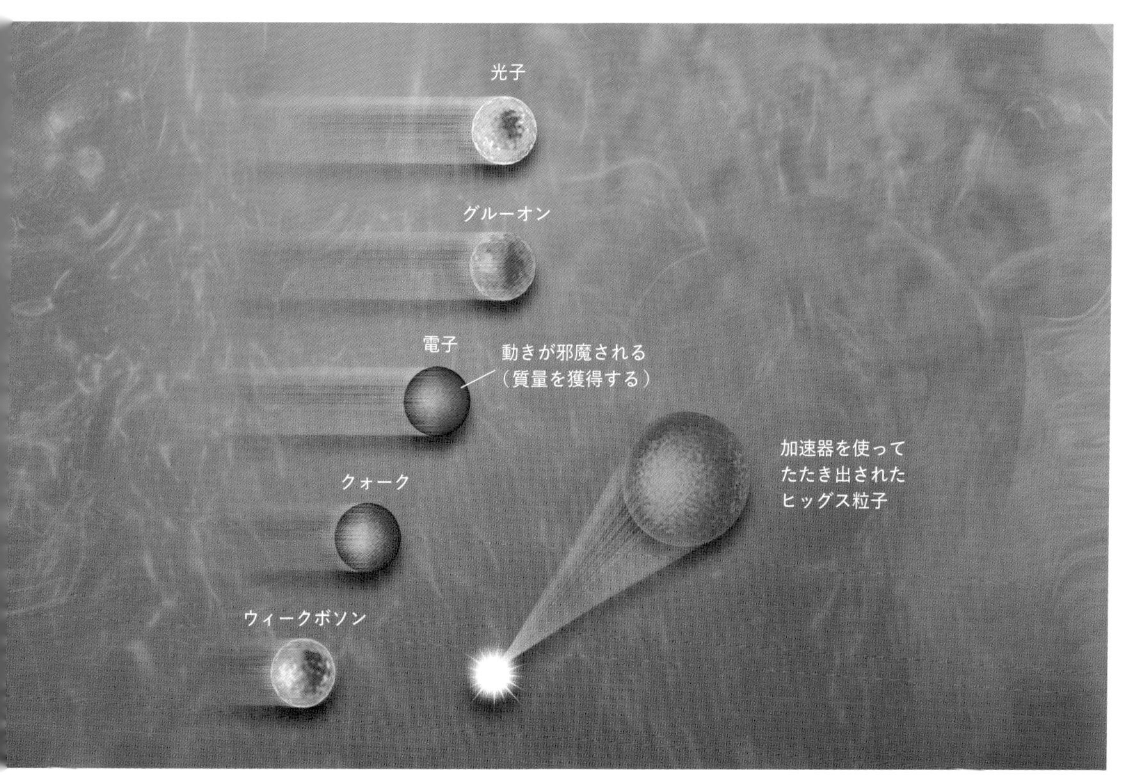
光子
グルーオン
電子
動きが邪魔される
（質量を獲得する）
クォーク
ウィークボソン
加速器を使って
たたき出された
ヒッグス粒子

真空では粒子が瞬時に生まれては消えている

量子論によると，真空中では不思議な現象がおきているという。粒子がないところから粒子があらわれるというのだ。これはいわば，「無」から「有」が生まれるようなものだ。いったい，どういうことなのだろうか。

「不確定性原理」によれば，すべての粒子を取り除いても，ほんの一瞬であればエネルギーが存在できるという。**そして，このエネルギーの“ゆらぎ”から，粒子と反粒子のペアが生じることがある。この現象が「対生成」である。**

反粒子とは，質量や寿命などの性質はもとの粒子と同じで，電荷の正負が反対の粒子のことだ。たとえば，マイナスの電荷をもつ電子の反粒子である「陽電子」は，プラスの電荷をもつ。

生成した粒子と反粒子は，すぐに衝突して消滅し，2個の光子にかわる。これは「対消滅」とよばれる現象だ。

この対生成と対消滅が，まるで沸騰したお湯の中から無数の泡が飛びだしてくるように，真空の中でたえずおきているというのである。

真空から発生する粒子・反粒子のペアは，それ自体を検出器などで観測することはできない。このため，「仮想粒子」とよばれている。

＊不確定性原理については，130ページでくわしく解説する。

真空における対生成・対消滅

量子論（不確定性原理）によれば，たとえすべての粒子を取り除いたとしても，真空では粒子と反粒子のペアが生まれたり消滅したりしている。

ちなみに，対生成・対消滅について記述する「量子電磁気学」という理論は，1940年代にアメリカの物理学者リチャード・ファインマン（1918～1988）やジュリアン・シュウィンガー（1918～1994），日本の朝永振一郎（ともながしんいちろう，1906～1979）らがつくりあげた。

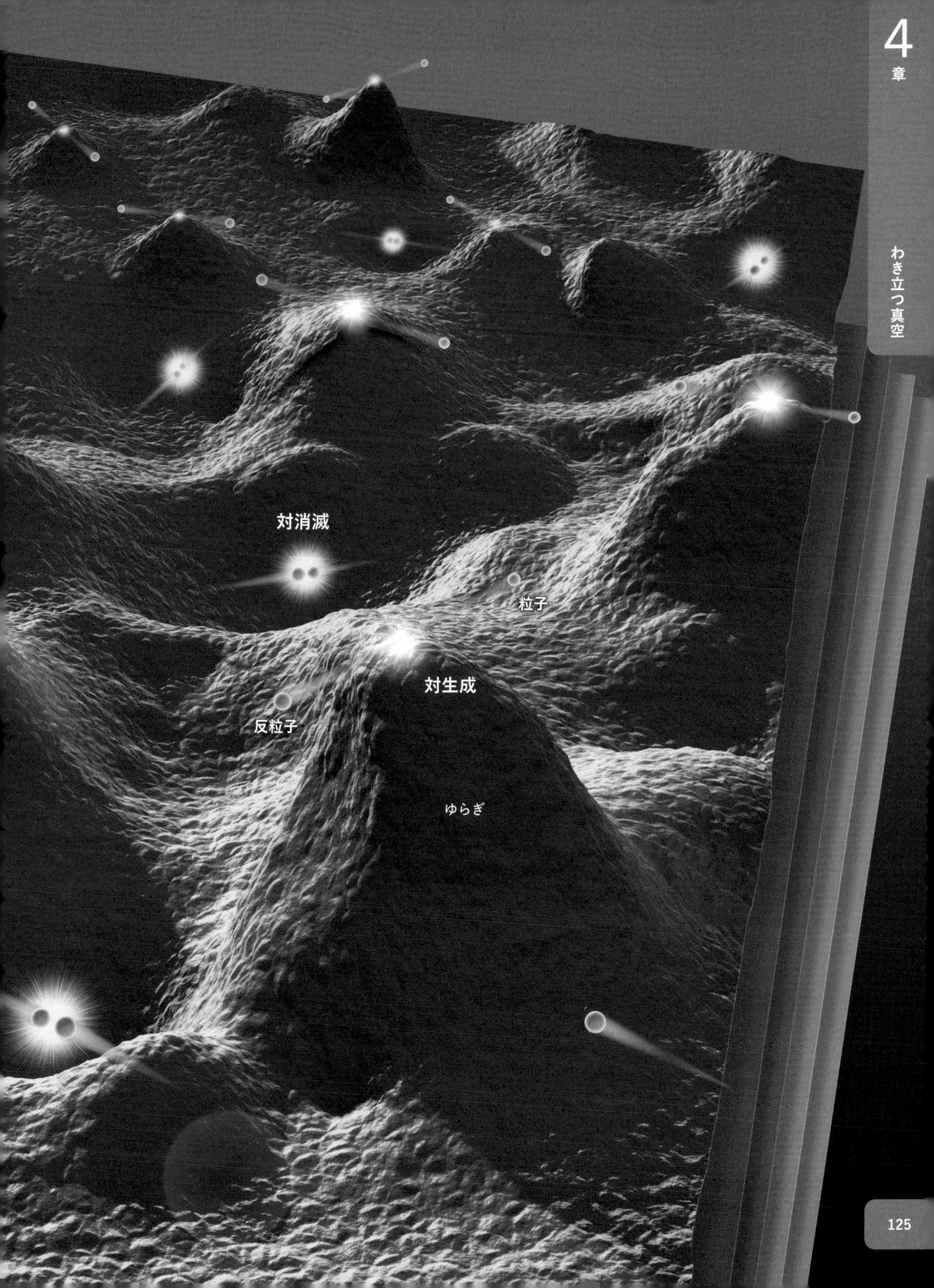
対消滅
粒子
対生成
反粒子
ゆらぎ

真空の対生成・対消滅は実験で実証されている

真空状態の空間において，右のイラストのように2枚の金属板を並行に並べ，1000分の1ミリメートル程度まで近づけると，金属板はたがいに引きあう※。「カシミール効果」というこの現象は，**仮想粒子の対生成・対消滅の証拠である。**

金属板の間が真空状態場合，古典的な物理学では何もおきないはずだ（＝古典的な場では説明できない）。しかし量子論を考慮すると，対生成された「マイナスの電荷をもつ電子」（青色の球）と「プラスの電荷をもつ陽電子」（ピンクの球）の電荷に影響を受けて，2枚の金属板の間に引きあう力が生じるのだ。

なぜ，このような現象がおきるのだろうか。東京大学宇宙線研究所の佐々木真人准教授によれば，マッチ棒を例に考えるといいという。

たとえばマッチ棒を100本ほど手に持ち，床に投げたらどうなるだろうか。個々のマッチ棒の向きはバラバラになるが，全体としてみれば“左向きが5本多い”など，左右どちらかの方向にかたよる場合があるだろう。

真空が“わき立って”いるのなら，金属板にはさまれた空間では，電子と陽電子などが対生成・対消滅をくりかえしているはずだ。電子はマイナス，陽電子はプラスの電荷をもっている。このため，ペアの電荷の配置の方向はマッチ棒と同様，左右どちらかにかたよる場合がある。

このとき，**金属板内部の電子が影響を受け，金属板の一方がプラスに，もう一方がマイナスに帯電する。その結果，2枚の金属板はプラスとマイナスの電荷でたがいに引きあうのだ。**

※：2枚の金属板の間は，1億分の1気圧ほどまで分子を取り除いている。

カシミール効果（→）

イラストでは，電子と陽電子のペアの電荷の方向を矢印で示した。実験では，重力の影響は問題にならないほど小さい。また，金属板がもともともっている静電気など，考えられる誤差の要因はすべて取り除いている。

カシミール効果は，オランダの物理学者ヘンドリック・カシミールによって，1948年には予測されていた。しかし精密な測定が必要であったため，はじめて精度よく確認されたのは1997年のことだ。

「真空」のイメージをくつがえしたディラック

イギリスの物理学者ポール・ディラックは1929年，アインシュタインの相対性理論とミクロの世界を解き明かす量子論とを使って，真空のイメージを根底からくつがえす理論をつくりだした。

真空は“影の電子”（ディラックが「ロバ電子」とよんだ，エネルギーがマイナスの電子）ですき間なく埋めつくされているというのだ。人が空気をほとんど意識しないように，空間のすべてを埋めつくす影の電子は観測できない。つまり,「どこにでもある」は「どこにもない」と区別できないというわけだ。

陽電子の存在を予言したディラック

さらにディラックは，陽電子（反電子）を“空間にあいた穴”と考えた。影の電子がぎっしり詰まったところから影の電子が一つ抜けると，その穴はまるで一つの粒子のように動きまわることができる。これが，私たちには「粒子」として見えるはずだと主張したのである。

ディラックの真空像は，現在では否定されている。だが，陽電子は1932年，宇宙線（宇宙からやってくる高エネルギー放射線）の中から実際に発見されている。そして「真空はからっぽではない」というイメージは，現代物理学でも形をかえて継承されている。つまりディラックの真空像は，その後の物理学に大きな影響をあたえたといえるのである※。

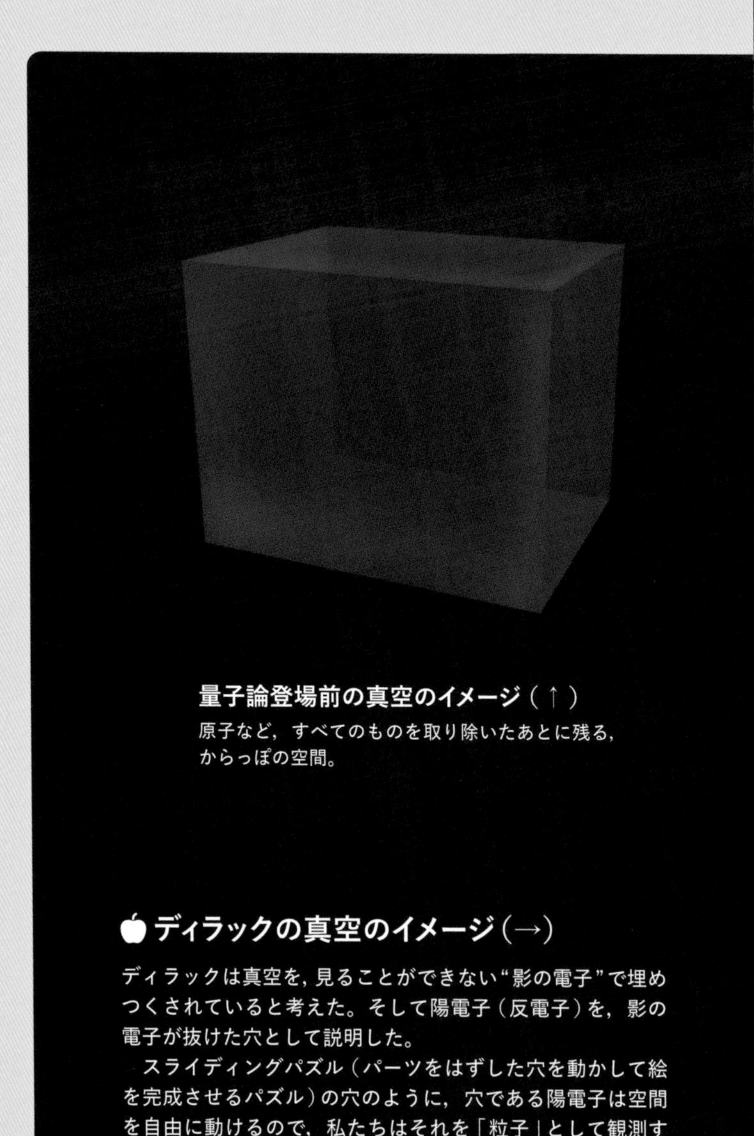

量子論登場前の真空のイメージ（↑）
原子など，すべてのものを取り除いたあとに残る，からっぽの空間。

ディラックの真空のイメージ（→）
ディラックは真空を，見ることができない“影の電子”で埋めつくされていると考えた。そして陽電子（反電子）を，影の電子が抜けた穴として説明した。

スライディングパズル（パーツをはずした穴を動かして絵を完成させるパズル）の穴のように，穴である陽電子は空間を自由に動けるので，私たちはそれを「粒子」として観測するというわけだ。このような考え方は現代物理学でも生きており，たとえば半導体の結晶中の“電子が抜けた穴”は粒子のようにふるまい，「ホール」とよばれている。

※：ディラックは自身が考えた真空のイメージを使い，当時未発見だった陽電子（反電子）の存在を予言する画期的な成果をあげたといえる。

ポール・ディラック
（1902～1984）
量子力学の確立で，1933年にノーベル物理学賞を受賞している。

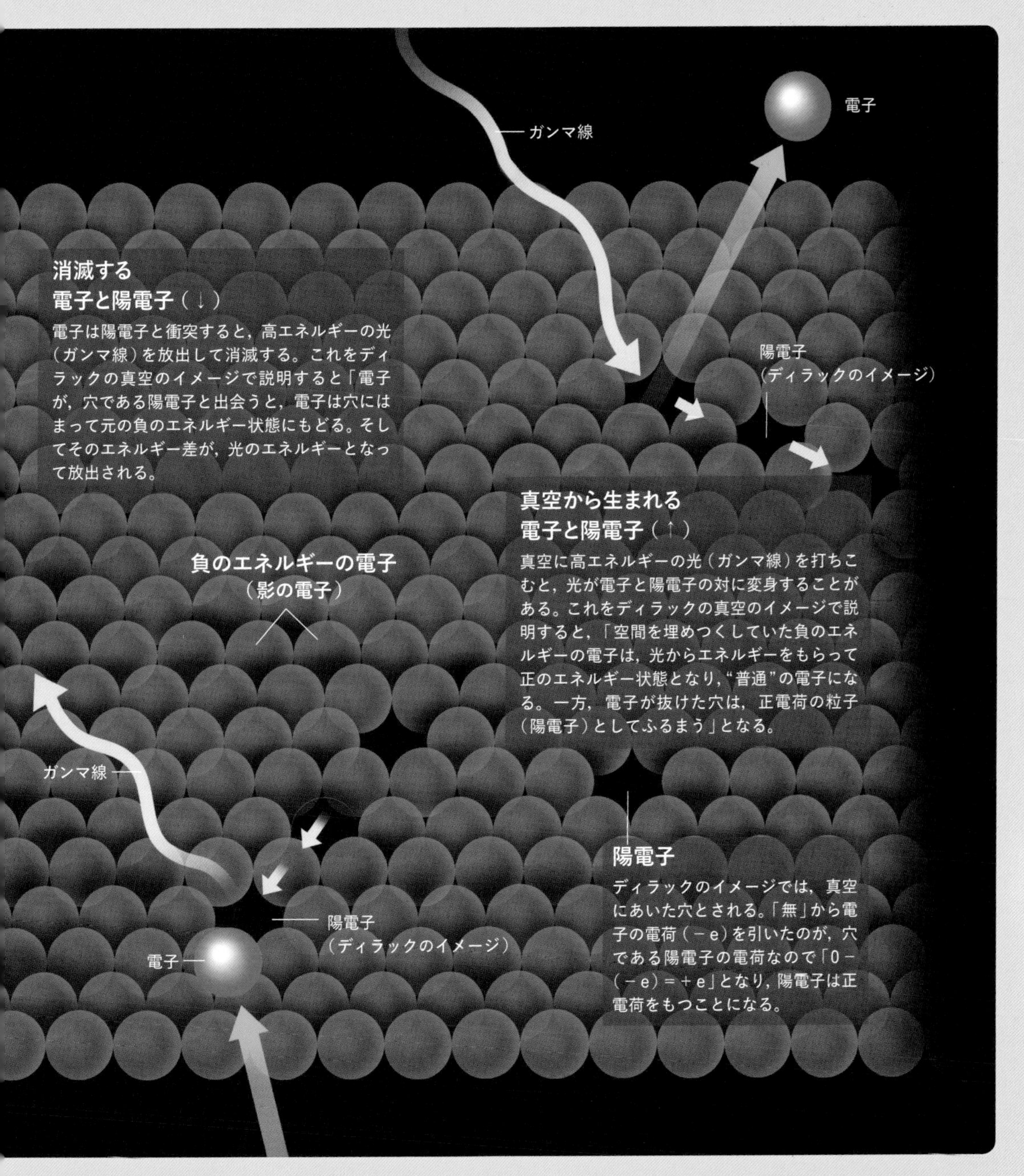

消滅する
電子と陽電子（↓）
電子は陽電子と衝突すると，高エネルギーの光（ガンマ線）を放出して消滅する。これをディラックの真空のイメージで説明すると「電子が，穴である陽電子と出会うと，電子は穴にはまって元の負のエネルギー状態にもどる。そしてそのエネルギー差が，光のエネルギーとなって放出される。

真空から生まれる
電子と陽電子（↑）
真空に高エネルギーの光（ガンマ線）を打ちこむと，光が電子と陽電子の対に変身することがある。これをディラックの真空のイメージで説明すると，「空間を埋めつくしていた負のエネルギーの電子は，光からエネルギーをもらって正のエネルギー状態となり，“普通”の電子になる。一方，電子が抜けた穴は，正電荷の粒子（陽電子）としてふるまう」となる。

負のエネルギーの電子
（影の電子）

陽電子
ディラックのイメージでは，真空にあいた穴とされる。「無」から電子の電荷（－e）を引いたのが，穴である陽電子の電荷なので「0－（－e）＝＋e」となり，陽電子は正電荷をもつことになる。

ミクロな世界の法則「不確定性原理」

ここからは，本章でこれまでに登場した重要概念について，よりくわしくみてみよう。

まずは,「不確定性原理」についてである。不確定性原理について理解するには，ニュートン力学とのちがいを考えるとイメージしやすいかもしれない。「ニュートン力学」とは,イギリスの物理学者アイザック・ニュートンがまとめたもので，私たちの日常の世界や太陽系の惑星の運行といった，素粒子よりもずっと大きなスケールの物体の運動についての物理法則をあらわしたものである。

たとえば，野球の投手が投げるボールの運動について考えてみよう。投手が投げてから0.1秒後，打者がボールの運動を確認したいと思えば，ボールの進む速度（進む方向と速さ),そしてその位置などを正確に見きわめればよい。

野球のボールにかぎらず，私たちが日常的に目にする現象はほとんどニュートン力学の法則にもとづいている。ある物体の速度（正確には運動量。運動量とは，速度と質量を掛けあわせたもの）と位置は，同時に正確に決定できる。

素粒子は“魔球”?

ところがミクロ（極微）な世界では，事情がことなる。**素粒子の運動において，位置を正確に決めようとすればするほど，その速度が不確かになり，逆に速度を正確に決めようとすればするほど，その位置が不確かになるという。素粒子の速度と位置を同時に正確に決めることはできない**というのだ。

言ってみれば，ミクロな世界の投手によって投げられたボール（素粒子）は,“魔球”のようなものだ。素粒子がどこにあるか正確に見きわめようとすれば，どちらの方向にどれくらいの速さで飛んでいるのかわからなくなり，逆に素粒子の速度を正確に見きわめようとすると，どこにあるのかわからなくなるのである。

ニュートン力学の世界（つまり日常の世界）しか見ることができない私たちにとっては想像

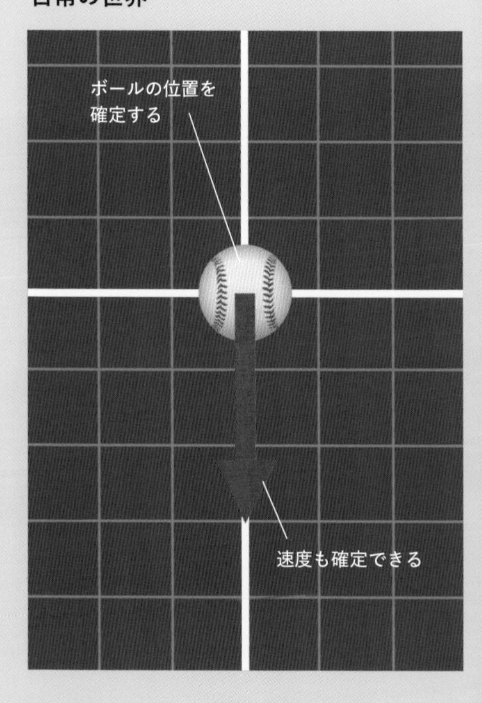
日常の世界
ボールの位置を
確定する
速度も確定できる

日常の世界とミクロな世界のちがい

しにくいことだが，ミクロな世界では，私たちの常識は通用しないようだ。もしこのような魔球が日常の世界で実現したら，どんな好打者でも，そのボールを打ちかえすことは不可能に近いはずだ。

あるいは，このようなたとえ話はどうだろう。不確定性原理とは，「高速で回転する扇風機(せんぷうき)の羽根」に似ているかもしれない。

実際に羽根が高速で回転しているようすを思いだしてほしい。ある時刻の羽根の位置を，正確に決定することはできないだろう。一方，回転を止めて羽根の位置を正確に決定すると，今度はどのくらいの勢いで羽根がまわっていたのかを知ることはできない。

念のためにつけ加えておくが，もちろん扇風機の羽根の回転はニュートン力学の世界の話なので，きちんと測定すれば羽根の速度と位置を決定することはできる。

注意が必要なのは，不確定性原理のこのような性質は，**測定機器の精度の低さが原因ではないということだ。**ミクロな世界では，根本的な性質として，このようなことがおきるのである（→次節につづく）。

ミクロな世界（位置を確定）

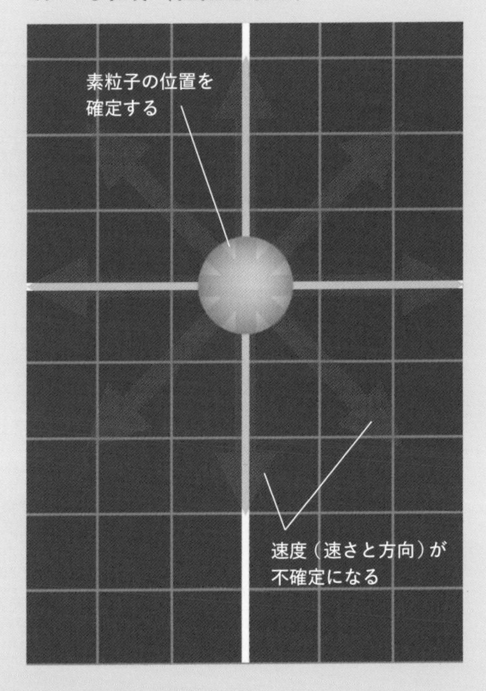
素粒子の位置を
確定する
速度（速さと方向）が
不確定になる

ミクロな世界（速度を確定）

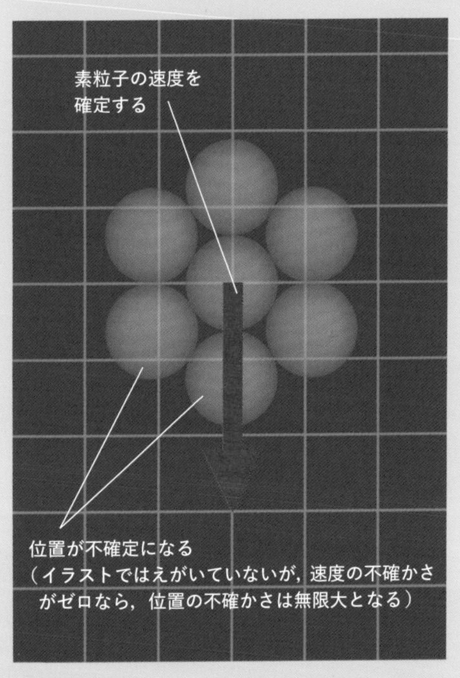
素粒子の速度を
確定する
位置が不確定になる
（イラストではえがいていないが，速度の不確かさ
がゼロなら，位置の不確かさは無限大となる）

ボールと素粒子の運動を例に，日常の世界とミクロな世界のちがいをあらわした。日常の世界では，ボールの位置と速度を同時に確定できる。ミクロな世界では，素粒子の位置を精度よく確定させればさせるほど速度が不確定になり，逆に速度を確定させればさせるほど位置が不確定になる。なお，イラストでは極端な例を想定している。ミクロな世界であっても，位置と速度の両方をある程度の精度で確定することは可能である。

不確定性原理は計算をもとにみちびき出された

不確定性原理は，ドイツの理論物理学者ヴェルナー・ハイゼンベルク（1901～1976）が提唱した原理だ。高エネルギー加速器研究機構 素粒子原子核研究所の藤井恵介博士によれば，不確定性原理は，素粒子のようなミクロな世界の物理法則である「量子力学」の不思議さを端的にあらわしているという。ちなみにハイゼンベルクは，量子力学の立役者の一人である。

不確定性原理は，ハイゼンベルクが量子力学の計算を行うことによってみちびき出した。具体的には「$\Delta x \times \Delta p > \frac{h}{4\pi}$」という式だ。$\Delta x$は位置の不確かさ，$\Delta p$は速度（運動量）の不確かさ，そして$h$は「プランク定数（約$6.63 \times 10^{-34}$ジュール秒）」，$\pi$は円周率（約3.14）をあらわしている。

式の右辺の$\frac{h}{4\pi}$は，分子も分母も一定の値なので，定数である。式の右辺の値が一定なのだから，左辺にある二つの値のうち，一方を小さくすれば，もう一方が必然的に大きくなることがわかる。極端な話，左辺の一方を極限まで小さく（つまりゼロに）すると，もう一方は無限大となる。

仮想粒子の対生成・対消滅がおきる理由

不確定性原理は，速度と位置だけについてあらわれる性質ではない。**たとえば時間の長さとエネルギーの値についても，同じようなことがおきるのだという。**その関係を式にあらわせば，「$\Delta t \times \Delta E > \frac{h}{4\pi}$」となる。$\Delta t$は時間の不確かさ，$\Delta E$はエネルギーの不確かさである。

時間の幅をある程度長く（つまり不確かに）とれば，エネルギーの値の不確かさは少なくなる（ただし，いつの瞬間のエネルギーの値なのかはわからない）。逆に時間の幅を短く（不確かさを小さく）すれば，エネルギーの値は不確かになる。

124ページで紹介した仮想粒子の対生成・対消滅の話は，このようなことが原因となっておきているという。**“無の空間”であっても，ほんの一瞬の短い時間であれば，エネルギーの値は不確かになり，さまざまな値をとりうる**というわけだ。そしてこのような一瞬だけ許されたエネルギーを利用して素粒子が生成され，即座に消滅しているのである。

逆に長い時間をかければ，エネルギーの値がどの瞬間のものかは不明になるが，その値の不確かさは小さくなり，真空の状態，つまりエネルギーがゼロの「無」の状態にみえるだろう。

不確定性原理はなぜあらわれる？

では，不確定性原理があらわれるのはなぜだろうか。それは素粒子のある性質による。

素粒子と聞くと，“粒”状のものを思い浮かべる人も多いのではないだろうか。Newtonでもそのようなイラストをえがくことが多いが，実は十分とはいえ

Δp
（速度の不確かさ）

不確定性原理の数式をあらわしたグラフ（↑）

不確定性原理の数式

$$\Delta x \times \Delta p > \frac{h}{4\pi}$$

上に示した不確定性原理の数式の意味は，「位置の不確かさと速度の不確かさを掛けあわせたものが，一定値よりも大きくなる」というものだ。
　この数式の意味をグラフを使ってあらわすと，「位置の不確かさと速度の不確かさの値が，濃い青色の範囲に入る」ということである。位置と速度の両方を精度よく決める（不確かさを小さくする）ことは，オレンジ色の部分に値をとることに対応する。ただし，右辺よりも左辺の値のほうが大きいため，それは許されない。

Δx（位置の不確かさ）

不確定性原理の数式とグラフが示す意味

不確定性原理の数式をグラフにあらわすと，双曲線となる。
位置の不確かさと速度の不確かさの両方を，同時に小さくすることはできない。

ない（誤りではない）。素粒子は，あるときは「粒子」のような性質をみせる一方で，またあるときには「波」としての性質をみせる，摩訶（まか）不思議なものなのだ（3章参照）。
　波は，たとえば空気中を伝わる「音波」や地中を伝わる「地震波」などのように，ある程度の広がりをもって進んでいく。このような広がりをもったものを，素粒子のような点状のものだとみなしてその位置や速度を正確に決めようとすると，当然無理が出てくる。つまり，不確定性原理があらわれるのは，素粒子の「波と粒子の二面性」が原因だといえるのである。

あらゆる素粒子は「場」から生みだされる

電場や磁場といった「場」が空間に存在し，力を伝えていることは，物理学の基本的な考え方だ。

また現代物理学では，あらゆる素粒子を場の概念で表現する。つまり素粒子とは，**「もの」ではなく，「場」にエネルギーが集中して一つ二つと数えられる状態になる「こと」を指して，そうよばれているのだ**※。

私たちのまわりには，さまざまな物体が確かに存在し，目で見ることもできればさわることもできる。私たちはその存在を，確固たるものとして疑わない。ところが物質の根本である素粒子が，このような"得体の知れないもの"だというのだ。現代物理学は，なぜこのような結論に達したのだろうか。

光は電磁場によって伝わる「波」

話は，イギリスの物理学者であるマイケル・ファラデー（1791 ～ 1867）が「磁力線」を考案したあとの，19世紀後半にさかのぼる。

当時でも知られていた力として，磁力，重力のほか，電気力があった。磁力と電気力にはたがいによく似た性質があることから，イギリスの物理学者ジェームズ・マクスウェルは，磁力と電気力をセットにして方程式にまとめることに成功した。

磁力の場である磁場と，電気力の場である電場をセットにしたものを「電磁場」という。電磁場の特徴は，電場の変化が磁場の変化を引きおこし，その磁場の変化がさらに電場の変化をうながすというように，たがいに相手をゆり動かしながら，波のように伝わっていくということだ。この波は「電磁波」とよばれる。

マクスウェルはまた，理論的に推定された電磁波の伝わる速さと，当時すでに測定されていた光の伝わる速さが近かったことから，光の正体が電磁波だということも解明している。

「粒子」かそれとも「波」か

一方で1905年，アインシュタインは，光は"エネルギーのかたまり"の集団だとする「光量子仮説」を発表した（86ページ参照）。これはある意味では，光が粒子のようなものだとする説である。つまり，マクスウェルによって確立された「光は電磁場によって伝わる波」とする説と，"対立する"説をとなえたわけだ。一見相容れない二つの性質を光がもっていることに，当時の第一線の物理学者たちもおおいに困惑したという。

しかし研究が進むにつれ，**光は粒子の性質を示す場合も波としての性質を示す場合もあることが実験で確かめられるようになった。**また完全に粒子だと思

場の状態の変化（→）
空間を満たす「場」を，小さな球体とそれをつなぐゴムひもによってあらわした。あくまでイメージであり，実際の「無の空間」にこのようなものが存在するわけではない。場に変化のない部分が真空（無）の状態で，場の盛りあがった部分が，素粒子が存在している場所である。球体はゴムひもでつながれているので，場の変化は波のように周囲に伝わっていく。
場
素粒子の種類によってことなるさまざまな場
影響をおよぼしあう
「場」と「場」
それぞれの場は独立ではなく，たがいに影響をおよぼしあっている。イラストでは，このことを“バネのつながり”で表現した。

われていた電子も，実は波としての性質をもっていることがわかってきたのである（→次節につづく）。

※：私たちが固い粒のようにイメージしがちな素粒子は，実際には空間を満たしている「場」が示す状態の一つにすぎない。

現代物理学の真髄「場の量子論」とは

1900年代から1930年代にかけて，ミクロの世界の物理法則をあらわす「量子力学」がつくりあげられた。

量子力学を電磁場に適用してみると，波としての光（電磁波）を伝えるはずの電磁場から，粒子のような状態の光（光子）をみちびき出せることが明らかになった。つまり**「場」というものに量子力学を適用することで，粒子と波という二つの性質を結びつけることに成功したのである。**これを「場の量子化」という。そして，こうしてつくられた新たな場の理論は「場の量子論（あるいは量子場理論）」とよばれている。

「場」と「素粒子」の関係

場と素粒子の関係についてイメージをふくらませるには，電光掲示板を想像するといいかもしれない。電光掲示板とは，たくさんのLED（や電球）がしきつめられ，LEDの光る場所を調節することによって，ニュースや広告，電車の行き先などを表示する装置のことだ。

今，ある場所のLEDが点灯しているとする。場の考え方にしたがえば，素粒子とはこの点灯したLEDのようなものだ。電光掲示板という場の中で，LEDが点灯している場所は，エネルギーが集中して素粒子が存在している状態にあたる。LEDが点灯していない場所は，場が静まりかえって素粒子が存在していない状態にあたるわけだ。

また，ある場所のLEDが点灯しているとして，その光が消え，次の瞬間には右どなり，その次の瞬間にはさらに右どなりのLEDが点灯したとする。すると，私たちには光の点が右へ右へと移動したように見える。実際には，LEDそのものが動いたのではなく，あくまでも点灯する場所が移っただけだ。これと同じように，実際の素粒子の運動も**“固い粒”が動くのではなく，場の中でエネルギーの集中した場所が移りかわっていく。**

なお，仮想粒子の対生成・対消滅も，電光掲示板をイメージすることで，より理解しやすくなるかもしれない。仮に電光掲示板のLEDが素粒子のように小さいとすれば，不確定性原理により，LEDは消灯したままではいられなくなる（一瞬であれば，エネルギーはさまざまな値を取りうる）。その結果，電光掲示板のあちこちで，一瞬だけ

電光掲示板の例

LEDが点灯しては消えているような状況が生まれ，これが対生成・対消滅に対応するというわけだ。

あらゆる素粒子は場であらわされる

このように，場と素粒子を結びつける「場の量子化」は，現代物理学では，基本的にすべての種類の素粒子の場へと拡張されている。すなわち，電子の場である「電子場」，クォークの場である「クォーク場」といったぐあいに，「無の空間」にはすべての種類の素粒子に対応する場が存在すると考えるのである（ただし，重力の場の量子化は完成していない）。

そしてそれぞれの素粒子は，それぞれの場の状態によって表現される。くりかえしになるが，素粒子は空間の中に存在する“固い粒”ではない。あくまでも空間を満たす「場」が主役としてあり，場の状態の特殊なかたち（エネルギーが集中した状態）が，素粒子なのである。

なお，場は空間がそなえもった性質であり，空間を満たす「物質」ではないことに注意が必要だ。かつて電磁波を伝える媒質として「エーテル」が想定されたことがあったが，場とエーテルはこの点にちがいがある。

また，電磁気力や重力といった力はすべて，素粒子のやり取りによって説明される。**物質としての素粒子と，力を伝える素粒子，つまりこの世界のすべてが，「無の空間」を満たしている場によって理解されるというわけだ。**

これが，現代物理学がたどりついた世界の姿なのである。

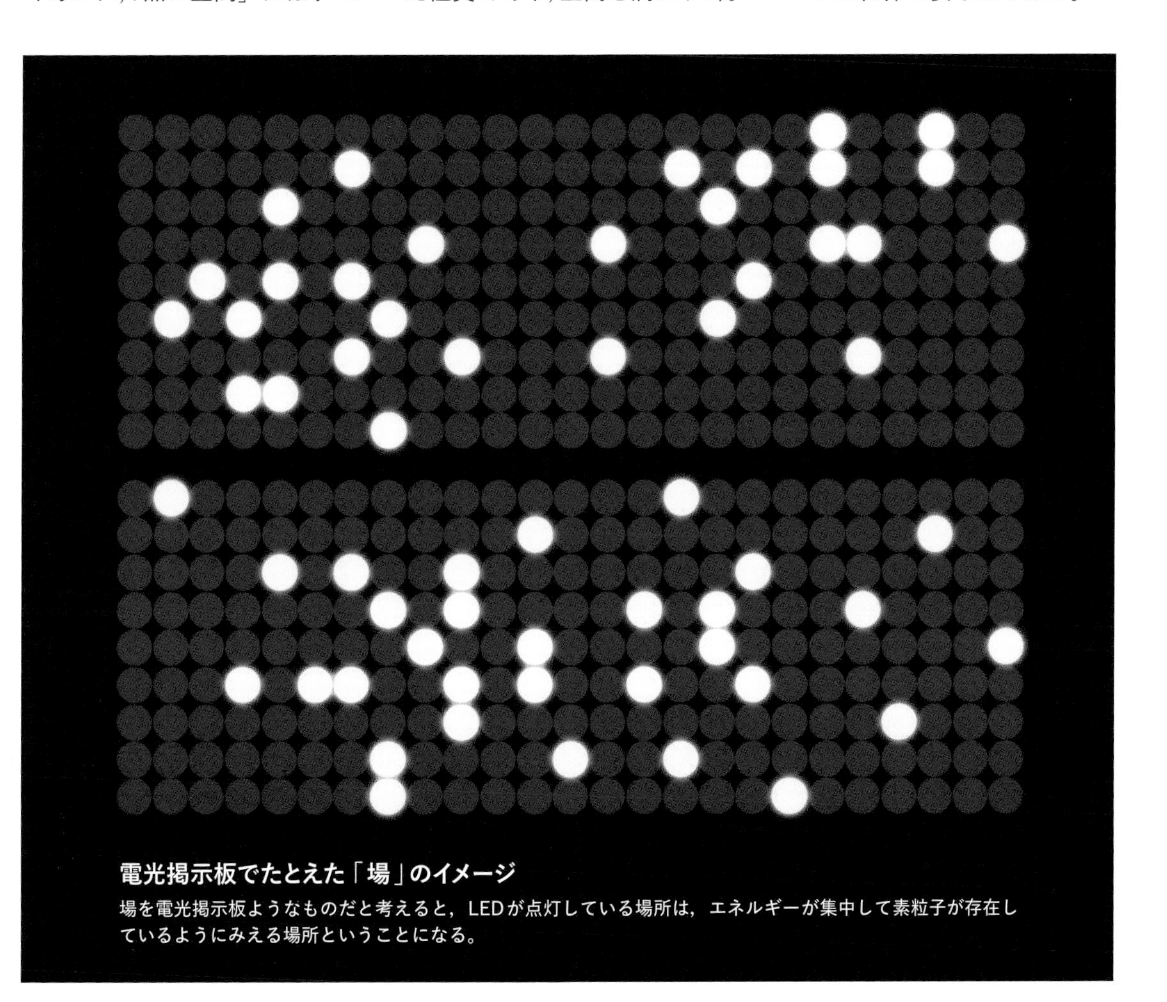

電光掲示板でたとえた「場」のイメージ

場を電光掲示板ようなものだと考えると，LEDが点灯している場所は，エネルギーが集中して素粒子が存在しているようにみえる場所ということになる。

粒子の質量を生みだすきっかけとなった「真空の相転移」

ヒッグス場の性質を変化させ，粒子の質量を生みだすきっかけとなった「真空の相転移」とは，どのようなものなのだろうか。その前に，物理学の基本について説明しよう。

物理学は，世界を支配するしくみを解き明かす学問である。現在，自然界には電磁気力，重力，強い力，弱い力という四つの基本的な力があることが知られているが，**これらはもともとひとつの力だったと考えられている。**

たとえば17世紀，ニュートンは地上で物体を下へと落とす力と，宇宙で天体の運動をつかさどる力が，同じであることを見いだした（万有引力）。19世紀にはマクスウェルが電磁気学を確立し，電気力と磁力は「電磁気力」として統一的にあつかえることを示した。

電磁気力は，現在ではあらゆ

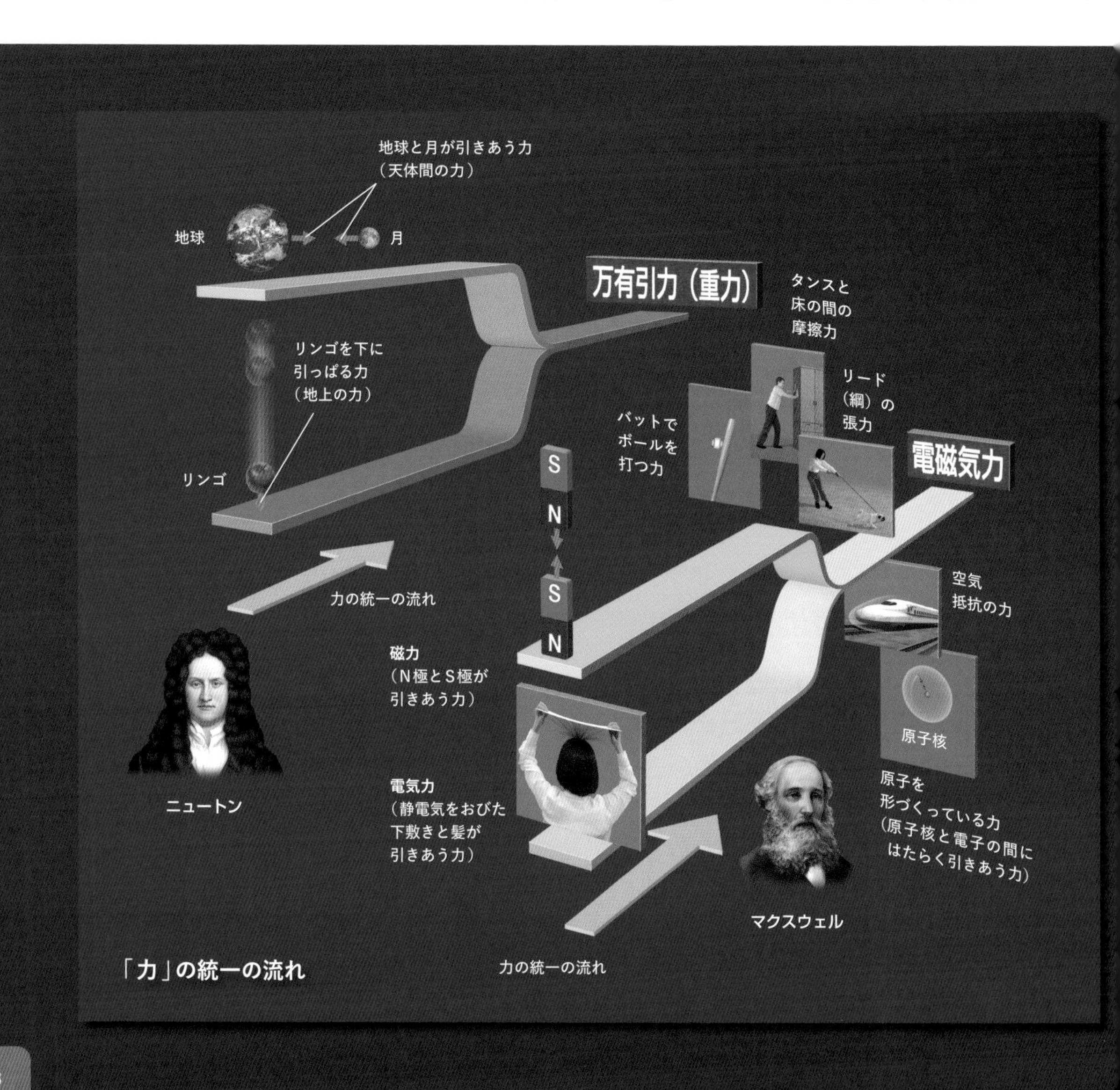

「力」の統一の流れ

る原子や分子を形づくる力であることがわかっている※。身近でみられる万有引力（重力）以外のさまざまな力，たとえばバットでボールを打つ力（物体どうしが接しているときの押しかえす力），摩擦力，空気抵抗，張力（例：犬の散歩の際にリードで引っぱる／引っぱられる力）は，すべて電磁気力の複雑なあらわれだといえる。

1967年には，電磁気力と弱い力を統一的に理解する「電弱統一理論（ワインバーグ・サラム理論）」が完成した。この理論は，素粒子物理学の標準理論（標準モデル）を構成する重要な理論の一つとなっている。

話をもどそう。相転移とは一般に，たとえば水という物質が水蒸気（気体），水（液体），氷（固体）というように，その性質を急激に変化させることをいう。これと似たようなことが，宇宙初期の空間でもおきたと考えられているのだ。

そして空間が真空の相転移をおこすたびに，1種類の力が枝分かれし，別々の力となったというのが，現代物理学の標準的な考え方なのである。

※：イオン結合や水素結合，ファンデルワールス力などがこれにあたる。

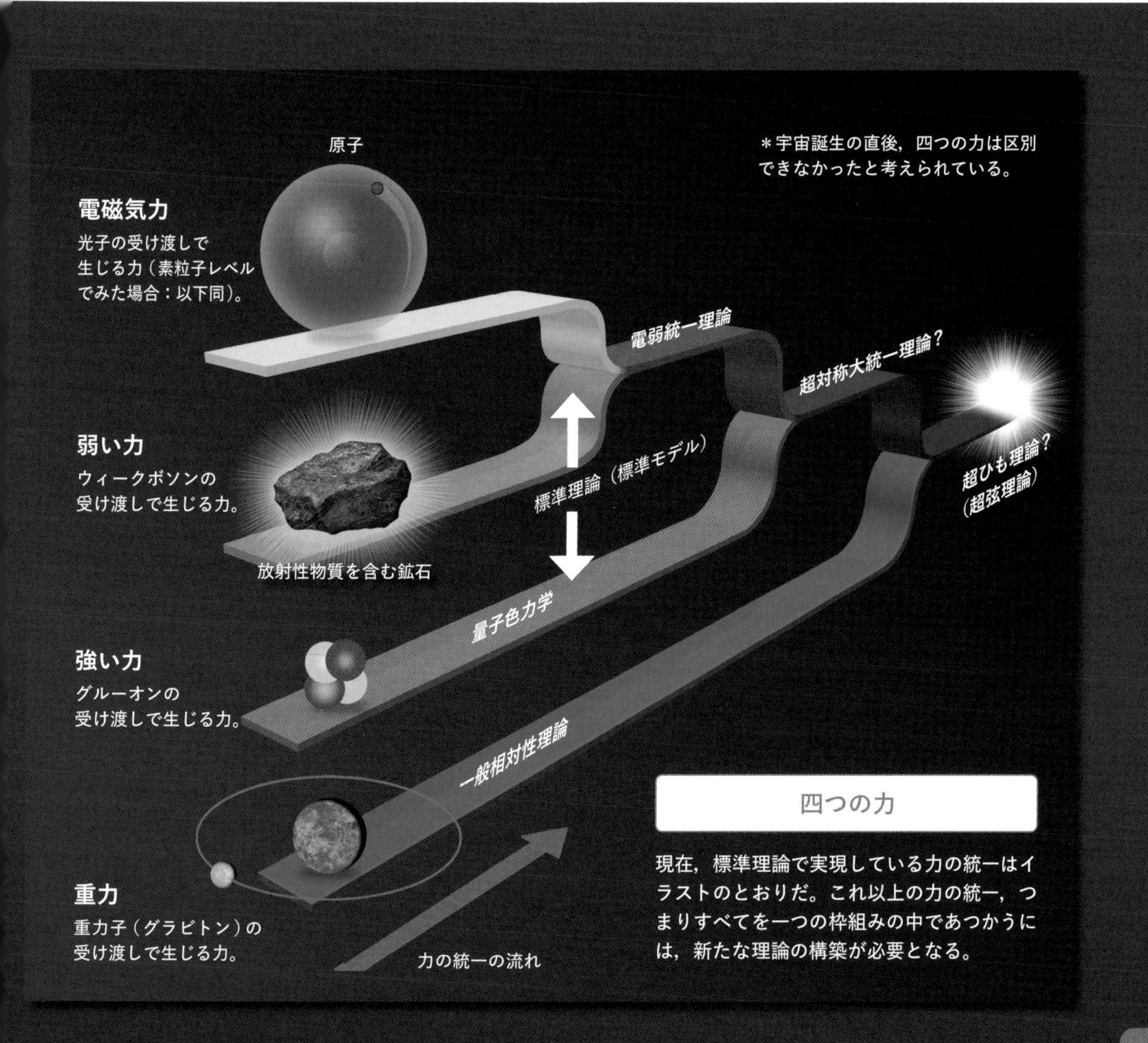

四つの力

現在，標準理論で実現している力の統一はイラストのとおりだ。これ以上の力の統一，つまりすべてを一つの枠組みの中であつかうには，新たな理論の構築が必要となる。

空間はその性質を急激に変化させることがある

真空の相転移と宇宙の歴史は，次のようなものだったと考えられている。

宇宙誕生の瞬間，四つの力のもととなる1種類の力が誕生した。仮にこの力を「原始の力」とよんでおこう。ただし原始の力を書きあらわす方程式は，現代の物理学をもってしても完成していない。このため，このころの宇宙については判明していないことが多い。

計4回の相転移がおきた

原始の力がみられたのは，ほんの一瞬の出来事であったと考えられている。なぜなら**宇宙誕生からわずか10^{-44}秒後（1兆分の1の1兆分の1の1兆分の1のさらに1億分の1）には，1回目の相転移がおき**，原始の力から重力が分かれたからである。

重力が枝分かれしたあとの力は，電磁気力，強い力，弱い力の三つの力が統合された状態の「大統一力」である。大統一力を書きあらわす方程式は，理論的にはかなりの段階まで完成している。

宇宙誕生から10^{-36}秒（1兆分の1の1兆分の1の1兆分の1）が過ぎたとき，2回目の相転移がおきたという。これにより，大統一力から強い力が分かれたらしい。

この時点で，宇宙には重力，強い力，そして「電弱力」（電磁気力と弱い力が統合された力）が存在していたことになる。

そして**宇宙誕生から10^{-11}秒後（1000億分の1）に，3回目の相転移がおきた**と考えられている。これにより電弱力が電磁気力と弱い力に分かれ，四つの力が出そろったことになる。またこの際，ヒッグス場の性質が変化し，素粒子と相互作用をおこすようになったため，ウィークボソンなどの素粒子に質量が誕生したと考えられている。

宇宙誕生から10^{-4}秒後（1万分の1）には，4回目の相転移がおきたという。この相転移は，力の分岐と直接の関係はないが，クォークどうしが強く結びつく「クォークの閉じこめ」がおきた。閉じこめられたクォークは，物質の素材となる陽子や中性子となった。

以上が，宇宙の歴史の中で，真空の相転移が果たしてきた役割の概要である。これらは素粒子物理学の標準理論やそれを発展させた理論モデルが示す，力の性質の変化の歴史である。宇宙のごく初期において，超高エネルギーの状態から温度が下がるにつれ，「無の空間」は劇的にその性質を変化させ，現在に至っているというわけだ。

強い力
原子核をつくる陽子や中性子を結びつけたり，陽子や中性子の中のクォークどうしを結びつけたりする力。グルーオンによって伝えられる。四つの力の中で最も強く，重力を基準とした場合，その10^{40}倍ほどの強さがある。力の到達距離は短く，およそ10^{-13}センチメートル（原子核の大きさ程度）である。このため，日常の生活の中で私たちが直接感じることはない。

弱い力
中性子を崩壊させるなどのはたらきをする力。中性子は単独では10分程度の寿命しかなく，崩壊してたとえば陽子と電子，反電子ニュートリノとなる（原子核の中にある場合は比較的安定）。弱い力はウィークボソンによって伝えられる。力の強さは重力の約10^{35}倍。力の到達距離は強い力よりもさらに短く，およそ10^{-16}センチメートル。

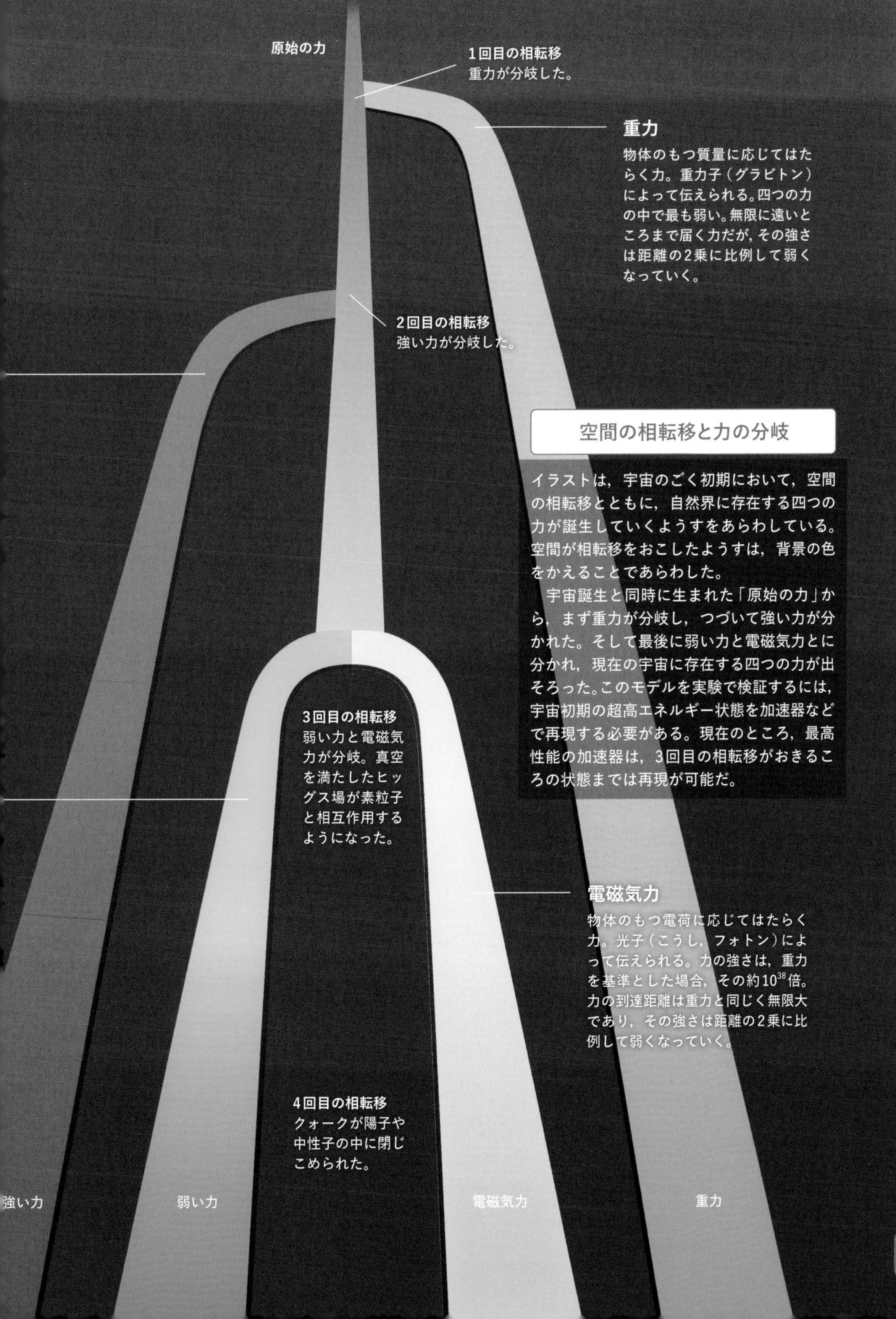

原始の力

1回目の相転移
重力が分岐した。

重力

物体のもつ質量に応じてはたらく力。重力子（グラビトン）によって伝えられる。四つの力の中で最も弱い。無限に遠いところまで届く力だが，その強さは距離の2乗に比例して弱くなっていく。

2回目の相転移
強い力が分岐した。

空間の相転移と力の分岐

イラストは，宇宙のごく初期において，空間の相転移とともに，自然界に存在する四つの力が誕生していくようすをあらわしている。空間が相転移をおこしたようすは，背景の色をかえることであらわした。

宇宙誕生と同時に生まれた「原始の力」から，まず重力が分岐し，つづいて強い力が分かれた。そして最後に弱い力と電磁気力とに分かれ，現在の宇宙に存在する四つの力が出そろった。このモデルを実験で検証するには，宇宙初期の超高エネルギー状態を加速器などで再現する必要がある。現在のところ，最高性能の加速器は，3回目の相転移がおきるころの状態までは再現が可能だ。

3回目の相転移
弱い力と電磁気力が分岐。真空を満たしたヒッグス場が素粒子と相互作用するようになった。

電磁気力

物体のもつ電荷に応じてはたらく力。光子（こうし，フォトン）によって伝えられる。力の強さは，重力を基準とした場合，その約10^{38}倍。力の到達距離は重力と同じく無限大であり，その強さは距離の2乗に比例して弱くなっていく。

4回目の相転移
クォークが陽子や中性子の中に閉じこめられた。

強い力　弱い力　電磁気力　重力

宇宙を破滅にみちびく「真空崩壊」

真空という言葉を文字どおりに解釈すれば,「真にからっぽ」ということだ。ところが，食品の真空パックや魔法瓶の真空断熱構造，あるいは人工衛星が周回する宇宙を見てみても，からっぽではない。私たちがふだん真空とよんでいるのは，空気が薄い空間のことなのだ。

では仮に，密閉した容器から空気（気体分子）や細かなちりなどの微細な物質をすべて取り除くことができたなら, その空間は“完全な真空”といえるだろうか。実は物理学の世界では, それらを完全に取り除いたとしても, まだ本当の意味での真空とはいえない。たとえば空間には，光がさしこんでいる。つまり，光子などの“物質ではない粒子”が残っているのだ（光は「電磁波」という波であると同時に,「光子」という粒子でもある）。

素粒子物理学者である京都大学の橋本幸士教授によると，完全な真空とは，**気体分子などの物質はもちろん, 光子などを含めた, ありとあらゆる“粒子”が完全に取り除かれた空間の状態のことだという。**

ただしそれが実現できたとしても，何らかのエネルギーがなお残ると考えられている。そのような，これ以上取り除くことのできない，空間に残されたエネルギーのことを「真空のエネルギー」という。これは空間で実現しうる，最も低い状態のエネルギーだといえる。

宇宙の物理法則が乱れ原子さえも崩壊する？

いつの日か，銀河や太陽をはじめとする星々，そして原子一つひとつに至るまで，宇宙のあらゆる構造が崩壊してしまうかもしれない……。こんな仮説が，素粒子物理学者たちの間でささやかれている。

2012年，世界最大の加速器「LHC」を使った実験で, 質量の起源にかかわる素粒子「ヒッグス粒子」が発見された。ヒッグス粒子の性質をつぶさに調べていくと，**真空の状態が劇的に変化することで物理法則が書きかわる,「真空崩壊」という現象がおきる可能性があることがわかったのである。**真空崩壊には，前述した「真空のエネルギー」が大きくかかわっているという。いったいどういうことだろうか（→次ページにつづく）。

真空崩壊に飲みこまれた地球

真空崩壊した領域（右上の青色の領域）が，地球を飲みこもうとしている瞬間のイメージをえがいた。真空崩壊した領域は，今の宇宙とはまったくちがう物理法則に支配されてしまい，原子や分子など，宇宙に存在するありとあらゆる物体の構造が崩壊してしまうと考えられている。真空崩壊に飲みこまれた地球も，一瞬でバラバラになってしまうかもしれない。

“偽の真空”から“真の真空”へ相転移がおきる!?

たとえば，水は温度によって水蒸気や氷に変化する。このような，物質の状態が変化する現象を「相転移」という。実は真空の状態も，この水の相転移のように，まったく別の姿に変化してしまう可能性があるのだ。これを「真空の相転移」という。

この世界では，あらゆる物質はエネルギーの最も低い状態を好む。水が氷になるのも，0℃以下では水分子どうしが規則的につながって氷になるほうが，エネルギーが低いためだ。

ヒッグス粒子はさまざまな素粒子の質量にかかわることが知られているが，それと同時に「真空」の性質に大きく影響をおよぼす素粒子でもある。

ヒッグス粒子の発見以降，観測値と，実験前の理論的な予想値の相違点が整理された。ちなみに，LHCで観測されたヒッグス粒子の質量は約126GeVだった（eVはエネルギーや質量の単位。1GeVは1eVの10億倍）。

この結果をもとに，真空のエネルギーを計算すると，現在の真空が，あらゆる状態の中で最もエネルギーが低い真空ではない可能性が出てきた。つまり，**現在の真空はいわば“偽の真空”であり，さらにエネルギーの低い“真の真空”が存在するかもしれないという。**

これは，水が氷に変化するように，真空の状態がよりエネルギーの低い“真の真空”へと変化してしまう可能性があることを意味する。このような状態変化が，真空崩壊なのである。

エネルギーの山は簡単にはこえられない

実はLHCの建設時にも，実験によって真空崩壊が引きおこされる可能性が指摘されていた。

LHCは，加速させた陽子（水素の原子核）どうしを衝突させた際のエネルギーを利用して，さまざまな粒子を発生させることができる。このときに生じるエネルギーは，世界最高水準の13TeVにもおよぶ（1TeVは1eVの1兆倍）。

真空崩壊によって“偽の真空”から“真の真空”に状態が変化するには，二つの真空の間にある「エネルギーの“山”」をこえるエネルギーが必要だ。仮に，予想外の“真の真空”が存在し，エネルギーの山がLHCの実験で生じるエネルギーにくらべて小さければ，真空崩壊が発生して地球が“真の真空”に飲みこまれてしまうのではないかと指摘されたのだ。

東京大学で素粒子物理学を研究する諸井健夫教授によると，確かにこれまでまったく考えられてこなかった素粒子が存在すると仮定して，真空崩壊が発生する可能性があることを指摘している論文はたくさんあるそうだ。しかし，地球の周囲では，LHCの実験で生じるエネルギーを上まわるほどの高いエネルギーをもつ宇宙線（放射線）が，大気に含まれる気体分子と頻繁に衝突している。これほど

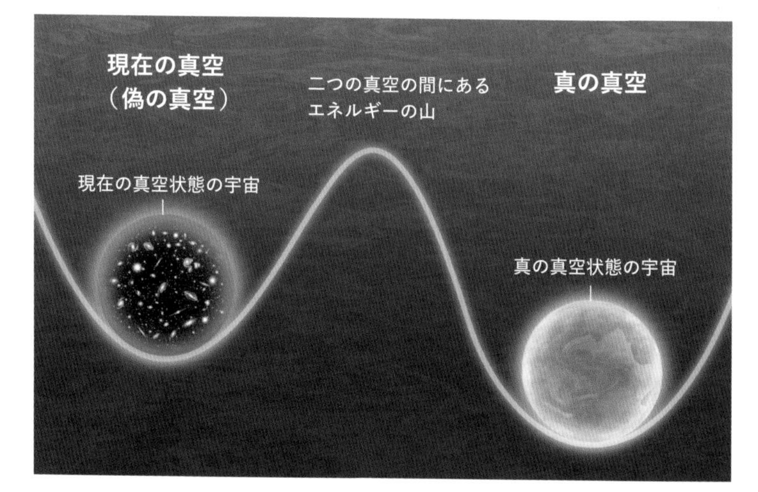

エネルギーの山のむこうに“真の真空”があるかもしれない

現在の宇宙の真空のエネルギーは，安定した状態で保たれている。しかし最近，現在の真空とはまったくことなる性質をもった真空のほうが，よりエネルギーが低く，安定した状態になるのではないかと指摘されている。二つの真空の間には，イラストで示したように，大きな「エネルギーの“山”」がある。現在の真空にエネルギーを加えれば，エネルギーの山をこえて，エネルギーの低い“真の真空”に移行できるかもしれない。しかしこのエネルギーの山は非常に高く，LHCのように高エネルギーの実験施設を使っても，人為的にこえることはできないと考えられている。

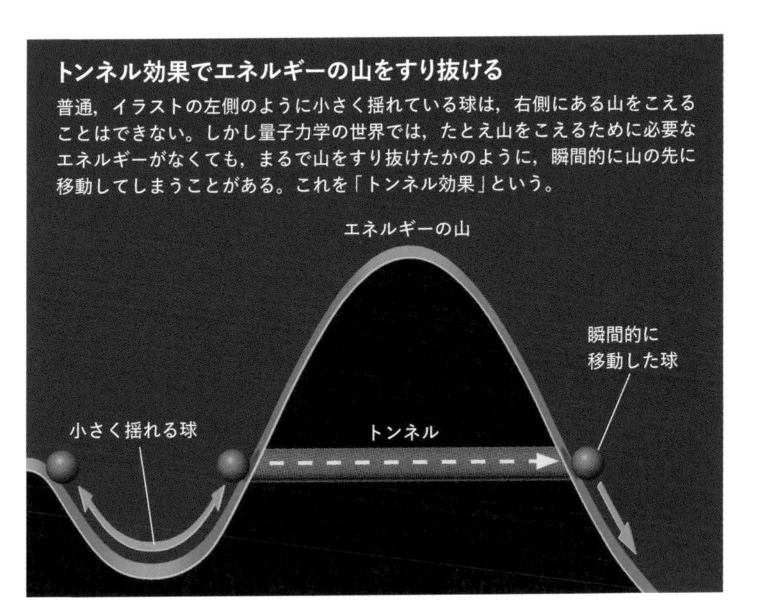

トンネル効果でエネルギーの山をすり抜ける

普通，イラストの左側のように小さく揺れている球は，右側にある山をこえることはできない。しかし量子力学の世界では，たとえ山をこえるために必要なエネルギーがなくても，まるで山をすり抜けたかのように，瞬間的に山の先に移動してしまうことがある。これを「トンネル効果」という。

高エネルギーの現象がおきているにもかかわらず，これまでに地球が“真の真空”に飲みこまれていないことから，少なくともLHCの実験で生じるエネルギー程度では，真空崩壊が発生することはないと考えられる。

つまり**人為的に真空崩壊を発生させるには，地球の大きさをもこえる，まさにけた外れの加速器が必要になるともいわれているのだ。**

エネルギーの山を通り抜け真空が崩壊!!

二つの真空の間にあるエネルギーの山が十分に高いなら，たとえ“真の真空”の状態が存在していたとしても，真空崩壊がおきることはなさそうだ。しかし橋本(はしもと)教授によると，量子力学の「トンネル効果」(上のイラスト）によって，エネルギーの山を直接こえられなくても，真空崩壊がおきてしまう可能性があるという。

トンネル効果により宇宙のある場所で真空崩壊がおきると，そこを中心に“真の真空の泡”が生じる。この“真の真空の泡”は加速しながら膨張し，最終的にはほぼ光速で広がっていくと考えられている。

もし，宇宙のどこかで真空崩壊が発生した場合，私たちにはどのような現象が観測できるのだろうか。橋本教授は「正直な話，真空崩壊した領域がどのような物理法則にしたがうのか，現段階では予想がつきません。少なくとも，今の宇宙とはまったくことなる物理法則にしたがった世界になることはまちがいないはずです」と話す。

ただし，真空崩壊した領域と真空崩壊していない領域の境界は，非常に高いエネルギーをもっていると考えられている。橋本教授によれば，あくまで推測にすぎないが，宇宙空間に存在するガスやちりなどの細かい粒子が，高いエネルギーをもった“壁”にはじかれて，真空崩壊した領域との境界が光って見えるかもしれないという。

私たちが宇宙を見渡したとき，ほぼ光速で拡大している得体の知れない光輝く領域があれば，もしかしたら“真の真空”がせまっている予兆なのかもしれない。

極小の“真の真空の泡”が宇宙を崩壊させる

一方で，橋本教授によると，トンネル効果によって“真の真空の泡”が発生しても，場合によっては膨張せずに，すぐに消滅してしまうことも考えられるという。

真空崩壊は，真空の状態が現在よりもエネルギーの低い状態に変化する現象だ。ただし，真空崩壊した領域は確かにエネルギーは低いものの，ことなる真空との境界は非常に高いエネルギーをもってしまう。そのため，はじめにトンネル効果によって真空崩壊した領域が小さすぎると，真空崩壊によるエネルギーの低下より，真空の境界が生じることによるエネルギーの増加のほうが大きくなってしまうことがある。

この場合，**真空崩壊した領域を保つよりも，元の真空にもどったほうが，全体としてはエネルギーが得になるため，“真の真空の泡”が消滅してしまう**というわけだ（→次ページにつづく）。

また，諸井教授は「真空崩壊が発生して拡大していくには，あくまで概算ですが，陽子よりも10けた程度小さい真空崩壊の泡が発生する必要があると考えられています」と話す。

陽子の半径は，1ミリメートルの1兆分の1程度にすぎない。そのさらに10けたも小さな“真の真空の泡”がトンネル効果によって生じ，宇宙を飲みこんでしまう可能性はどれくらいあるのだろうか。

素粒子物理学の基本的な理論（標準理論，139ページ参照）をもとに計算すると，**人間が観測できる範囲の宇宙で真空崩壊が発生し，その後宇宙が飲みこまれてしまう確率は，10^{554}億年に1度程度だという。**もちろん大きい誤差もあるが，現在の宇宙の年齢が約138億年であることを考えると，この宇宙がすぐに“真の真空の泡”に飲みこまれてしまうことはなさそうだ。逆に考えると，陽子よりも小さなサイズの真空崩壊が何度も発生と消滅をくりかえしていたとしても，おかしくはないのかもしれない。

しかしながら，標準理論は宇宙でおきうるすべての現象を説明できる理論ではない。つまり将来，標準理論をこえる，素粒子物理学の新しい理論が確立されていく過程で，10^{554}億年に1度程度という“真の真空”が宇宙を飲みこんでしまう確率の見積もりは，大きく変動する可能性が高いといえる。

極小のブラックホールが真空崩壊の種になる？

橋本教授によると，現状の理論でも，状況次第では宇宙を飲みこんでしまうような“真の真空の泡”が発生する確率が大きく変動するそうだ。たとえば，超高密度で巨大な重力源として知られる「ブラックホール」の周囲では，真空崩壊が発生しやすくなると考えられている。

アインシュタインが提唱した一般相対性理論によると，重力とは空間のゆがみによって生じる力だ。つまり，巨大な重力源であるブラックホールの周辺では，空間が大きくゆがんでいる。

たとえば，グラスに注いだ炭酸の泡は，グラスの側面ではなく，底面からわき出るように発生する。これは，泡は平らな場所より，湾曲したり，角があったり，ゆがんだりしている場所のほうが発生しやすいためだ。真空崩壊もこの泡のように，平らな空間より，ゆがんだ空間の周辺で発生しやすいと考えられているのだ。

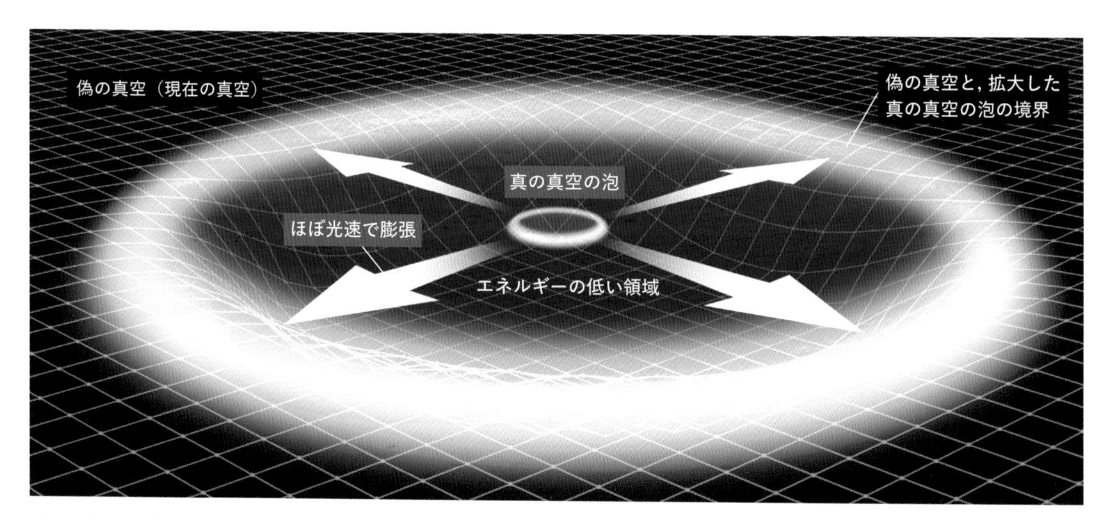

エネルギーの低い“真の真空”が加速しながら広がっていく

真空崩壊が発生し，真空のエネルギーが低い領域（青色でへこんだ領域）が同心円状に広がっていくイメージを2次元的にえがいた。真の真空と偽の真空の境界では，エネルギーが非常に高くなる。真の真空の泡が大きいほど，真の真空の領域の体積に対して，境界の面積の割合が小さくなるため，はじめに真空崩壊が生じたときの真の真空の泡の大きさによって，エネルギー的に得になるかどうかが決まる。真空崩壊したほうがエネルギー的に得になるなら，真の真空の泡が膨張し，そうでなければ真の真空はすぐに消滅する。

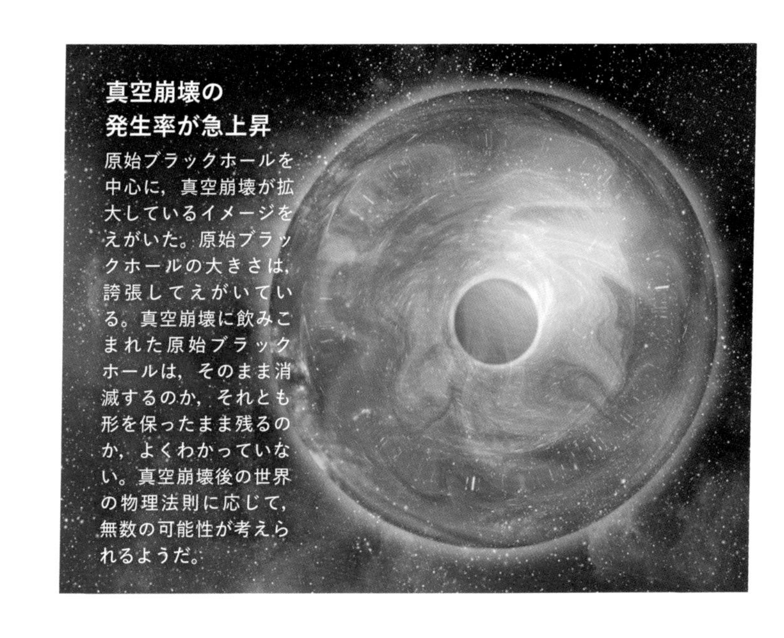

真空崩壊の発生率が急上昇
原始ブラックホールを中心に，真空崩壊が拡大しているイメージをえがいた。原始ブラックホールの大きさは，誇張してえがいている。真空崩壊に飲みこまれた原始ブラックホールは，そのまま消滅するのか，それとも形を保ったまま残るのか，よくわかっていない。真空崩壊後の世界の物理法則に応じて，無数の可能性が考えられるようだ。

真空崩壊の種になるようなブラックホールは「原始ブラックホール」とよばれ，宇宙が誕生したばかりのころに形成されたと考えられている極小のブラックホールだ。原始ブラックホールは「ホーキング放射」とよばれる熱の放射によって徐々に小さくなり，最後には蒸発してしまうと考えられている。

しかし最近の研究では，**原始ブラックホールを核として，ブラックホールと中心が一致した“真の真空の泡”が生じた場合，ブラックホールがホーキング放射で蒸発してしまうより早く，“真の真空の泡”が宇宙に広がる可能性があるという。**

ただし，そもそも原始ブラックホールが本当に存在するのか，仮に存在したとしても，原始ブラックホールが宇宙にどの程度存在するのかはわかっていない。そのため，どの程度の頻度で原始ブラックホールを核とした真空崩壊によって宇宙が飲みこまれてしまうのかは，正確には予測できない。

物理法則が破れ あらゆる構造がバラバラに？

宇宙は，真空という“土台”の上に乗ったさまざまな粒子によって成り立っている。では，真空崩壊によって“土台”である真空の性質が劇的にかわってしまったら，宇宙の姿はいったいどうなってしまうのだろうか。

これまで考えてきた真空崩壊が発生すると，少なくともヒッグス粒子のもと（ヒッグス場）の値が，現在の約10^{16}倍になると考えられている。大雑把に考えて，素粒子の質量はヒッグス場の値に比例しているといっても差し支えないという。

質量とは，物体の動かしにくさのことである。「つまり真空崩壊が生じた場合，この世界に存在する質量をもつあらゆる素粒子は，とてつもなく“重く”なり，それまでと同じように動くことができなくなってしまうのです」と，橋本教授は語る。

私たちの体をはじめ，あらゆる物質は無数の原子が組み合わさってできている。原子は，陽子や中性子からなる原子核と，その周囲をまわる電子でできている。さらに陽子や中性子はそれぞれ，三つの「クォーク」という素粒子が，「強い力」によって結びつけられることで，その形を保っている。

ヒッグス場の値が極端に大きくなった世界では，原子核をおおう電子の質量が増加するため，電子が現在と同じように原子核の周囲に分布するとは考えにくい。

諸井教授は，ヒッグス場の値が極端に増加した場合，強い力の影響が弱くなると考えられると話す。その結果，**原子核自体が形を保てなくなるのではないかという。原子核がなければ，そもそも原子は形をなさない。つまり真空崩壊によって，原子レベルであらゆる構造がバラバラになってしまうかもしれないのだ**（148ページイラスト）。

また，真空崩壊後の世界では，各素粒子の間にはたらく力が現在の世界とはまったくちがうものになるだろう。諸井教授の話では，もう少し正確に真空崩壊後の世界の素粒子の質量を把握することができれば，それぞれの間にはたらく力の大きさも計算できるかもしれないという（→次ページにつづく）。

宇宙初期 真空はおだやかに変化した

実は，この宇宙が誕生した直後にも，ヒッグス粒子のもと（ヒッグス場）の性質が大きく変化したことがあった。

宇宙は誕生したばかりのころ，非常に高温・高密度で，あらゆる素粒子が入り乱れたぐちゃぐちゃの状態だったと考えられている。私たちが現在「ヒッグス粒子」とよんでいる素粒子も，宇宙の誕生直後は今とはまったく別の性質をもっていたようだ。しかし宇宙は誕生直後，一瞬で急膨張し，一気に冷えていった。そしてこのとき，真空の相転移がおきたと考えられている（電弱相転移）。この相転移によって，ヒッグス粒子を含めたさまざまな素粒子が，現在の質量をもつようになった。

真空の相転移がおきたということは，まさに真空崩壊がおきたということだろうか。橋本教授によれば，話はそう簡単にはいかないという。

真空崩壊が発生した場合，宇宙空間には，トンネル効果によってこれまでの宇宙とはまったく性質のことなる空間が突然あらわれるはずだ。しかしこれまでの研究の結果，宇宙初期に発生した真空の相転移では，**少しずつ，連続的に真空の状態が変**

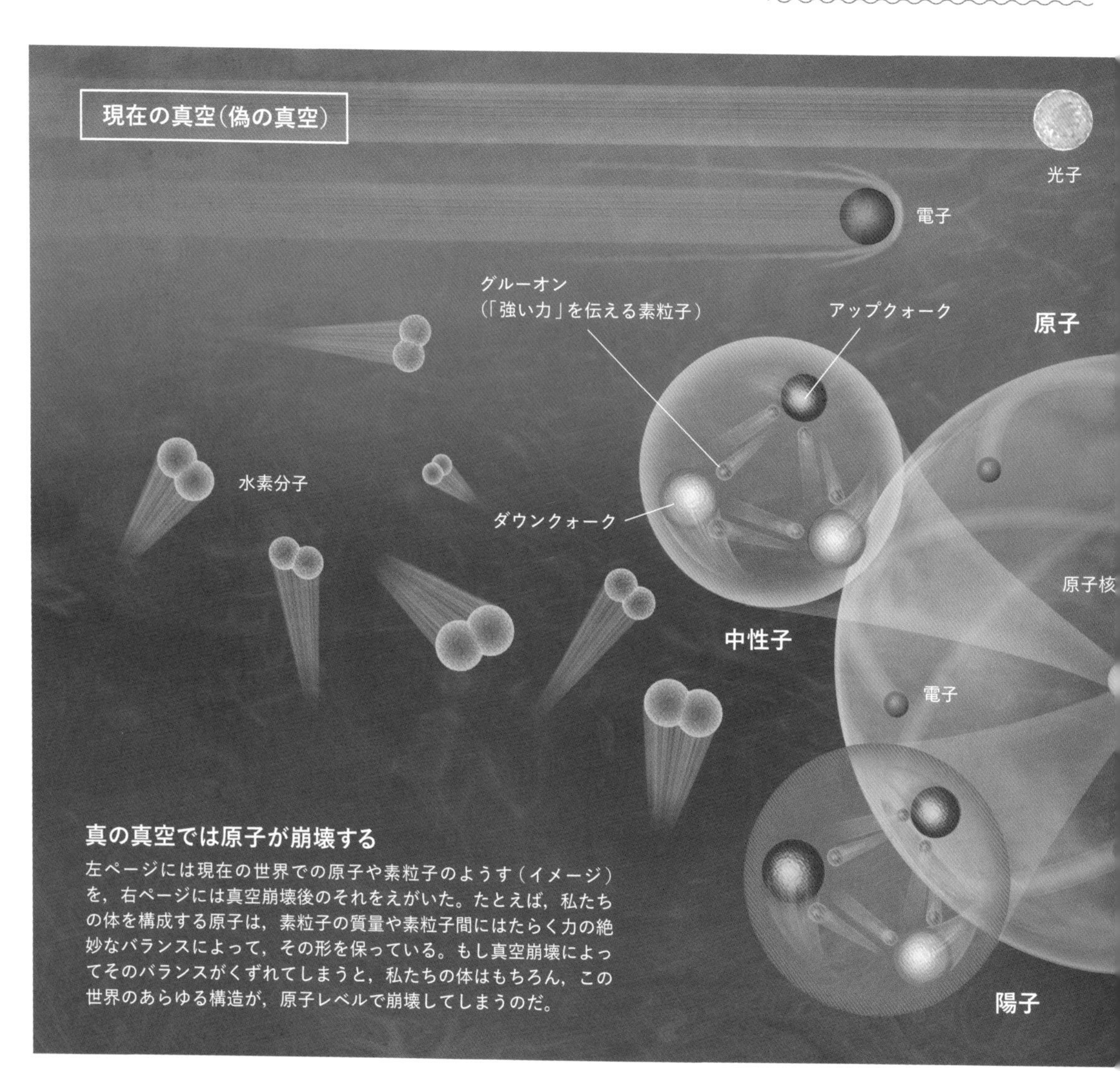

真の真空では原子が崩壊する

左ページには現在の世界での原子や素粒子のようす（イメージ）を，右ページには真空崩壊後のそれをえがいた。たとえば，私たちの体を構成する原子は，素粒子の質量や素粒子間にはたらく力の絶妙なバランスによって，その形を保っている。もし真空崩壊によってそのバランスがくずれてしまうと，私たちの体はもちろん，この世界のあらゆる構造が，原子レベルで崩壊してしまうのだ。

化し，現在の姿に落ちついた可能性が高いと考えられている。このようなおだやかな変化は，真空崩壊とはいわない。

ただし，宇宙初期に発生した真空の相転移が真空崩壊だった場合，現在の宇宙に存在する物質の量をうまく説明できるという考えもある。そのため，素粒子物理学者の間では，宇宙の誕生初期に発生した真空の相転移がおだやかな変化だったのか，それとも急激な変化（＝真空崩壊）だったのか，現在も議論がつづけられている。

わずかな差で真空崩壊からのがれられた？

通常の空間で真空崩壊が生じる確率は，約10^{554}億年に1度程度とされる。この数字は，計算に使用されるデータの誤差を考慮すると，10^{284}億年～10^{1371}億年に1度であるという。なぜ，このような非常に大きな誤差が生まれるのだろうか。

これまでの実験により，素粒子の一つである「トップクォーク」（79ページ参照）の質量は，170GeV～175GeVの範囲にあると考えられている。予測されている真空崩壊の発生確率に幅があるのは，この質量の推定値に幅があるためだ。

質量が大きいということは，その分ヒッグス粒子の影響を強

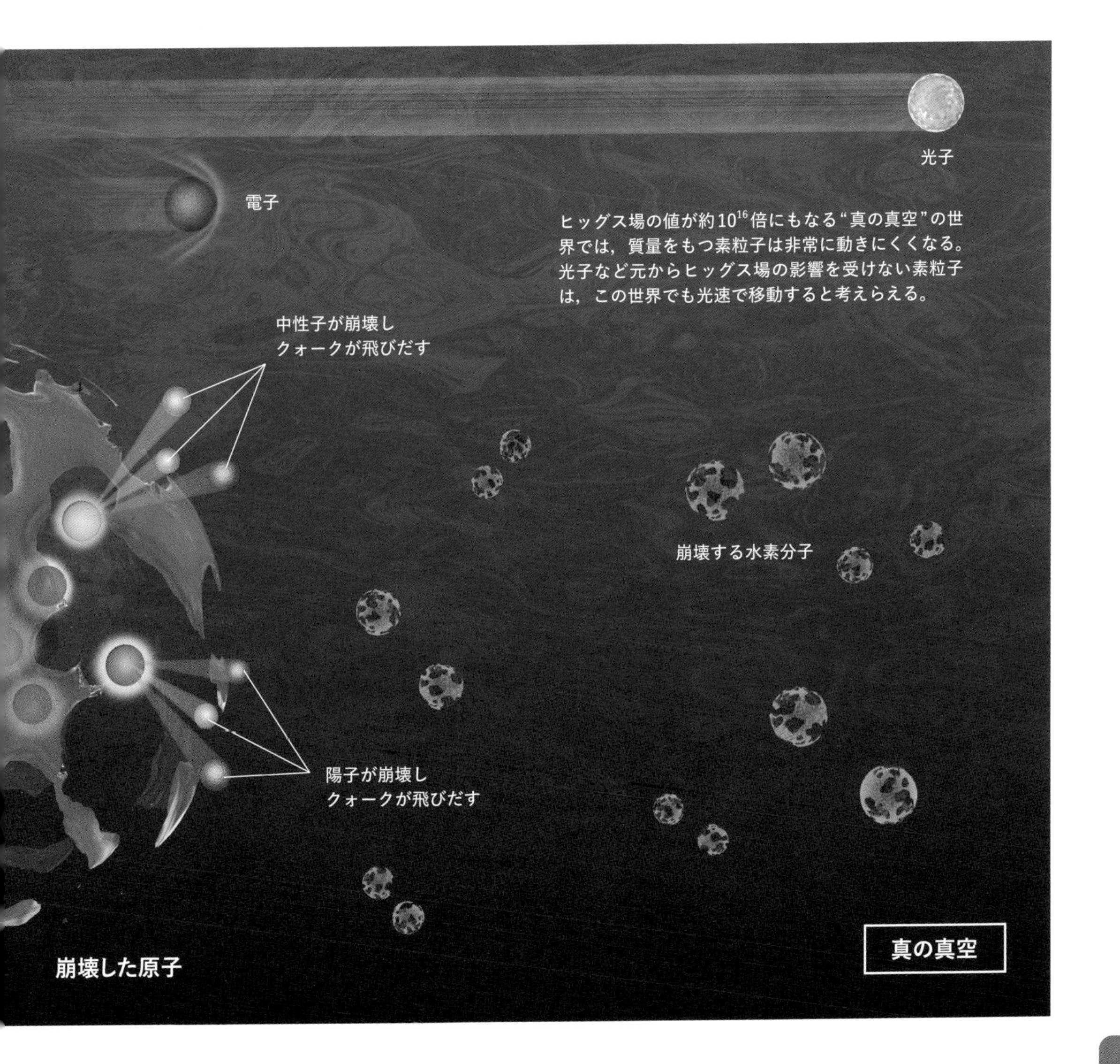
光子
電子
ヒッグス場の値が約10^{16}倍にもなる“真の真空”の世界では，質量をもつ素粒子は非常に動きにくくなる。光子など元からヒッグス場の影響を受けない素粒子は，この世界でも光速で移動すると考えらえる。
中性子が崩壊し
クォークが飛びだす
崩壊する水素分子
陽子が崩壊し
クォークが飛びだす
真の真空
崩壊した原子

く受けているということだ。つまり，トップクォークの性質をくわしく把握することができれば，真空の性質に大きな影響をおよぼすヒッグス粒子，ひいては真空の性質をよりくわしく知ることにつながるのである。

諸井(もろい)教授らの計算によると，**トップクォークの質量があと5GeV程度大きかったら，真空崩壊が発生する確率の幅が，誤差を含めても数十億年に1度～百億年に1度程度にまで上昇していたという**。これは，私たちの宇宙の年齢と同程度である。つまり，もしトップクォークやヒッグス粒子の質量が少しでも現状の値からずれていたら，私たちの宇宙は真空崩壊に飲みこまれていたかもしれないのだ。

観測できない宇宙で真空崩壊はすでにおきている？

さて，この宇宙のどこかでは，すでに真空崩壊がおきている可能性もある。

宇宙は今も膨張しており，遠くにある天体ほど，より速く遠ざかっていることが知られている。また，私たちの観測できる宇宙の外側にも，宇宙空間はさらに広がっていると考えられており，そのような遠方にある宇宙空間は，私たちから見て光速をも上まわる速度で遠ざかっているという。

宇宙の広さはよくわかっていないが，もし宇宙が無限に広いのであれば，どこかで真空崩壊が発生していたとしてもおかしくない。ただし，真空崩壊した領域が拡大する速度は，光速を上まわることができない。そのため，**光速を上まわる速度で遠ざかる宇宙で真空崩壊が発生しても，その領域が私たちの暮らす地球まで到達することはない**（下のイラスト）。

鍵をにぎる「超対称性粒子」

では，途方もない年月が経過したり，宇宙が無限に広かったりすれば，真空崩壊が必ず発生するのだろうか。

ここまでに紹介してきた真空崩壊が生じる確率は，あくまで標準理論を用いて計算した場合の値だ。標準理論は，さまざまな実験結果と矛盾しない精密な

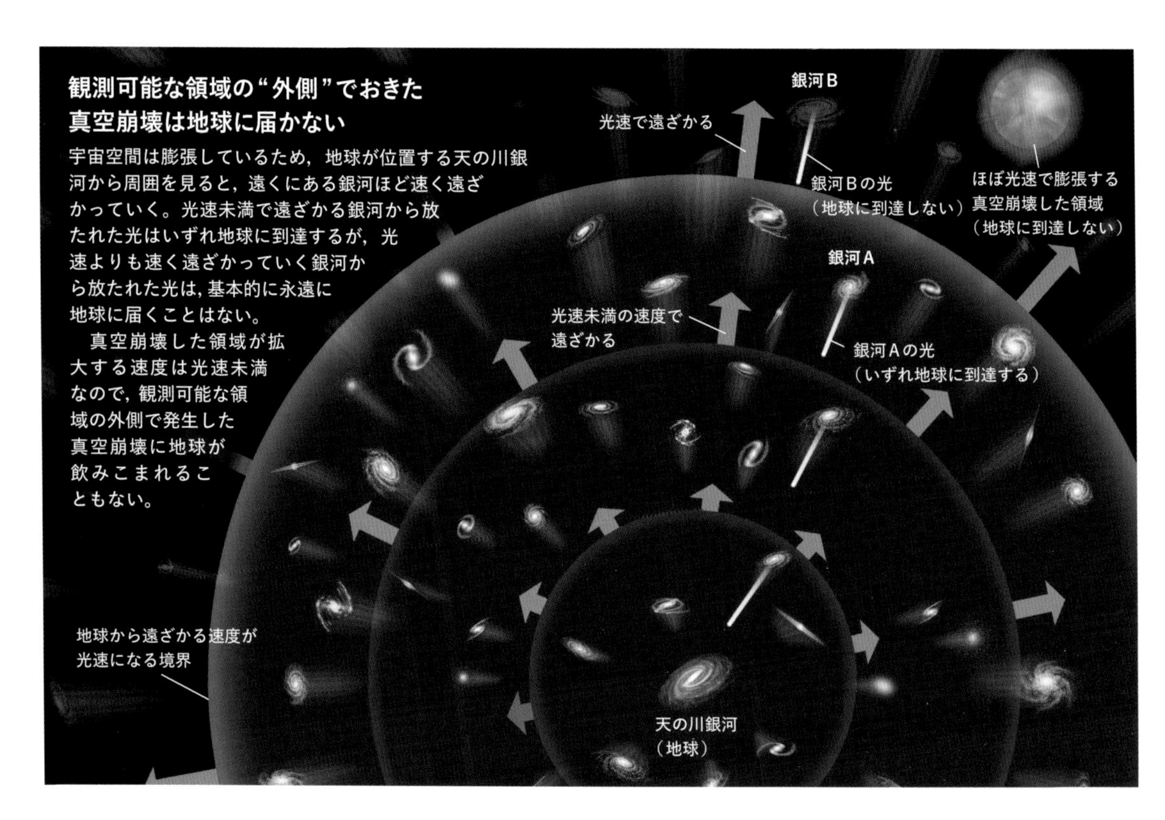

観測可能な領域の“外側”でおきた真空崩壊は地球に届かない
宇宙空間は膨張しているため，地球が位置する天の川銀河から周囲を見ると，遠くにある銀河ほど速く遠ざかっていく。光速未満で遠ざかる銀河から放たれた光はいずれ地球に到達するが，光速よりも速く遠ざかっていく銀河から放たれた光は，基本的に永遠に地球に届くことはない。
真空崩壊した領域が拡大する速度は光速未満なので，観測可能な領域の外側で発生した真空崩壊に地球が飲みこまれることもない。

理論だと認められているが，標準理論では説明できない現象はまだいくつも存在する。そのため，素粒子物理学の世界では，標準理論をこえる理論の構築が進められているのだ。

たとえば，その筆頭候補として「超対称性理論」がある。超対称性理論では，標準理論で考えられていた素粒子とペアになる「超対称性粒子」の存在を予測している（右のイラスト）。もし超対称性粒子が本当に存在すれば，真空のエネルギーを計算する際に，超対称性粒子の影響も考慮する必要がある。すると，**標準理論にもとづいて予言されていた“真の真空”が，実は存在しないという可能性も出てくるのだ。**

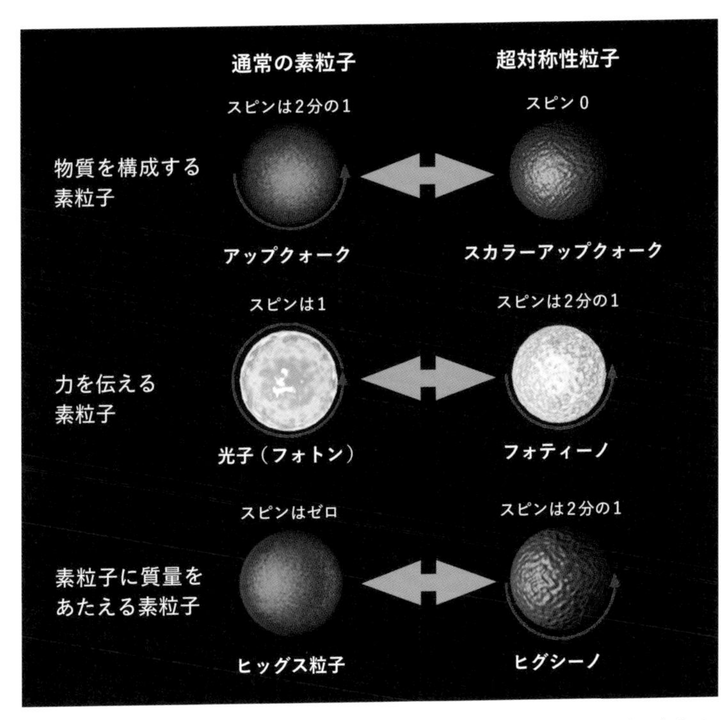

通常の素粒子と，ペアになっている超対称性粒子の例をいくつかえがいた。赤い矢印は，それぞれの素粒子のもつ「スピン」という値の大きさを模式的にあらわしている。2分の1のスピンをもつ素粒子のペアとなる超対称性粒子は，スピンがゼロである。整数のスピンをもつ素粒子のペアとなる超対称性粒子は，スピンが半整数（2分の1や2分の3）になる。また超対称性粒子は，質量は通常の素粒子よりも大きいと予想されている。

“真の真空”は無数に存在する!?

しかしながら，超対称性粒子の存在は同時に新たな問題を招く。諸井教授によれば，もし超対称性粒子が発見された場合，その性質によってはこれまで想定してこなかった“別の真空崩壊”が発生する可能性が浮上するらしい。

超対称性粒子が存在した場合，たとえヒッグス粒子のもと（ヒッグス場）の値が約10^{16}倍になる“真の真空”が存在しなかったとしても，今度は超対称性粒子の質量に依存して，**現在の真空よりもエネルギーが低くなる“真の真空”が存在する可能性が出てくるというのだ。**

この真空崩壊の発生率は，超対称性粒子の性質によるため，超対称性粒子が発見されていない現状で予想することは困難である。

さらに，橋本教授が研究する「超ひも理論（超弦理論）」によると，性質のことなる真空が10^{500}通りありうると考えられているそうだ。

橋本教授は「真空の性質がことなれば，同じ素粒子でもまったく別の性質をもっているように見えます。それを『ちがう宇宙』だという言い方をすれば，無数の宇宙の存在を示唆しているのかもしれません」と話す。つまり，無限に広がる宇宙のあちこちで真空崩壊が生じており，すでに無数のことなる宇宙が存在しているのかもしれないというのだ。

宇宙を支配する数式を求めて

素粒子物理学の究極の目標は，あらゆる現象・物理法則を説明する「宇宙を支配する数式」を完成させることである。ヒッグス粒子の発見によって，素粒子物理学は確実に次の段階に進んだ。しかし，一つ謎を解決したことで，私たちの目の前にはいくつもの新たな謎があらわれた。真空崩壊も，その謎の一つなのだ。

「無」からの宇宙創生

協力　一ノ瀬正樹・松原隆彦／和田純夫
監修　縣 秀彦／松原隆彦

1980年代，物理学の二大理論である「一般相対性理論」と「量子論」を結びつけて，宇宙誕生の瞬間を説明するシナリオが考えられた。それによれば，宇宙は空間も時間もない「無」から生まれたという。私たちの常識からすると，何もないところから何かが，ましてやこの広大な宇宙がつくられるという話は，にわかに理解しがたい。いったい，どういうことだろうか。

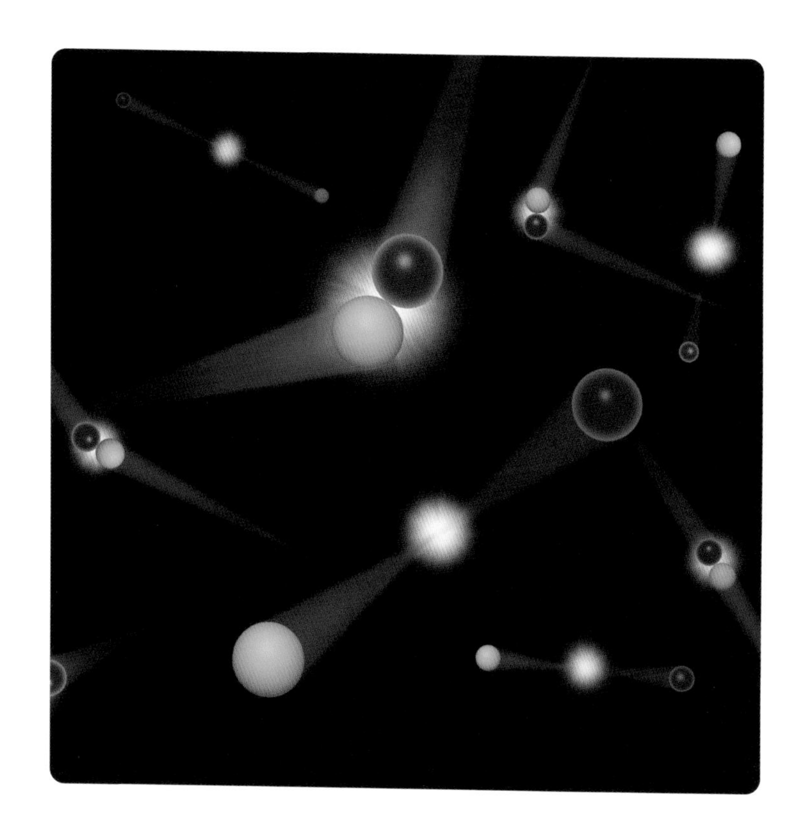

宇宙はどのように はじまったのか

宇宙はいったい，どのようにして生まれたのだろうか。この問いに対し，これまで多くの物理学者（古くは宗教家や哲学者）たちが挑戦してきた。

現在の宇宙は約138億歳と推定されているが，これほどまでに大昔のこととなると，当時のようすを伝える証拠を見つけだすことは，きわめてむずかしい。そのため，20世紀以降においては，人々は複雑な式をあやつることで“答え”をみちびき出そうとしてきた。

宇宙誕生を紐解く「インフレーション理論」

誕生直後の宇宙は，高い真空のエネルギーをもっていた。このエネルギーは10^{-36}～10^{-34}秒という一瞬にも満たない時間の間に，空間を急膨張させた。つまり，**原子よりも圧倒的に小さかった“生まれたての宇宙”が，一瞬のうちに巨大化（インフレーション）したというのである。**

この「インフレーション理論」は，1981年に東京大学の佐藤勝彦（さとうかつひこ）博士とアメリカの宇宙物理学者アラン・グース博士，ロシアのアレクセイ・スタロビンスキー博士らによって，それぞれほぼ同時に提唱されたものだ。現在の宇宙は，地球から観測可能な範囲においては，ほぼ「平ら」である。インフレーション理論は，現在の宇宙の温度がどこでもほぼ同じで，なぜ平らなのかを説明する。

また，インフレーション仮説を想定すると，宇宙背景放射（うちゅうはいけいほうしゃ）の観測結果や銀河の分布をうまく説明することができる。

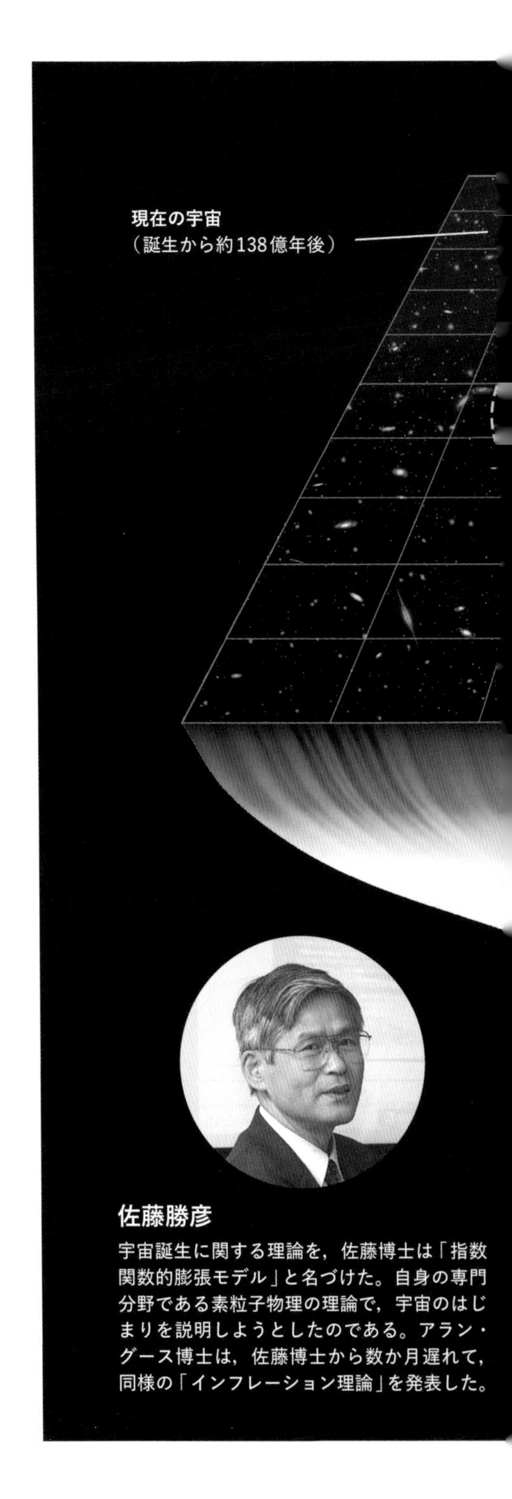

宇宙の急激な膨張（→）

誕生直後の宇宙がインフレーションによって急膨張したあと灼熱状態になり，時間の経過とともに冷えていき，現在のような宇宙の姿になるまでを模式的にえがいた。

「原初の宇宙に凹凸があったとしても，それが増幅しないうちに猛烈な勢いで全体が引きのばされ，平らになって私たちの宇宙になった」というのが，インフレーション理論からみちびき出される宇宙創造の姿である。

佐藤勝彦

宇宙誕生に関する理論を，佐藤博士は「指数関数的膨張モデル」と名づけた。自身の専門分野である素粒子物理の理論で，宇宙のはじまりを説明しようとしたのである。アラン・グース博士は，佐藤博士から数か月遅れて，同様の「インフレーション理論」を発表した。

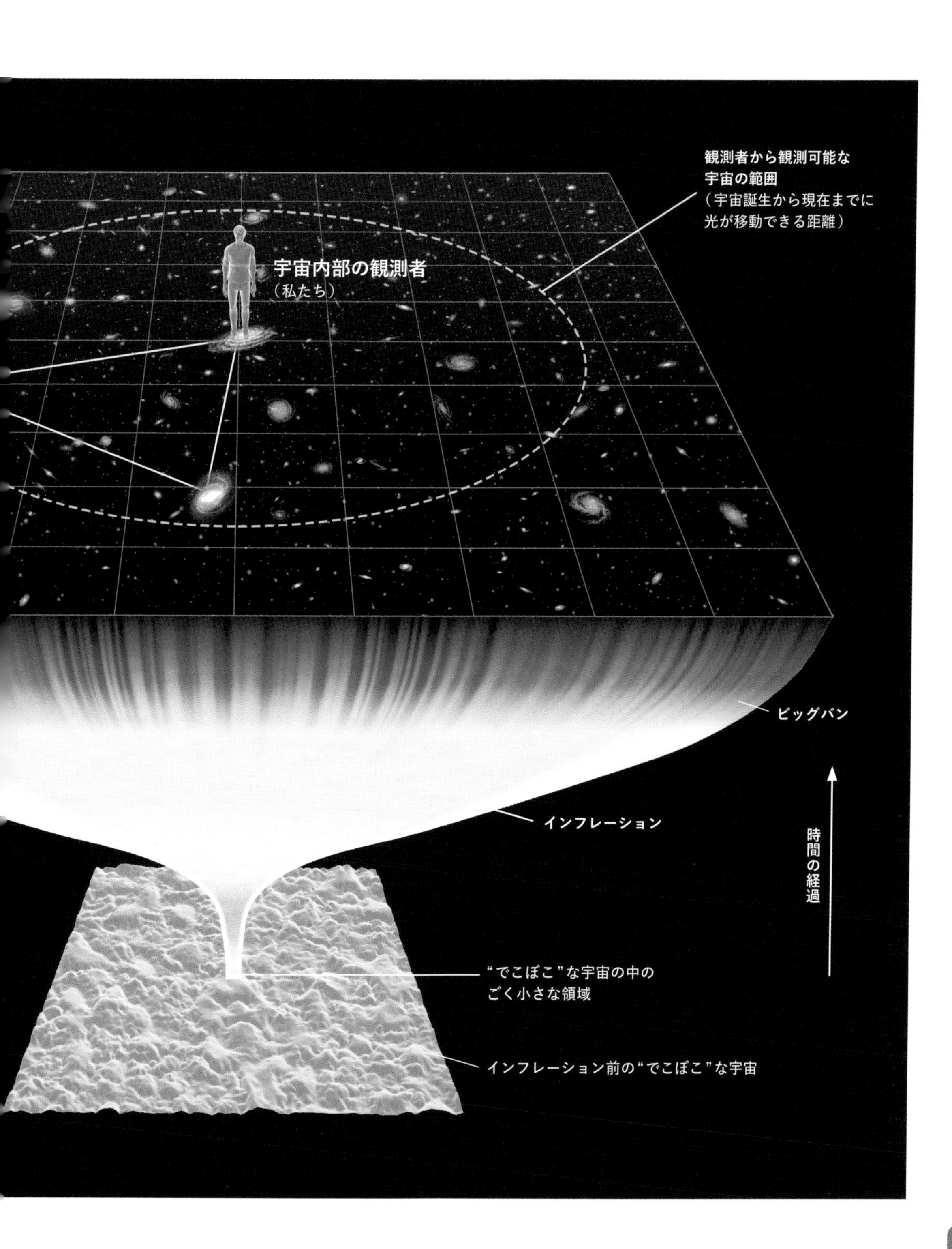
観測者から観測可能な
宇宙の範囲
（宇宙誕生から現在までに
光が移動できる距離）
宇宙内部の観測者
（私たち）
ビッグバン
インフレーション
時間の経過
“でこぼこ”な宇宙の中の
ごく小さな領域
インフレーション前の“でこぼこ”な宇宙

生まれたての宇宙は超高温・超高密度だった

インフレーション中の宇宙は，熱として放出すべきエネルギーを抱えこんでいる状態になっていた。インフレーションが終わり，“がまん”の限界をこえると，真空は相転移(そうてんい)をおこし，抱えこんでいた熱が一気に放出された。これにより，超高温・超高密度の宇宙がはじまったのである。**この真空の相転移の瞬間，もしくはインフレーションを含む宇宙のはじまりを「ビッグバン」とよぶ。**

宇宙誕生から100万分の1～10万分の1秒後くらいの初期宇宙は，クォークや電子などの素粒子(そりゅうし)で満たされていたようだ。やがて陽子や中性子ができて，バラバラに飛びかい，宇宙誕生から3分後ころには水素原子核やヘリウム原子核がつくられた。しかしあまりに高温だったため，原子核は電子をつなぎ止めておくことができなかった。

また，誕生から3分後ころの宇宙は，あまりに高密度で不透明だったようだ。光は飛びかう電子に散乱されて，直進することができなかったらしい。

その後宇宙の温度が下がると，電子は原子核にとらえられるようになり，原子がつくられた（宇宙誕生から約37万年後）。結果として，**宇宙は遠くまで見通せるようになり，光も自由に飛びまわれるようになった。**これを「宇宙の晴れ上がり」という。この瞬間に存在した光（放射）は，しだいに波長がのび，黒体放射(こくたいほうしゃ)として今も宇宙を満たしている（宇宙背景放射(うちゅうはいけいほうしゃ)，113ページ参照）。

宇宙膨張で太陽系も広がる?

宇宙膨張で広がるのは，重力による影響が無視できる遠く離れた銀河どうしの間の空間である。銀河自体は，銀河がかたまりを保とうとする重力の効果が，宇宙膨張の効果よりもはるかに大きいため膨張しない。同じように，地球が属する私たちの太陽系も膨張することはない。なお，電気的に強く結びついている原子の大きさも，宇宙膨張によって大きくなることはない。つまり，私たちの体がふくれ上がる心配もないのである。

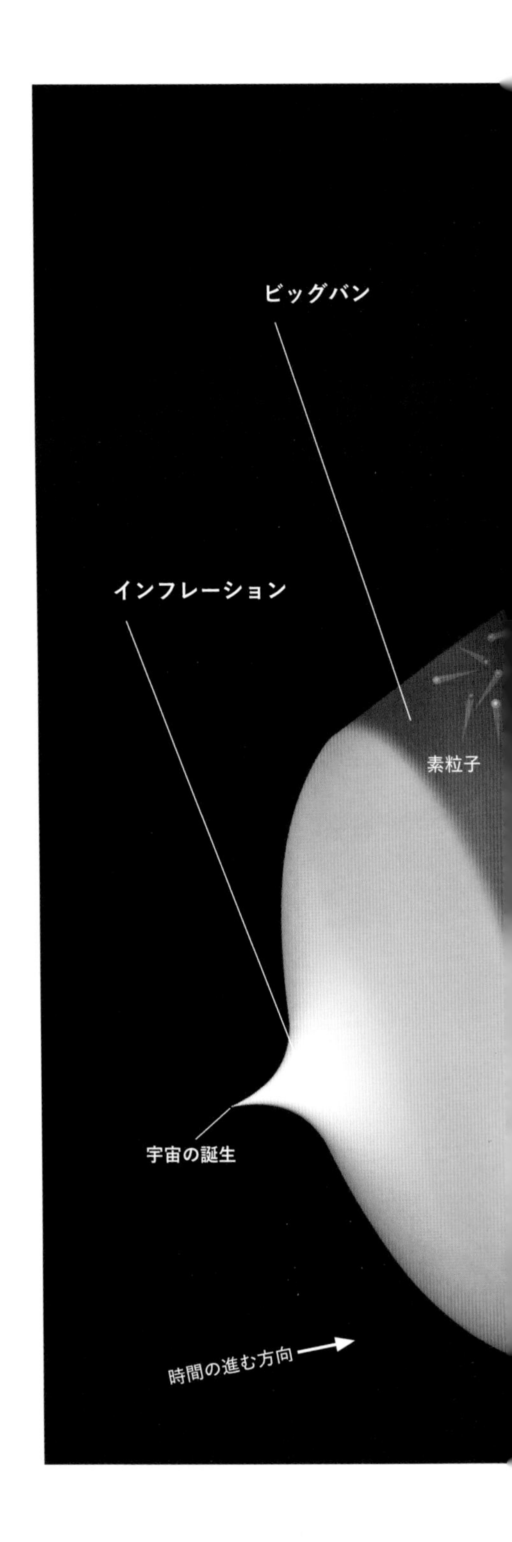

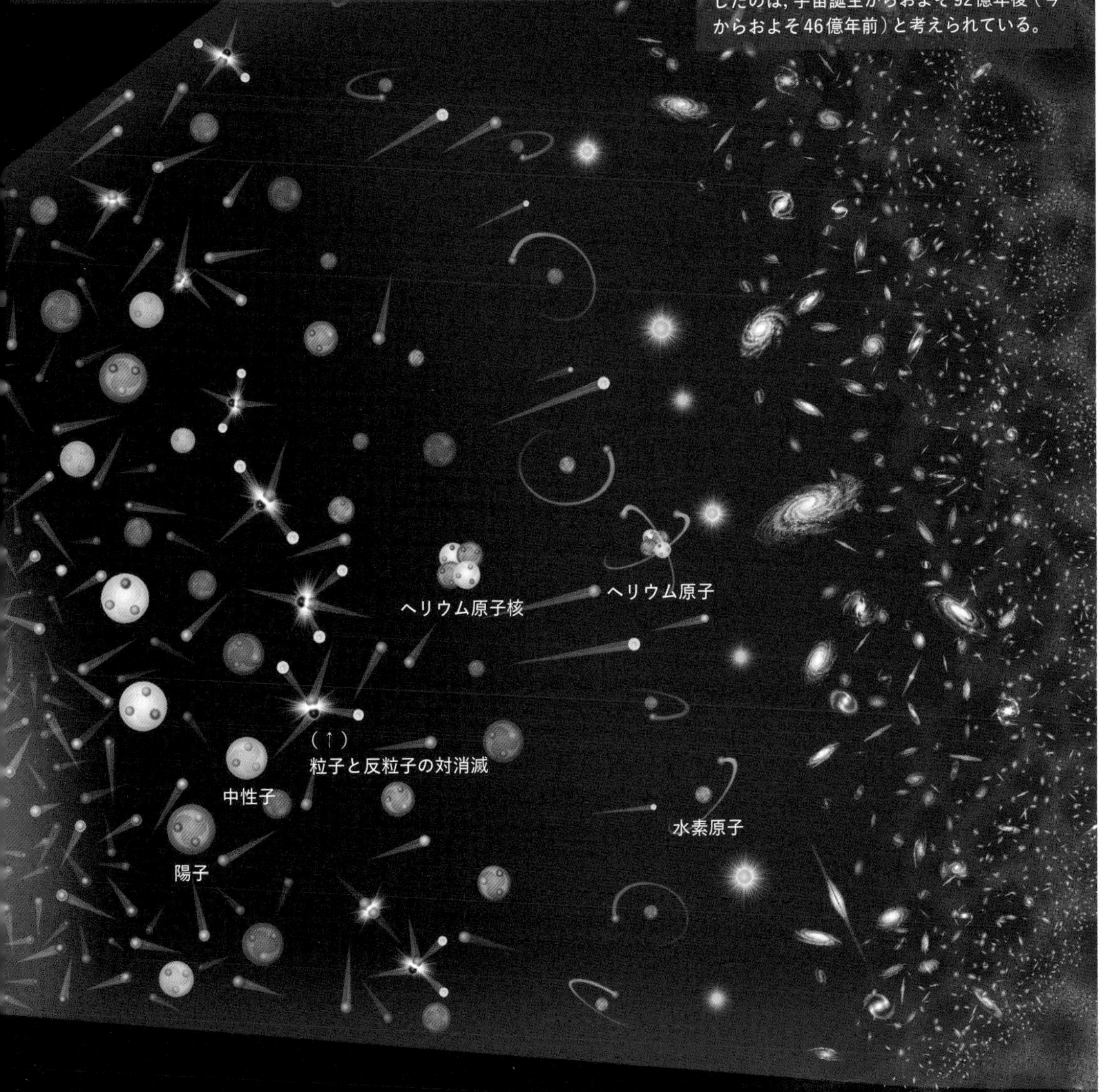
陽子や中性子の誕生
宇宙誕生から10⁻⁵秒後ころ，素粒子の「クォーク」が集まって，陽子（水素の原子核）と中性子が生まれた。
陽子と中性子の融合
宇宙誕生から3分後ころ，陽子と中性子が衝突して融合するようになった。重水素や三重水素，ヘリウムの原子核がつくられた。
原子の誕生
宇宙誕生から37万年後ころ，水素の原子核やヘリウムの原子核に電子がとらえられて，原子ができた。
星や銀河が形成される
その後も，宇宙はゆるやかに膨張をつづけた。そして物質が寄り集まり，宇宙誕生から約2～3億年後，水素でできた最初の恒星が核融合反応によって輝きはじめた。約5億年後までには，不規則な形をした銀河が合体して，大きな銀河がつくられた。太陽系が誕生したのは，宇宙誕生からおよそ92億年後（今からおよそ46億年前）と考えられている。
ヘリウム原子核
ヘリウム原子
（↑）
粒子と反粒子の対消滅
中性子
陽子
水素原子

宇宙空間は永久不変ではない

── 宇宙は，あくまで万物が入っている“入れもの”だ。その中で誕生，成長，消滅などといった万物の変化はおきるが，入れもの自体は永遠に変化することはない。このような考え方は，ある時期までは物理学者の中でも，ごくあたりまえに受け入れられていた。

ところが1915～1916年に，アインシュタインが一般相対性理論を発表したことで，宇宙観が大きく転換する。入れものである宇宙空間は，永遠不変のものではない。**空間内にある物質が，その質量に応じて，周囲の時空をゆがめるというのである。**

宇宙空間がそれぞれの場所ごとに，物質の影響を受けて変形しうるのなら，宇宙空間全体はこれまでどのような変化を経てきたのだろうか。アインシュタインは，一般相対性理論の方程式を宇宙空間全体にあてはめて計算を行った。すると，**宇宙空間はずっと同じ大きさを保っているわけではなく，全体として膨張したり収縮したりする可能性が出てきたのである。**

アインシュタイン

宇宙

アインシュタインの「宇宙項」

“変化する宇宙”の姿をきらったアインシュタインは，一般相対性理論の基礎方程式に，宇宙がちぢまないような反発力（斥力(せきりょく)）を意味する「宇宙項(うちゅうこう)」を加えて，静的宇宙の解が得られるように無理やり修正した。しかしその後，ジョルジュ・ルメートルやエドウィン・ハッブルが宇宙膨張の証拠を発見すると，つまり静的でないことが明らかになると，アインシュタインは誤りを認め，方程式から宇宙項を撤回した。

一方で，1998年に宇宙膨張が加速していることが明らかになると，**宇宙膨張を加速させる力として，宇宙項はふたたびその意味が検討されている。**

宇宙空間は膨張・収縮しうる（↗）

宇宙そのものが膨張したり，収縮したり，ゆがんだりする可能性があるという一般相対性理論の新しい概念は，宇宙の“一生”を探求する研究の流れを生んだ。イラストでは，宇宙空間の変化をわかりやすくあらわすために，宇宙空間を2次元的に（球の表面として）えがいている。

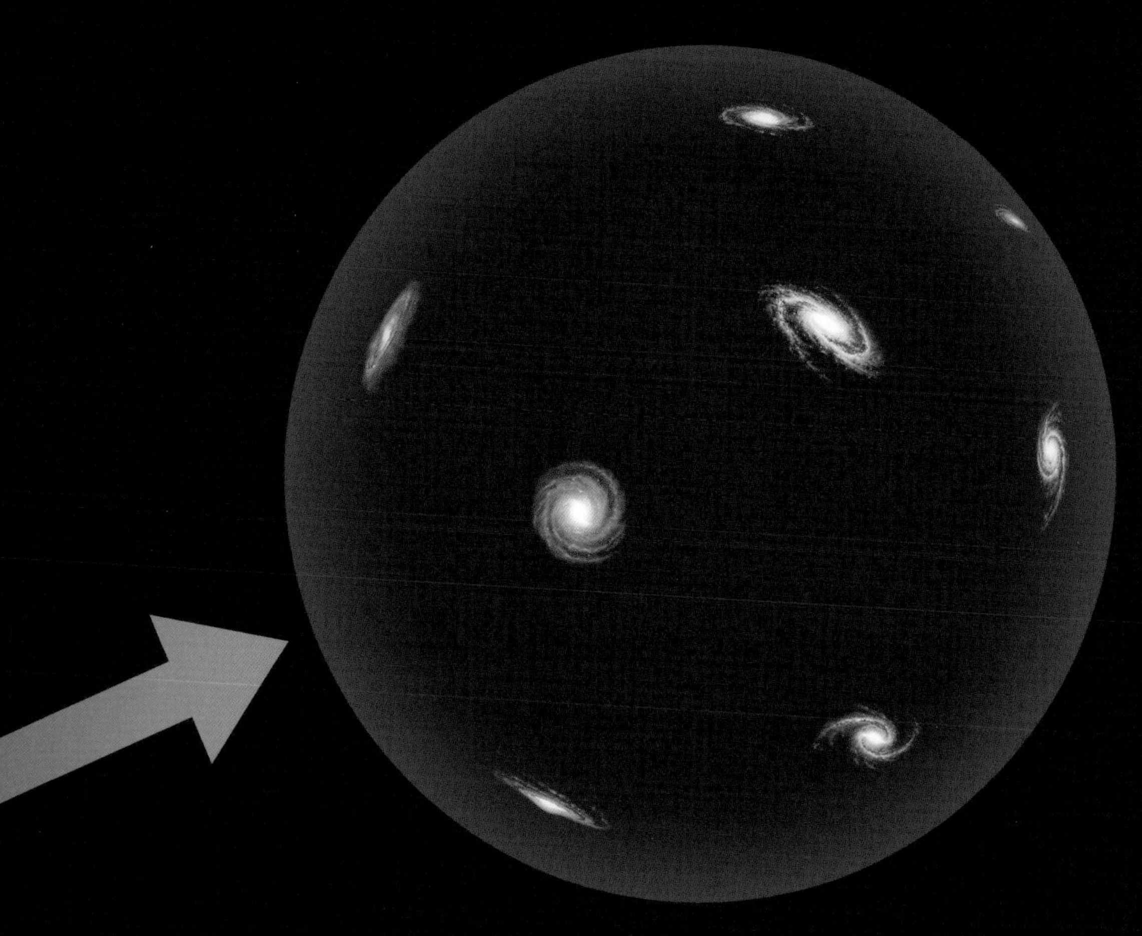

膨張する宇宙

収縮する宇宙

宇宙のはじまりは相対性理論だけでは手に負えないものだった

“変化する宇宙”を素直に受け入れたのが，ロシアの数学者アレクサンドル・フリードマン（1888～1925）である。フリードマンは一般相対性理論をもとにして，過去から未来に向けて宇宙空間がどのように変化するのかを計算した。そして三つの宇宙モデルをみちびき出したが，いずれにおいても過去にさかのぼると宇宙空間はつぶれて一点になり，それは「特異点（とくいてん）」としてしかあつかえないことがわかったという。**特異点とは，時空のゆがみ方が無限大になる点であり，そこでは物質の密度や温度は無限大になる。**

一方で，イギリスの物理学者スティーブン・ホーキング博士（1942～2018）と，イギリスの数学者であり物理学者であるロジャー・ペンローズ博士は1970年に，フリードマンの宇宙モデルに限定せず，より一般的な状況で宇宙の時間を過去にさかのぼっていったときの宇宙空間のちぢみ方を研究した。そしてふたりは，一般相対性理論で考えるかぎり（物質が通常のふるまいをするという条件のもとでは），**膨張する宇宙を過去にさかのぼっていくと，最終的には特異点になるまでつぶれてしまわざるをえないという結論を出したのだ。**

宇宙の過去が特異点に行きつくというこの「特異点定理」は，物理学者たちを大いに悩ませた。なぜなら，**特異点においては物理学の計算結果が無限大になり，破綻（はたん）してしまうためだ。**そのため，この点から宇宙がはじまったと考えると，宇宙が誕生した瞬間のようすを解き明かすことができなくなる。つまり一般相対性理論のみでは，宇宙誕生の瞬間を解明することができなくなってしまったのである。

宇宙のはじまりは
一つの点？（→）

一般相対性理論をもとに考えると，宇宙のはじまりは「特異点」という一つの点になる。イラストは，特異点を出発点にして，時間を経るごとに膨張して大きくなる宇宙（球の表面）のイメージだ。奥の球ほど，時間のたった宇宙の姿になる。

アレクサンドル・フリードマン

ビッグバンよりあとの時期の宇宙

ビッグバン期の宇宙

特異点
（宇宙のいちばん最初）

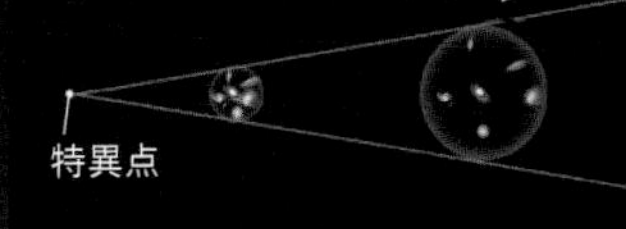

上は，フリードマンが一般相対性理論の方程式からみちびいた宇宙モデルのイメージ。宇宙は誕生からずっと，膨張をつづける。

宇宙誕生のころには
その存在自体がゆらいでいた？

特異点に近い状況では，量子論を取り入れた「量子重力理論」が必要になる。完全な量子重力理論はまだ完成していないが，相対性理論と量子論の考えを取り入れた宇宙創生のモデルは，いくつか考えられている。たとえば1982年，アメリカの物理学者アレキサンダー・ビレンキン博士は，「無からの宇宙創生」という論文を発表している。これは，宇宙が「究極の無」から，量子論の効果を経て生まれてきたという仮説だ※。

ビレンキン博士の仮説によると，**究極の無の状態でも量子論的な「ゆらぎ」が存在していたという。そしてそのゆらぎから，真空中でおこる対生成・対消滅のように，ごく小さな宇宙の“卵”が生成や消滅をくりかえしていたというのだ。**

空間のエネルギーも，ゼロのままではいられない。ごく短時間でみると，場所ごとの空間のエネルギーの大きさの値はそれぞれ一つに定まることがなく（エネルギーと時間の不確定性関係），非常に高いエネルギーをもつ場合がある。

こうして生まれた宇宙の“卵”の中から，すさまじい勢いで膨張をはじめるものがあらわれた。これが約138億年かけて，現在の大きさにまで成長したと考えられている。では，どのようなしくみでそのようなことがおきるのだろうか（→次節につづく）。

※：無からの宇宙創生というアイデアを最初に提唱したのは，アメリカの物理学者エドワード・トライオン博士（1940～2019）だとされている。トライオン博士は論文の中で，エネルギーゼロからの宇宙創生が可能であると論じた。

生まれては消える
宇宙の“卵”（→）

「プランク長」とは一般相対性理論が通用する（物理学があつかえる）最小の長さで，10のマイナス33乗センチメートル程度だ。宇宙の大きさがプランク長より小さいときには宇宙の存在自体がゆらいでおり，宇宙自体が生成・消滅をくりかえしていたのではないかと考えられている。

瞬間的に高まる
エネルギーが粒子を生む（→）

真空中で粒子が対生成，対消滅をしているイメージをえがいた。量子論によると，ごく短い時間に限ってみれば，もともとそこになかったような非常に高いエネルギーをもつ場所があらわれる可能性がある。相対性理論によるとエネルギーは質量に転換できるので（$E=mc^2$），この高いエネルギーが質量をもった粒子にかわり，粒子が対生成される。ペアになって生まれてくるのは，粒子と反粒子である（124ページ参照）。

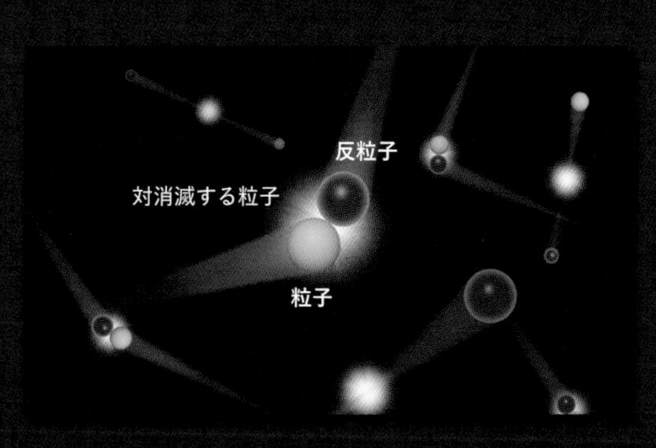

生成し，すぐに消えていく宇宙の卵。
存在自体がゆらいでいる。

エネルギーの山をこえる「トンネル効果」が宇宙の誕生に役立った

ビレンキン博士は，宇宙の“卵”の運命はその大きさにかかっていると考えた。すなわち，**小さければ宇宙の卵はすぐにつぶれるが，大きければ急激に膨張するというのだ。**

宇宙の卵が，自然に急膨張を開始できるサイズになるには，その過程で大きなエネルギーが必要だ。つまり，エネルギーの“山”（壁）をこえなくてはならない。

こえられないはずの“山”をこえるミクロな粒子

球が，ある高さから谷に向かって，ころがり落ちる運動を考えよう。谷底まで落ちた球は，元の場所と同じ高さまで上がっていくが，ふたたびころがり落ちて，谷を行ったり来たりする（山をこえることはできない）。

この運動は，私たちがふだん目にする「マクロな世界」でもよくみられるものだ。しかしミクロな世界では，粒子が瞬間的に高い運動エネルギーをもち，山のむこう側に行きつくことができる場合がある。これが「トンネル効果」である。

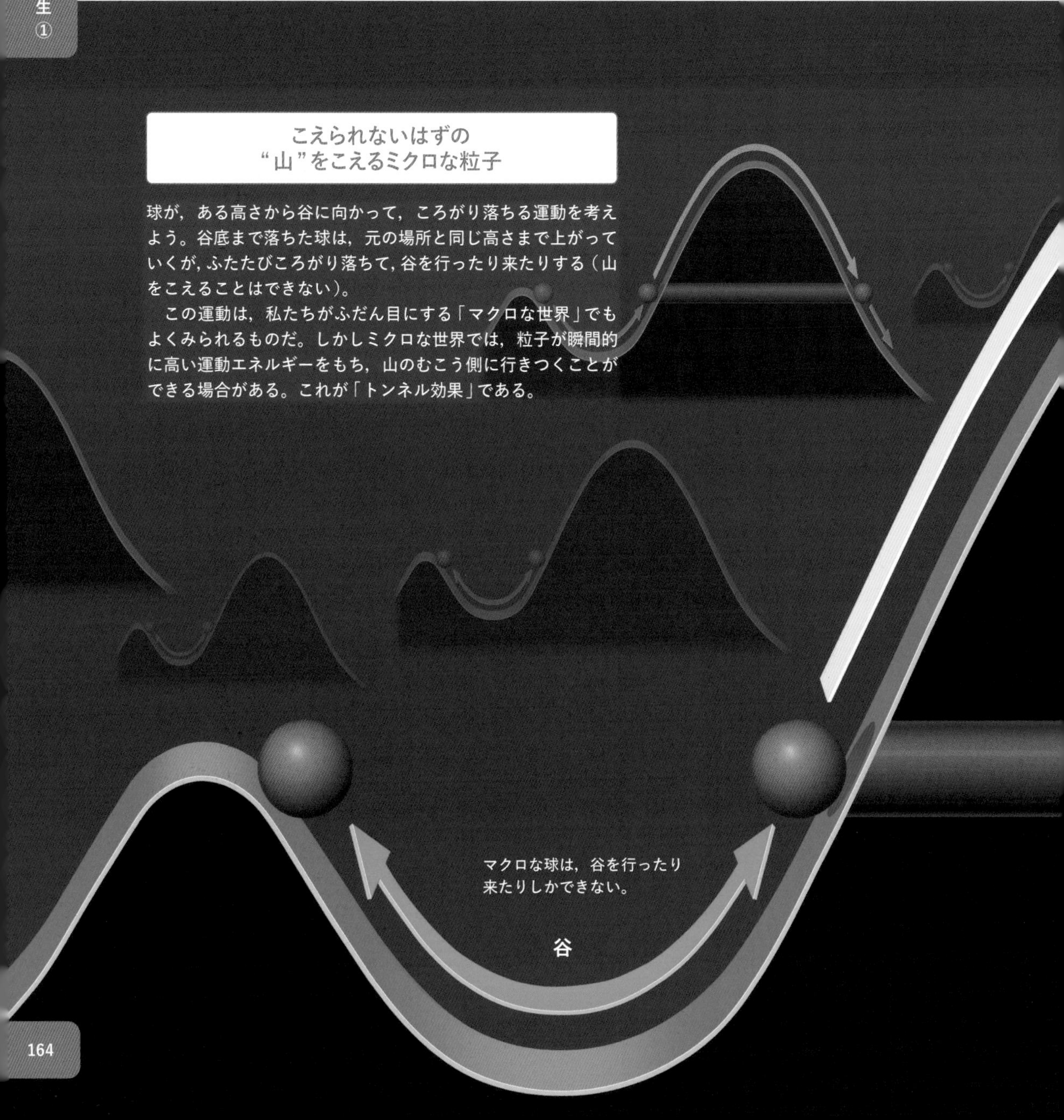

マクロな球は，谷を行ったり来たりしかできない。

谷

ビレンキン博士は，宇宙の卵は「トンネル効果」を使って山をこえ，急膨張する宇宙に転じたと考えた。トンネル効果とは，**ミクロな素粒子（そりゅうし）がごく小さい確率ではあるが，通常では通れないエネルギーの山を通り抜ける現象のことだ。**前節でみたように，ごく短い時間ではエネルギーの大きさは不確定になる。そのため，粒子が瞬間的に非常に大きな運動のエネルギーをもつ場合があるのだ。

宇宙がより小さいほど，またエネルギーがより高いほど，トンネル効果によって宇宙が生まれる確率が高いという。

なお，トンネル効果は大きな物体ほどおこる確率が低くなる。私たち人間が，トンネル効果で山のむこう側に行きつける可能性は完全にゼロとはいえないが，まずおこらないと考えていいだろう。

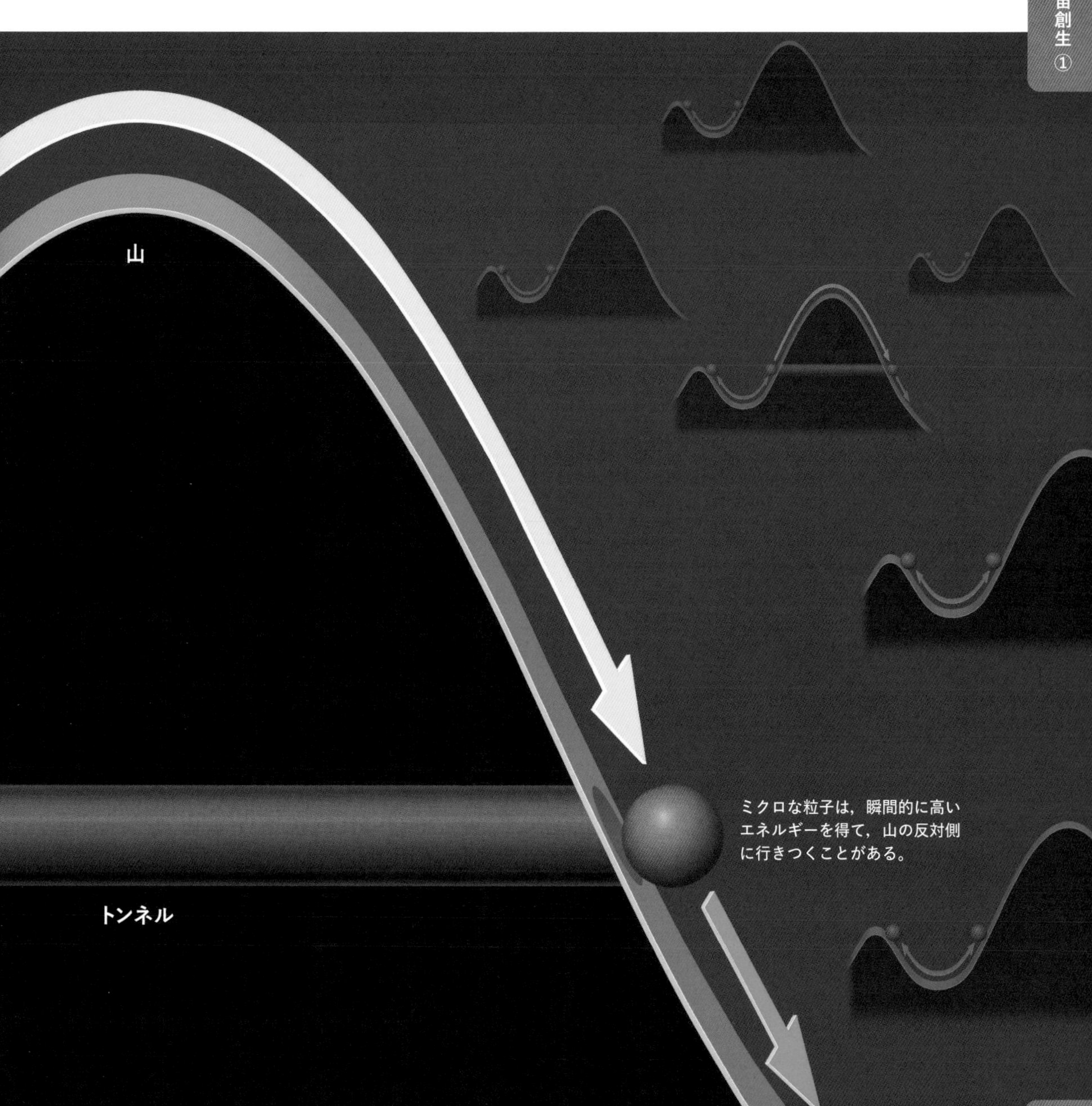
山
トンネル
ミクロな粒子は，瞬間的に高いエネルギーを得て，山の反対側に行きつくことがある。

大きさゼロの宇宙の“卵”でもトンネル効果がおきる

──はかない運命の宇宙の“卵”が，急膨張する宇宙に転じるには，最低でもどれくらいの大きさが必要になるのだろうか。その大きさをどんどん小さくしていったら，何がおこるのだろうか。ビレンキン博士はさらに思考をつづけ，おどろくべき結果を得た。なんと，**宇宙の卵の大きさがゼロであっても，トンネル効果がおこる確率はゼロではなかったのだ。**

「無」はたえずゆらいでおり，超ミクロな宇宙は，生まれてはすぐに収縮して消えていた。しかしそのようなものの中には，トンネル効果によって，運よく膨張（インフレーション）できるものがあった。これが，私たちの宇宙になったと考えられるという。

トンネル効果によって創造された小さな宇宙は，非常に高いエネルギーをもっていた。このエネルギーが遠方の天体間の反発力（空間の膨張力）を生みだしたため，小さな宇宙は急激に膨張したらしい。

アレキサンダー・ビレンキン
ビレンキン博士は，オランダの天文学者ウィレム・ド・ジッター（1872～1934）が提案した宇宙モデルを出発点にして，宇宙誕生の瞬間について考えをめぐらせた。

ド・ジッターの宇宙モデルとは一般相対性理論をもとにみちびかれたもので，「ある大きさまで収縮した宇宙がその後，膨張に転じる」というものだ。この膨張に向かう宇宙と「無」を，トンネル効果を使ってつなげようと，ビレンキン博士は考えたのだ（→168ページでくわしく解説）。

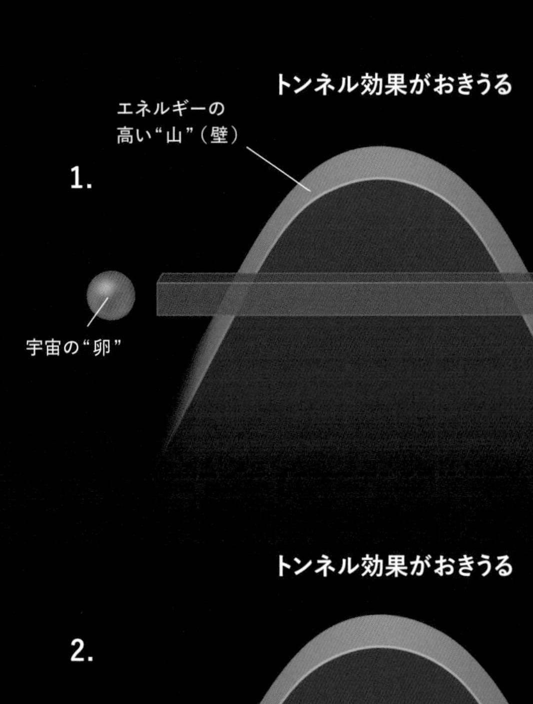

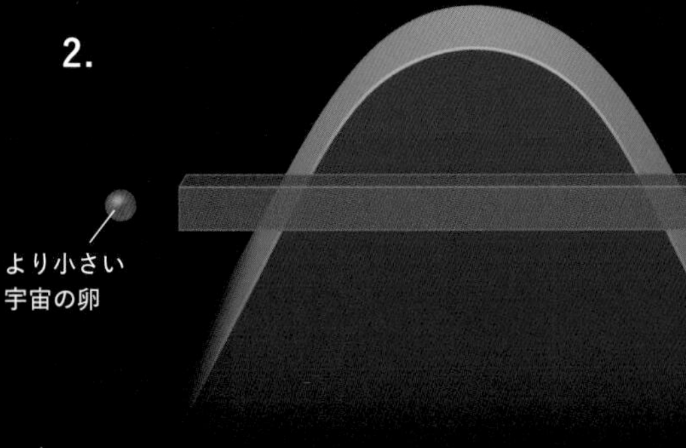

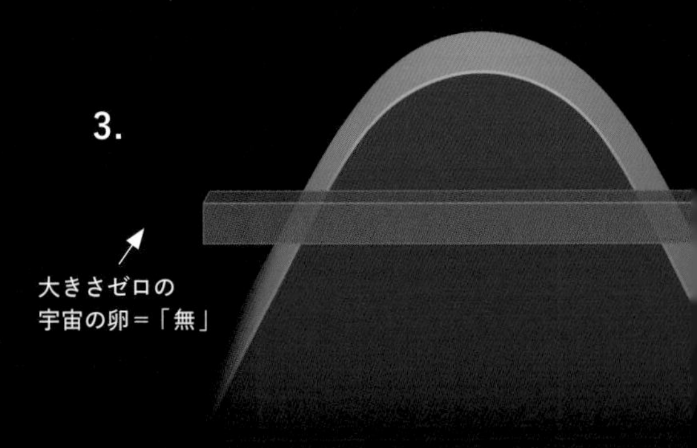

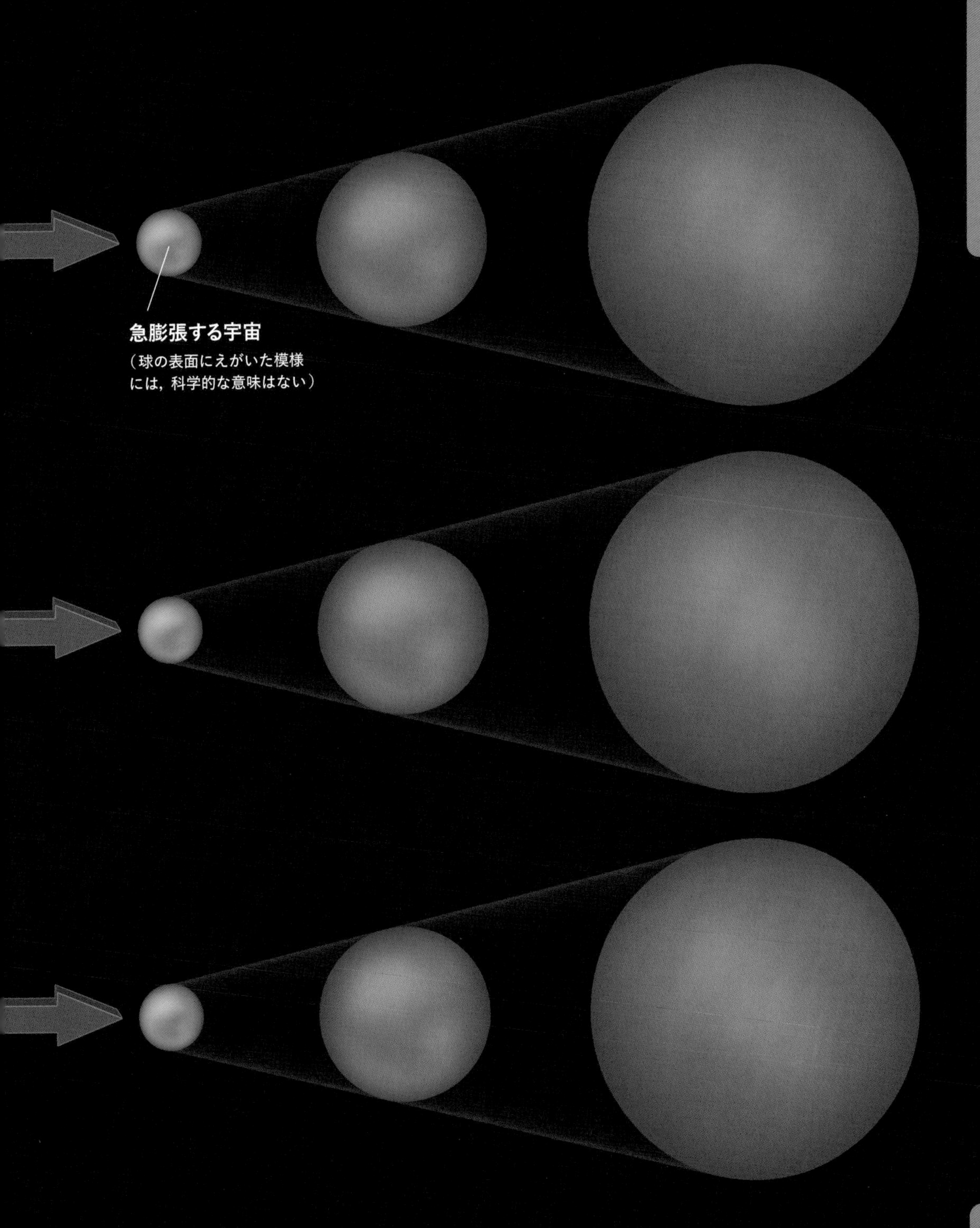
急膨張する宇宙
（球の表面にえがいた模様
には，科学的な意味はない）

私たちの宇宙は
大きさゼロの「無」から生まれた?

ビレンキン博士はまず，右ページ上のイラストのような，すぐに収縮して消えてしまうような小さな宇宙（宇宙A）と，放っておいたら膨張をつづける小さな宇宙（宇宙B）を考えた。トンネル効果を使うと，ある確率で宇宙Aは宇宙Bに移行することができる。

次に博士は，宇宙Aの大きさをどんどん小さくして，最終的にゼロにした。このときトンネル効果がおきる確率を計算すると，大きさゼロの「無」から宇宙Bに移行する確率は，ゼロにならないことがわかった。

この結果から博士は，私たちの宇宙は大きさゼロの「無」から生まれたと考えた。

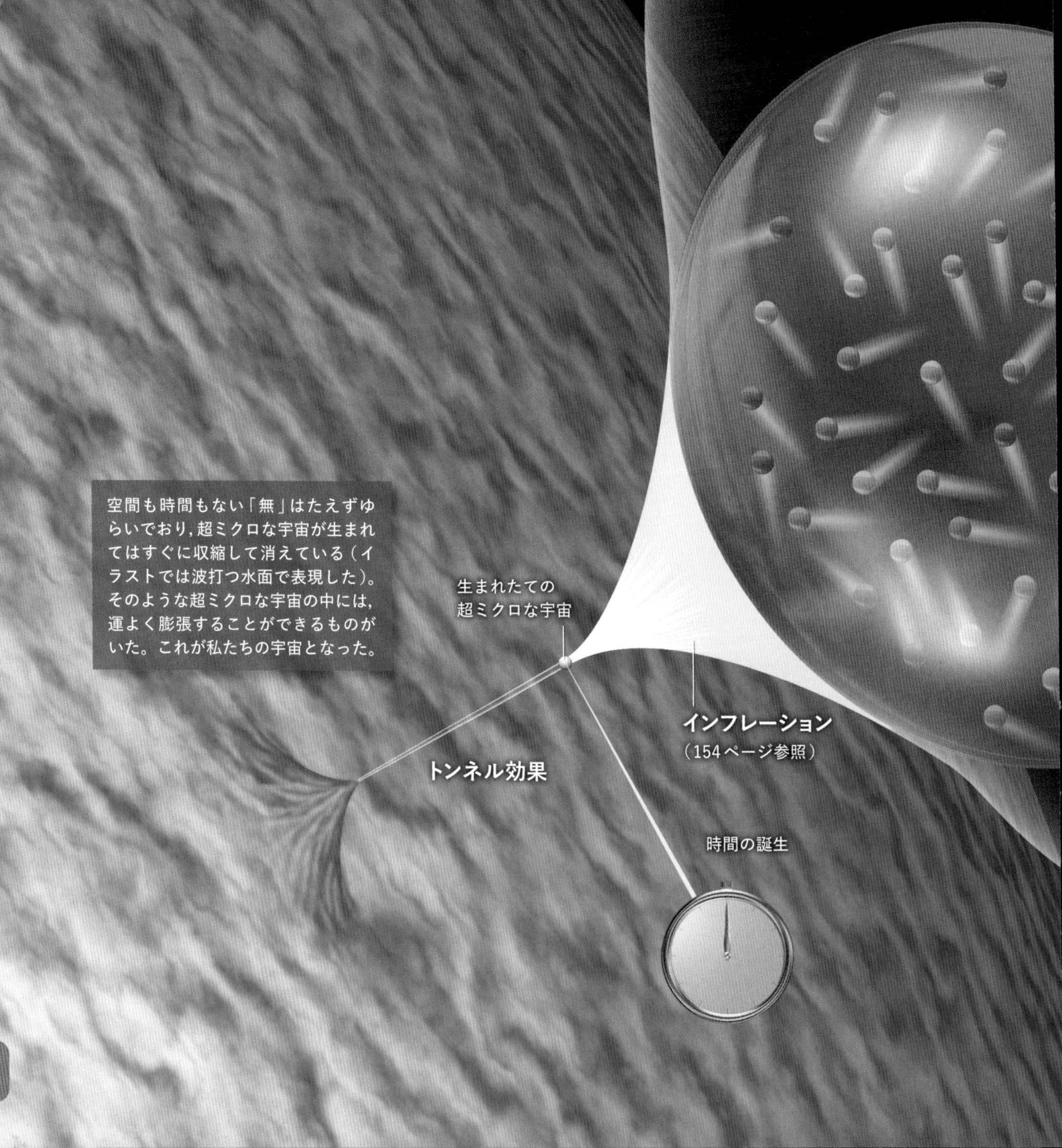
空間も時間もない「無」はたえずゆらいでおり，超ミクロな宇宙が生まれてはすぐに収縮して消えている（イラストでは波打つ水面で表現した）。そのような超ミクロな宇宙の中には，運よく膨張することができるものがいた。これが私たちの宇宙となった。
生まれたての
超ミクロな宇宙
インフレーション
（154ページ参照）
トンネル効果
時間の誕生

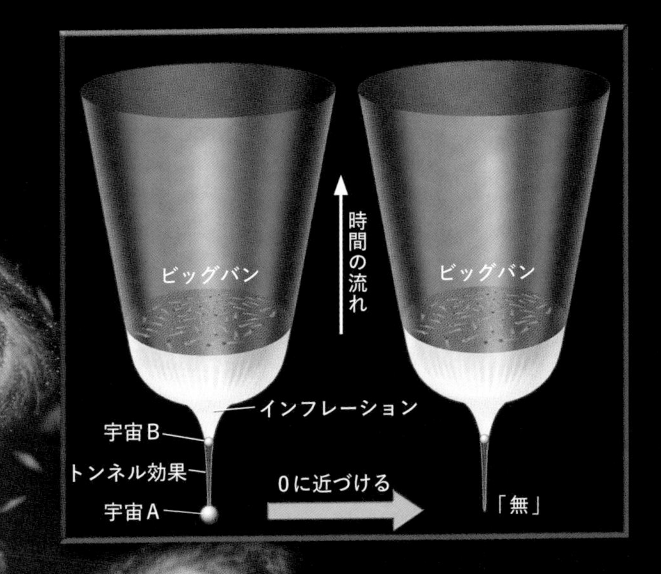

素粒子

ビッグバン
（156ページ参照）

星や銀河の形成
（156ページ参照）

ゆるやかな膨張

「虚数時間」が特異点を回避する？

ビレンキン博士が「無」からの宇宙創生説を示した翌年の1983年，ホーキング博士は，アメリカの物理学者ジェームズ・ハートルとともに「無境界仮説」を提唱した。

一般相対性理論だけを使ってみちびかれたモデルでは，宇宙のはじまりは特異点となった。特異点では物理学の計算が破綻してしまうため，宇宙誕生の瞬間を解明することができなかった（160ページ参照）。ところが無境界仮説によると，**宇宙が生まれたときに「虚数の時間」が流れていたとすると，宇宙のはじまりの特異点が回避できるという。**

ここで，空間と時間について考えよう。空間の中は自由に行き来できるが，時間は過去から未来への一方向にしか進めない。このことからわかるように，私たちがふだん使う実数時間の世界では，空間と時間のあつかいはことなる。**ところが虚数時間が流れる世界では，計算上，**

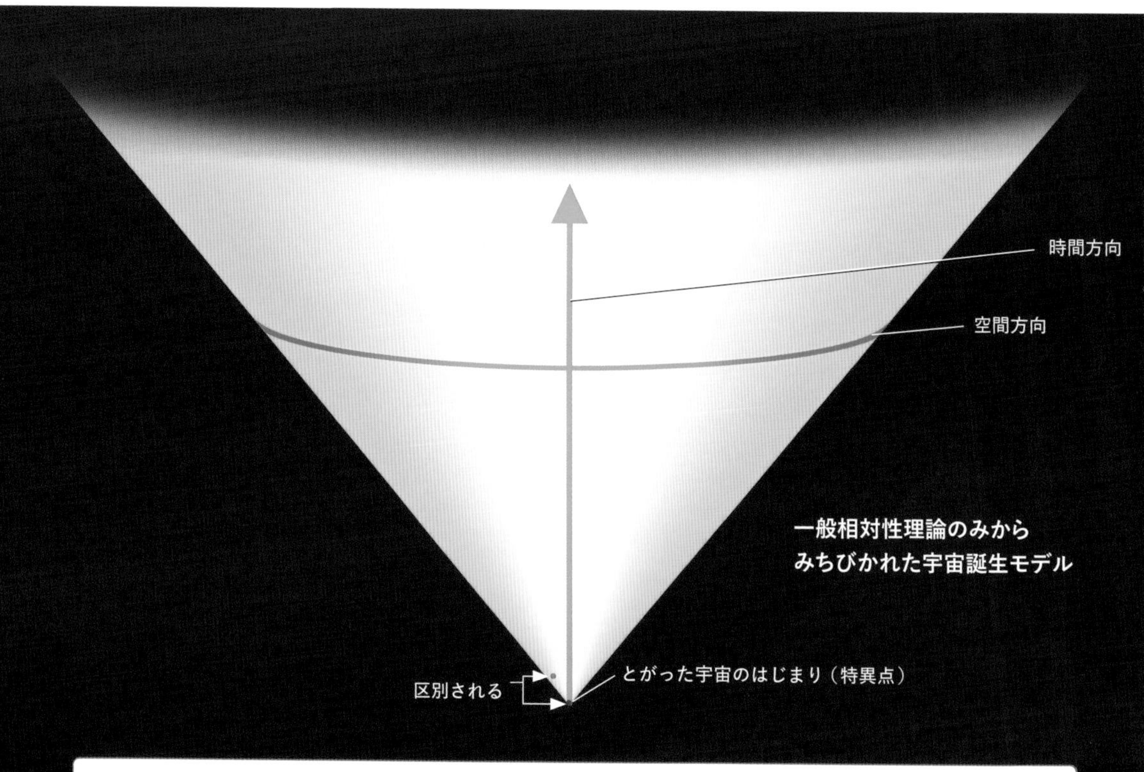

虚数時間がもたらした，なめらかな宇宙のはじまり

イラストは，一般相対性理論のみからみちびかれた宇宙誕生モデル（左）と，量子論を取り入れてみちびかれた宇宙誕生モデル（右）の“形”をくらべたものである。宇宙のその時々の空間をあらわす輪を，下から順に積み上げていったイメージだ。左のモデルでは，宇宙のはじまりが特異点になってしまい，宇宙誕生の瞬間を物理学的に計算すると破綻する。しかし右のモデルでは，虚数時間が宇宙誕生の瞬間に導入されたことで，空間と時間の区別はなくなり，底の形がなめらかになるという。これにより，宇宙のはじまりはほかの時期と何ら区別されるものではなくなった。その結果，宇宙誕生を解き明かす望みがつながれたのである。

空間と時間を同じレベルであつかえるという。

宇宙のはじまりで空間と時間が同等になると，**宇宙のはじまりは計算不可能な特別な点（特異点）ではなくなり，ほかの時期の宇宙となんら区別されないことになるという。**南極点は地球の南端（宇宙のはじまりに相当）だが，地球上のほかの点（宇宙のはじまり以外に相当）とくらべて，特別にかわったことのない場所であることに似ている。

時間と空間が区別できなくなるわけ

相対性理論では，空間的には同じ場所でも，時刻が経過すればちがう場所とみなす。そして，下の式に示すような「時空の距離」という概念を使う。

$$(\text{時空内の距離})^2 = (\text{空間方向の距離})^2 - (\text{時間の経過})^2$$

時空内の距離において，実数時間では「空間方向」はプラスの，「時間方向」はマイナスの寄与をする。しかし虚数時間が流れていれば，虚数は2乗するとマイナスになるので「時間方向」もプラス要因となり，空間方向と時間方向のちがいがなくなる。つまり宇宙のはじまりはほかの点とかわらなくなり，特異点ではなくなるのだ。

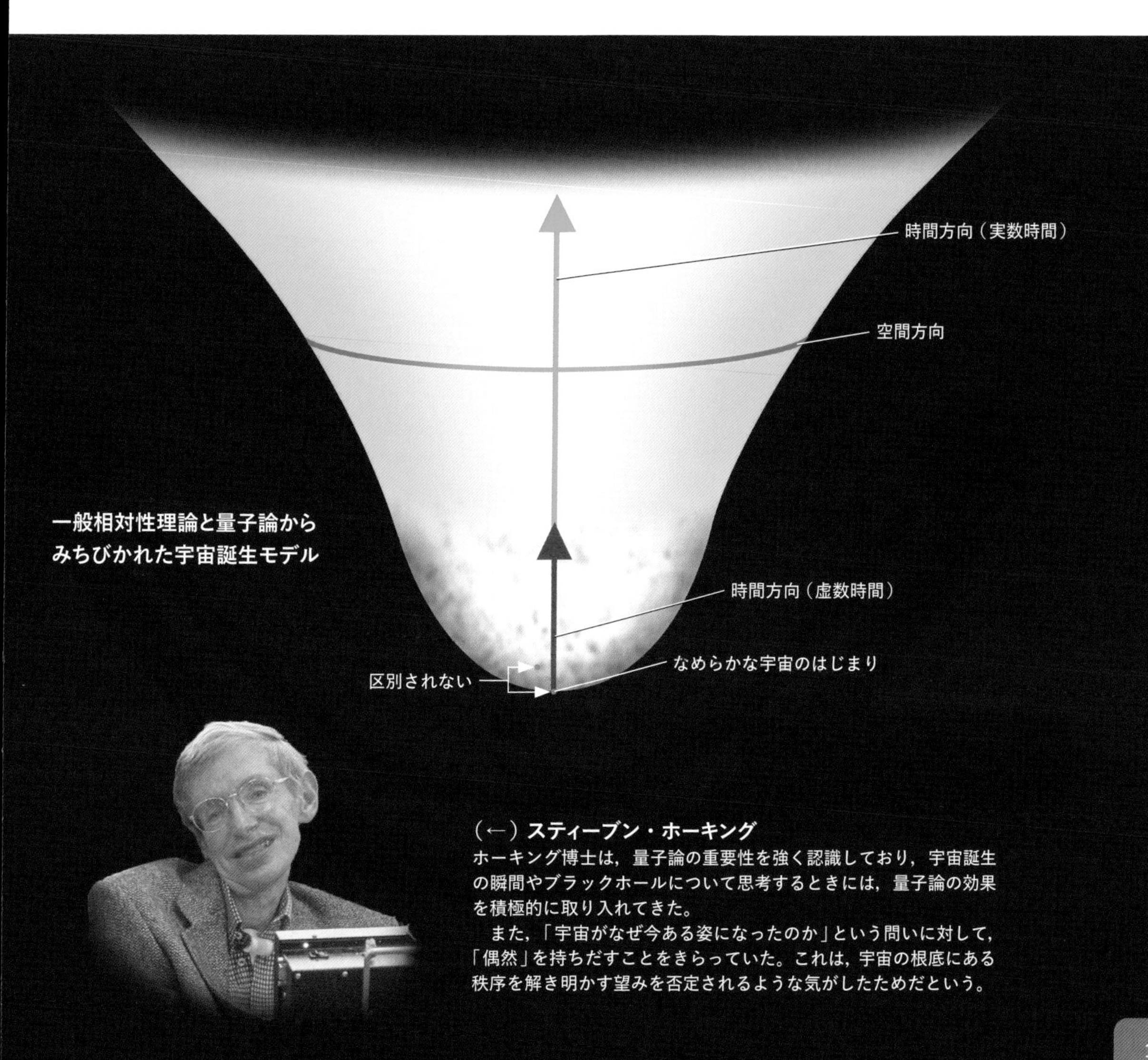

一般相対性理論と量子論からみちびかれた宇宙誕生モデル

（←）スティーブン・ホーキング
ホーキング博士は，量子論の重要性を強く認識しており，宇宙誕生の瞬間やブラックホールについて思考するときには，量子論の効果を積極的に取り入れてきた。

また，「宇宙がなぜ今ある姿になったのか」という問いに対して，「偶然」を持ちだすことをきらっていた。これは，宇宙の根底にある秩序を解き明かす望みを否定されるような気がしたためだという。

宇宙が生まれた瞬間は奇妙な時間が流れていた？

虚数（きょすう）の時間が流れる世界は，私たちの実数時間の世界と何がことなるのだろうか。

たとえば虚数時間の世界では，力を受けた物体が，力とは逆向きに動く。球と坂道であれば，虚数時間の世界では，球は坂を自然に上る運動になる。見方をかえれば，**実数時間の世界では上り坂だった坂が，虚数時間の世界では下り坂とみなせるのである。**

これを，宇宙誕生の瞬間にあてはめて考えてみよう。生成してすぐに消滅する宇宙の“卵”が，急膨張する宇宙に転じるためにこえるべき高い“山”は，実質的に“谷”になる。そのため，宇宙の卵はこの谷を通り，急膨張する宇宙に難なく転じることができる（下のイラスト）。つま

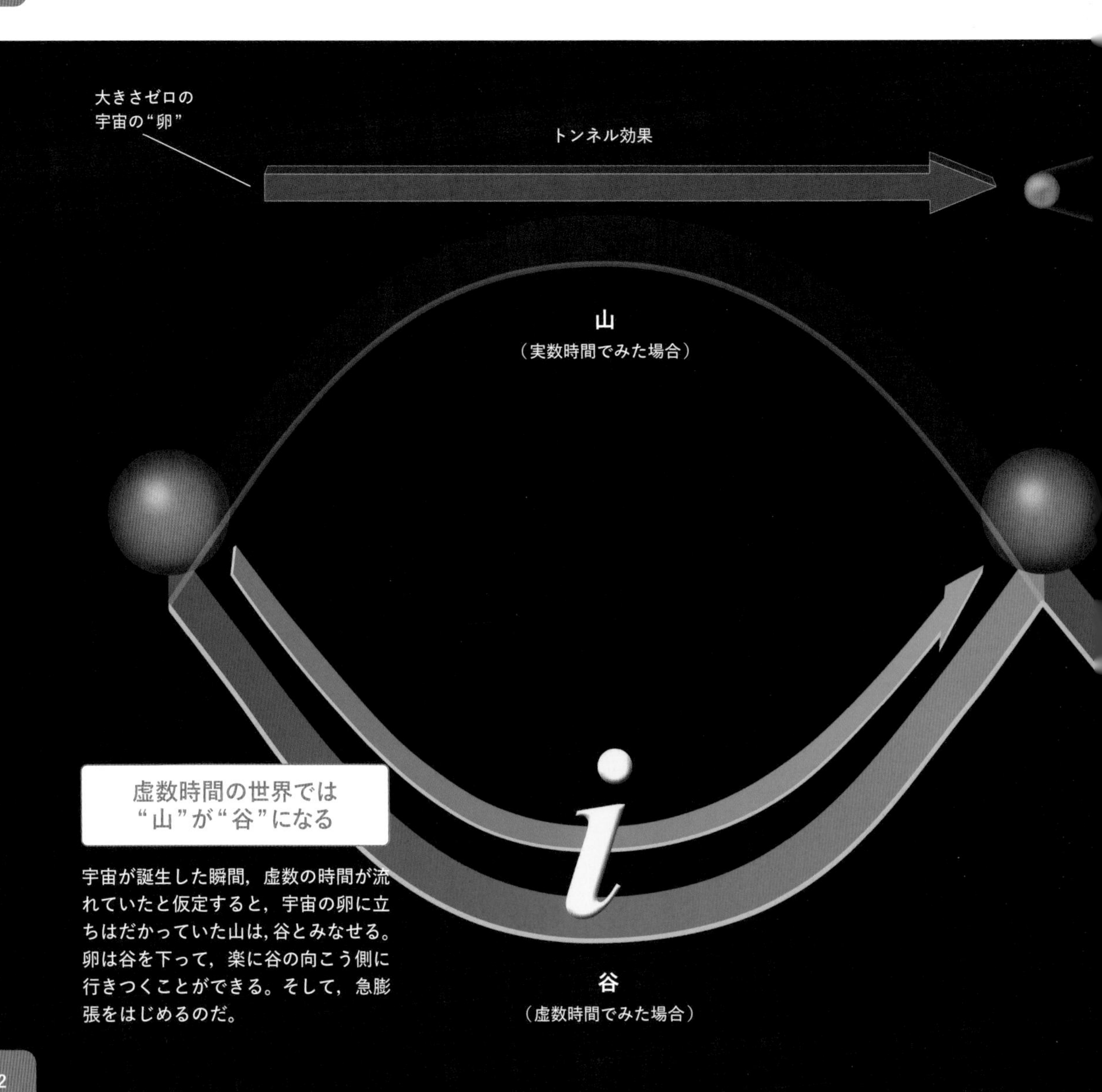

虚数時間の世界では“山”が“谷”になる

宇宙が誕生した瞬間，虚数の時間が流れていたと仮定すると，宇宙の卵に立ちはだかっていた山は，谷とみなせる。卵は谷を下って，楽に谷の向こう側に行きつくことができる。そして，急膨張をはじめるのだ。

り，虚数時間が流れていたと仮定することで，宇宙創生時のトンネル効果を自然に説明することができるというわけだ。

さらに，「無」がトンネル効果で急膨張する宇宙に転じるということは，必然的に，虚数時間が流れていたことになるという（山を抜けた瞬間から，実数時間に切り替わる）※。

ビレンキン博士の「無」からの宇宙創生も，ホーキング博士らの虚数時間からはじまる宇宙も，おおよそ似たモデルといえる。ただしこれらのモデルは，一般相対性理論に単純化した量子論を適用して，つくりだされたものだ。正確に宇宙誕生の瞬間を解き明かすためには，量子論をミクロな世界の重力をあつかえるように進化させた「量子重力理論」の完成が必要になる。

※：量子論では，一般的なトンネル効果について計算するときに虚数時間が登場することがあるが，あくまで計算上のテクニックにすぎない（流れている時間は，虚数時間ではない）。これに対し，宇宙誕生時にトンネル効果がおこるときには，虚数時間という時間が実際に流れていたと解釈されている。

膨張する宇宙

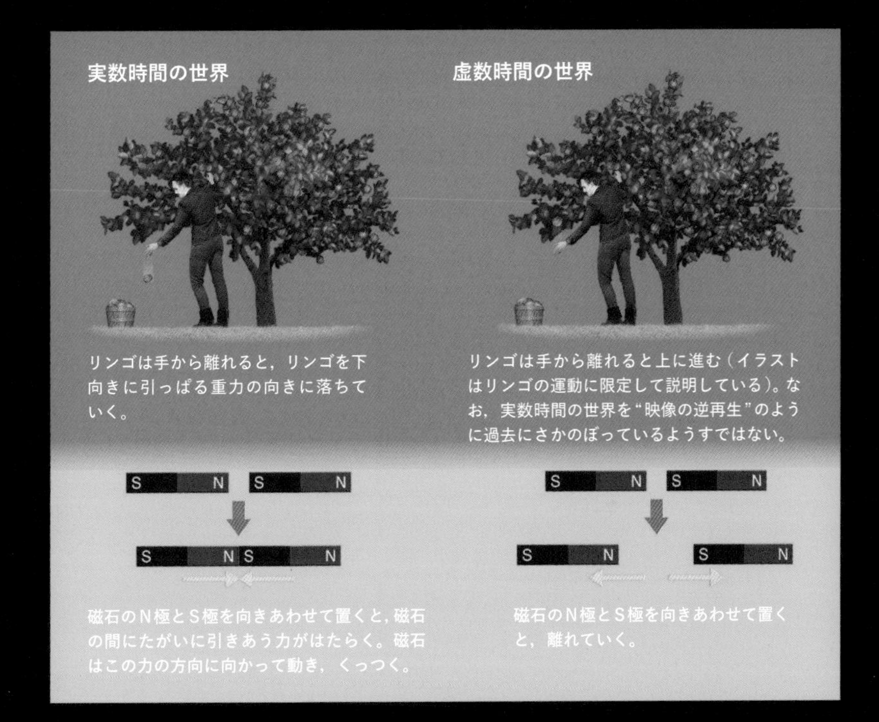
実数時間の世界
虚数時間の世界
リンゴは手から離れると，リンゴを下向きに引っぱる重力の向きに落ちていく。
リンゴは手から離れると上に進む（イラストはリンゴの運動に限定して説明している）。なお，実数時間の世界を“映像の逆再生”のように過去にさかのぼっているようすではない。
S N S N
S NS N
S N S N
S N S N
磁石のN極とS極を向きあわせて置くと，磁石の間にたがいに引きあう力がはたらく。磁石はこの力の方向に向かって動き，くっつく。
磁石のN極とS極を向きあわせて置くと，離れていく。

（↑）

物体の運動の向きは正反対になる

すべての虚数には「$3i$」などといったように「i」という虚数単位がつく。iは，2乗したらマイナス1になる数である（つまり，マイナス1の平方根）。虚数の時間とはどのような時間なのか，加速度を例にとって考えてみよう。

物体は力を加えられると，力の方向に向かって運動する。このとき，物体がどれだけ加速するのかをあらわすのが「加速度（1秒あたりの速度の変化）」だ。虚数時間の世界では，加速度の符号が実数時間の場合と逆になる。つまり，たとえば手からリンゴを離した場合，虚数時間ではリンゴは上に進んでいく。また磁石のN極とS極を向きあわせて置くと，虚数時間では磁石どうしが離れていく。

無からの宇宙創生はエネルギー保存則に矛盾している？

宇宙には，膨大な量の物質が存在している。相対性理論の有名な式「$E = mc^2$」（Eはエネルギー，mは質量，cは光速）によると，**物質の質量はエネルギーと等価だ。**つまり，「無」から宇宙が生まれたということは，**「無」からエネルギーが生まれたということになる。**

しかし，科学には「エネルギー保存則」（エネルギーの総量はつねに一定不変である）という，きわめて重要な法則がある。エネルギー保存則が正しいとすれば，「無」から宇宙がつくりだされることなど不可能ではないだろうか。

一般相対性理論によれば，宇宙がもつエネルギーは物質のエネルギーだけではない。宇宙空間自体が膨張していることによるエネルギー，そして空間自体に内在するエネルギーがある。

物質のエネルギー（$E = mc^2$）をプラスだとすれば，膨張のエネルギーはマイナス，空間のエネルギーは状況によってプラスになったりマイナスになったりする。**これらの全体がゼロになっていれば，宇宙はエネルギーのない「無」から誕生できることになる。**

ところで，宇宙は「無」から生まれたのではないとする説もある。たとえば「永久インフレーション」という仮説では，この宇宙は別の宇宙のインフレーションの際に生まれた“子ども”であり，インフレーションは永久につづくと主張する。

ほかにもさまざまな説があるが，そちらについては次の6章で紹介しよう。

宇宙誕生は「フリーランチ」

イラストは，宇宙誕生のようすをイメージしてえがいた。宇宙がもつエネルギーは，物質のエネルギー（プラス），宇宙空間の膨張エネルギー（マイナス），宇宙空間自体に内在するエネルギー（プラスまたはマイナス）がある。その全体がゼロであれば，「無」から宇宙が生まれることは可能だといえる。

この状況を，宇宙誕生は「フリーランチ」（タダ飯）と表現する。何もエネルギーがあたえられなくても，宇宙は誕生できるのだ。

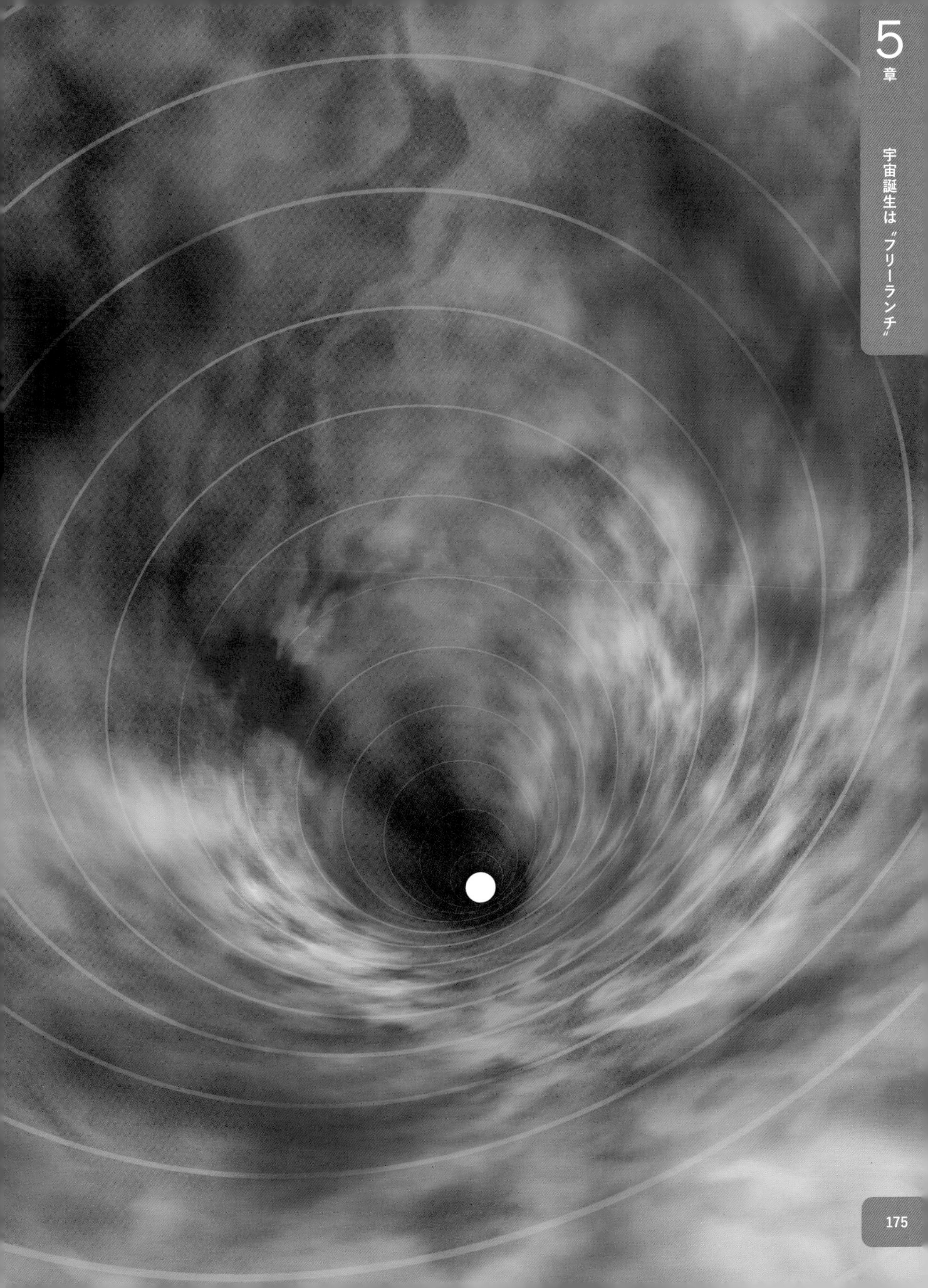

虚数を使えば 時間と空間の区別がつかなくなる

──直角三角形の斜辺の2乗は，底辺の2乗と高さの2乗を足したものに等しい。

これは，有名な「ピタゴラスの定理（三平方の定理）」である。この定理を使えば，横方向にxメートル，縦方向にyメートル離れた2点間の距離を$\sqrt{x^2+y^2}$と計算することができる（下図A）。この定理は，2次元平面だけでなく，3次元以上の空間でも成り立つ。

では3次元空間に「時間」を加えた「4次元時空」では，ピタゴラスの定理は成り立つのだろうか。

アインシュタインの特殊相対性理論では，「4次元時空の距離」という，新しい距離の概念をあつかう。4次元時空の距離については，「4次元時空の距離」の2乗は，3次元空間の距離の2乗から，時間の経過（を距離に換算したもの）の2乗を引いたものに等しいという関係式が成り立つ（B）。

この式はピタゴラスの定理に似ているが，同じではない。時間の経過の2乗が，足し算ではなく引き算になっているためだ。私たちは空間を自由に移動できるが，時間を自由に移動することができない。時間はやはり，空間とまったく同じようにあつかうことはできないのだ。

虚数の使用を提案したミンコフスキー

しかし不思議なことに，「虚数」を使えば，時間を空間とまったく同じようにあつかうことが可能になる。

アインシュタインが発見した特殊相対性理論の中に，時空の距離という概念を取り入れられ

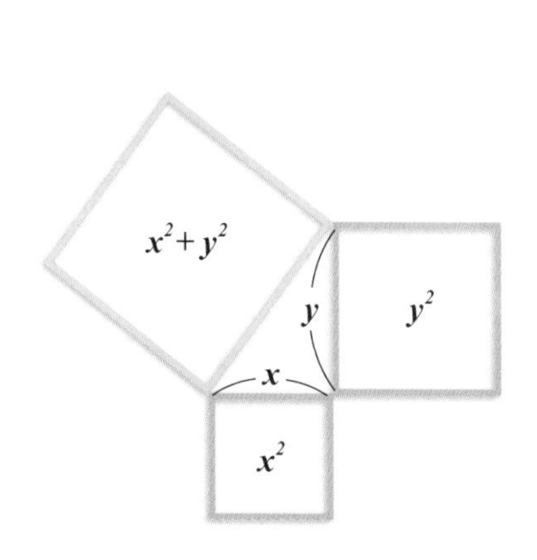

ピタゴラスの定理

直角三角形の斜辺の2乗は，底辺の2乗と高さの2乗の和に等しい。また，三角形の二辺をそれぞれ2乗したものの和が，残る一辺の2乗に等しいとき（それぞれの辺が3：4：5となるとき），その三角形は直角三角形である。

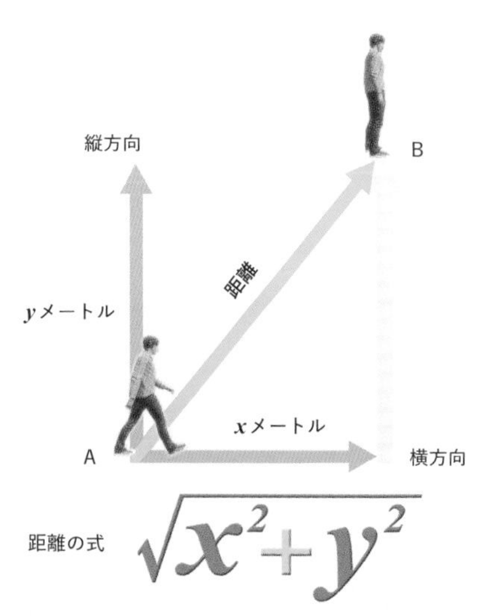

A. 2次元平面では，ピタゴラスの定理が成り立つ

横方向にxメートル，縦方向にyメートル離れた2点間ABの距離は $\sqrt{x^2+y^2}$ メートルに等しい。

ることを発見したのは，アインシュタインに数学を教えたヘルマン・ミンコフスキー（1864～1909）だった。

ミンコフスキーはさらに，虚数を使えば，時間と空間をまったく同じようにあつかえることも指摘した。つまり，4次元時空の距離の式にある「時間の経過の2乗の引き算」を，「虚数時間の2乗の足し算」とみなすよう提案したのである。こうすれば，4次元時空の距離の式は，見慣れたピタゴラスの定理と同じものになる（**C**）。つまり，虚数の値をもつ時間は，もはや空間と区別がつかなくなってしまうというわけだ。

ただし，ミンコフスキーが提案した虚数時間は，あくまでも“数学のトリック”にすぎない。私たちが過ごす時間はやはり実数であり，決して虚数ではない。

虚数時間と実数時間

では，ミンコフスキーが提案した虚数時間は何を意味しているのだろうか。ニュートン力学では，「速さ＝（位置の変化）÷（時間の変化）」と定義する。また，「加速度＝（速さの変化）÷（時間の変化）」だ。つまり加速度を求めるには，距離を時間で2回割り算すればよい。ここで時間がもし虚数なら，距離を時間で2回割り算した答え（加速度）にはマイナスの符号がつく。

加速度は，大きさと向きをもつ物理量で，ニュートン力学の運動方程式「$F=ma$」から，加速度（a）に質量（m）を掛けたものが力（F）である。加速度にマイナスの符号がつくと，力の方向は逆向きになる。

つまり，虚数時間が流れる世界とは，リンゴが上に落ちる世界にほかならないのだ。ところが，私たちが目にするリンゴは下に落ちるので，この世界に流れる時間はやはり実数時間ということになる。

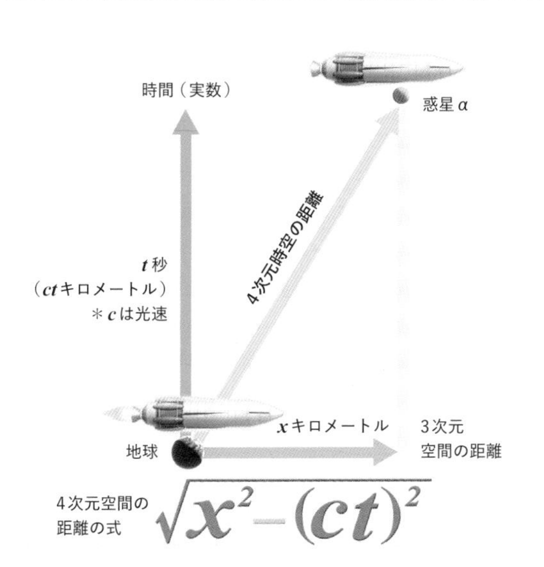

B. 4次元時空では，ピタゴラスの定理は成り立たない

超高速で飛ぶ宇宙船が，ある時刻に地球の前を通過し，しばらくして惑星αの前を通過した。宇宙船の乗員にとって，地球から惑星αまでの距離はxキロメートルで，その移動にt秒かかったとする。このとき，宇宙船が飛んだ4次元時空の距離は$\sqrt{x^2-(ct)^2}$に等しい。

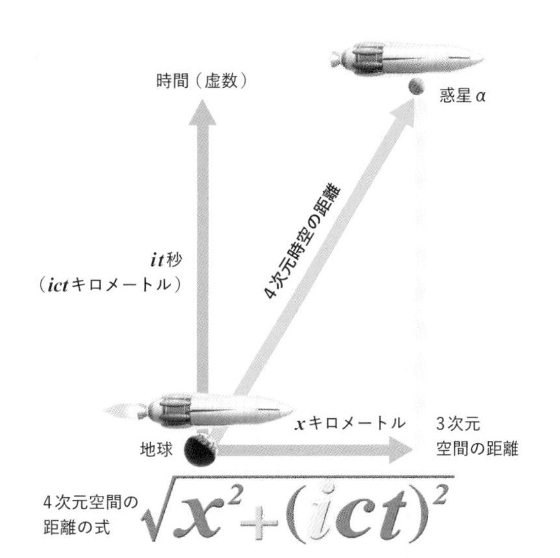

C.「虚数時間」では，ピタゴラスの定理が成り立つ

Bの式の時間の経過をtではなく，虚数単位iをかけたitであらわすことにすれば，時空距離は$\sqrt{x^2+(ict)^2}$となり，ピタゴラスの定理を拡張した形になる（ただし，4次元時空の距離は虚数のまま）。

超ひも理論と宇宙の姿

協力　佐々木 節・夏梅 誠・橋本幸士／村田次郎
協力（エピローグ）　一ノ瀬正樹・夏梅 誠

これまで，あらゆる物質の根源は大きさゼロ（無）の素粒子であると考えられてきたが，最新の「超ひも理論（超弦理論）」によると，その正体は長さをもつ極小の「ひも」だという。素粒子のあり方をかえるこの理論は，この世界の次元や宇宙創成，そして宇宙創成にまつわる「無」にも斬新な考えをもたらす。

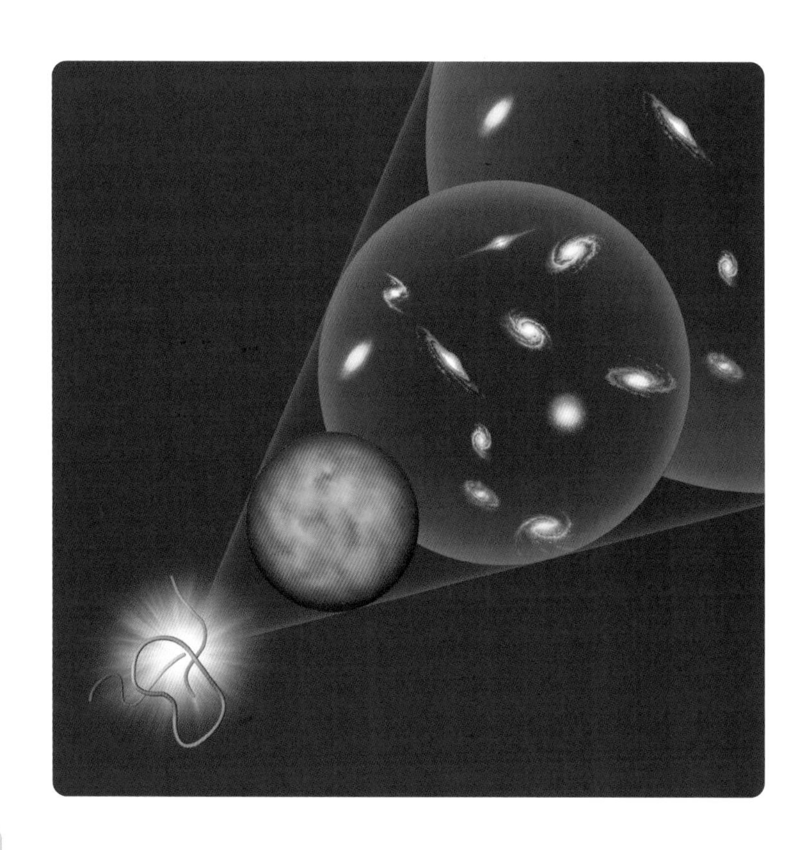

自然界の最小部品はひも？「超ひも理論」

現在の物理学の標準的な解釈では，自然界の“最小部品”は素粒子（そりゅうし）とされ，あらゆる素粒子は大きさゼロの「点」だと考えられている。電子や光子（こうし），原子核を形づくっているクォークなど，素粒子は約20種類の存在が知られているが，未発見のものもまだたくさんあるようだ。

科学の理想は，「より少ない要素をもとにして，より多くの現象を説明すること」だといえる。このことからすると，最小部品としての素粒子の種類は多すぎると考えている物理学者も多いようである。

そのようななか，1980年代なかばごろから，多くの物理学者によって研究が進められている未完成の理論が「超ひも理論（超弦（ちょうげん）理論）」である。超ひも理論は，**自然界（宇宙）を形づくっている，あらゆるものの最小部品を「ひも」だと考える。**私たちの体も，テレビのような人工物も，太陽のような天体も，すべて無数のひもの集まりだというのだ。

また，どの素粒子を拡大しても，同じひもがあらわれるという。ひもは，太さはゼロだが，長さだけはもつ。ただし，**素粒子の種類によって，ひもの揺れ方（振動の仕方）などがことなっているとされる。**

バイオリンなどの弦楽器では，弦の揺らし方をかえると多様な音色を生みだせるが，それと似ている。ひもは小さすぎて振動するようすが見えないため，私たちには多様な素粒子が存在しているように見えるというわけだ。

超ひも理論（一）

超ひも理論によれば，万物は「ひも」でできており，自然界のありとあらゆる現象は，無数のひもがぶつかったり，くっついたりしながら，くりひろげられているという。

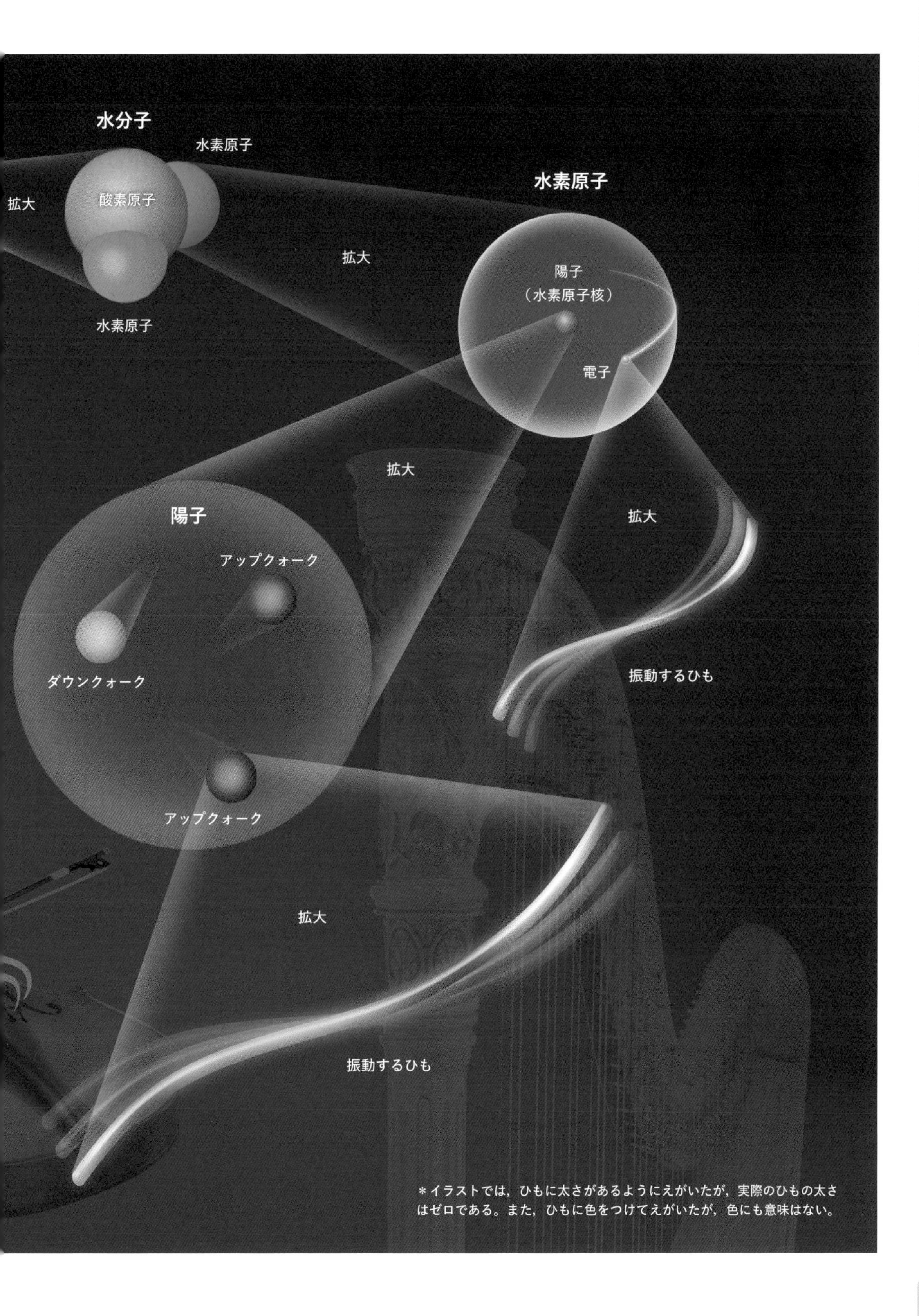

＊イラストでは，ひもに太さがあるようにえがいたが，実際のひもの太さはゼロである。また，ひもに色をつけてえがいたが，色にも意味はない。

二つの理論を統合する“究極の理論”

一般相対性理論は，天体のような大きなスケールでの重力が主な守備範囲である。原子核などとくらべても極端に小さなミクロな世界での重力には，一般相対性理論は使えない。これは，量子論にもとづいて重力を考えなくてはならないためだ(原子や素粒子(そりゅうし)などにはたらく重力は微弱で，通常は無視できるため，これまで大きな問題とはなってこなかった)。

つまり，現代物理学の土台となっている二つの大理論である**量子論と一般相対性理論を“統合”する理論が必要になるが，その有力候補が超ひも理論なのである。**

ミクロな世界での重力が重要になってくるのは，たくさんの物質がごく小さな領域に，ぎゅうぎゅうに詰めこまれた場所だ。その典型例※は「宇宙創生の瞬間」である。現在の宇宙は膨張をつづけていることがわかっているが（118ページ参照），時間をさかのぼっていけば，宇宙はどんどん小さくなり，あらゆる物質がごく小さな領域に押しこめられていたことになる。

宇宙創生をめぐっては，「宇宙は無から生まれた」「宇宙は誕生と死をくりかえしている」など，これまでさまざまな説が考えられてきたが，超ひも理論が完成すれば，その謎に迫れると期待されているのだ。

※：ブラックホールの中心（特異点）も典型例の一つである。ブラックホールの中心の一点には，膨大な質量が集中しているが，くわしいことはよくわかっていない。

宇宙創生の謎も解明できる?（→）

右は，誕生したのち，膨張をつづける宇宙のイラスト（イメージ）。宇宙全体を絵にすることはできないので，球体で切り取った宇宙の一部だけをえがいている。超ひも理論が完成すれば，宇宙がどのように誕生したのかも，解明できるかもしれない。

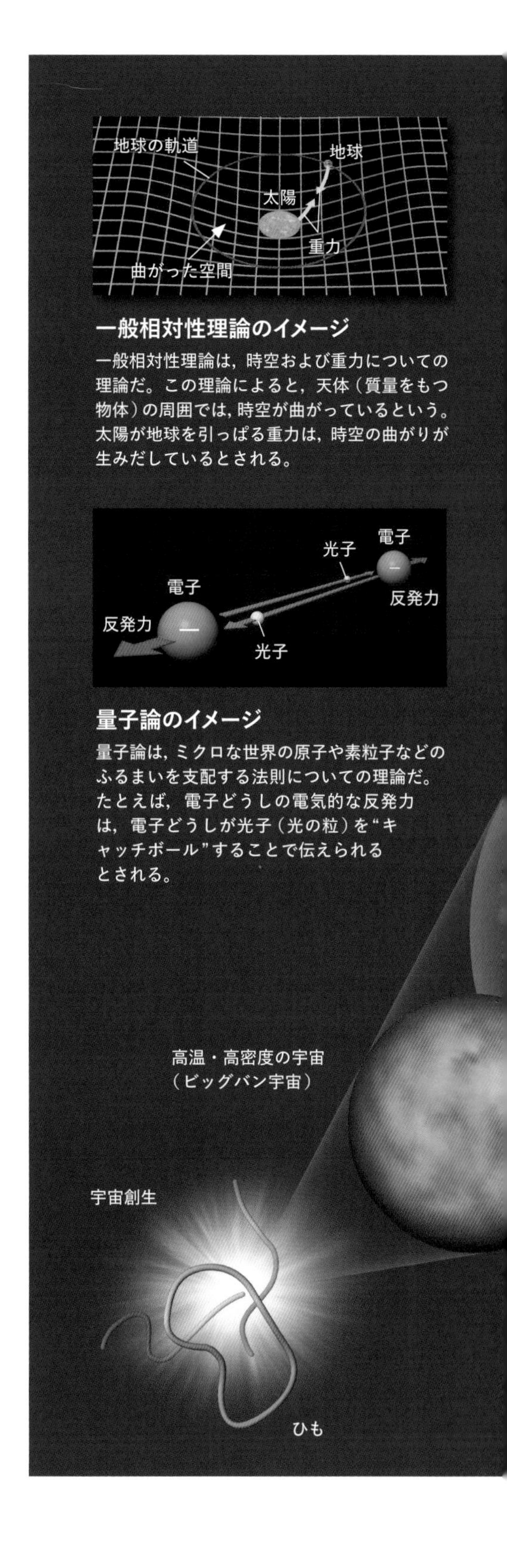

一般相対性理論のイメージ
一般相対性理論は，時空および重力についての理論だ。この理論によると，天体（質量をもつ物体）の周囲では，時空が曲がっているという。太陽が地球を引っぱる重力は，時空の曲がりが生みだしているとされる。

量子論のイメージ
量子論は，ミクロな世界の原子や素粒子などのふるまいを支配する法則についての理論だ。たとえば，電子どうしの電気的な反発力は，電子どうしが光子（光の粒）を“キャッチボール”することで伝えられるとされる。

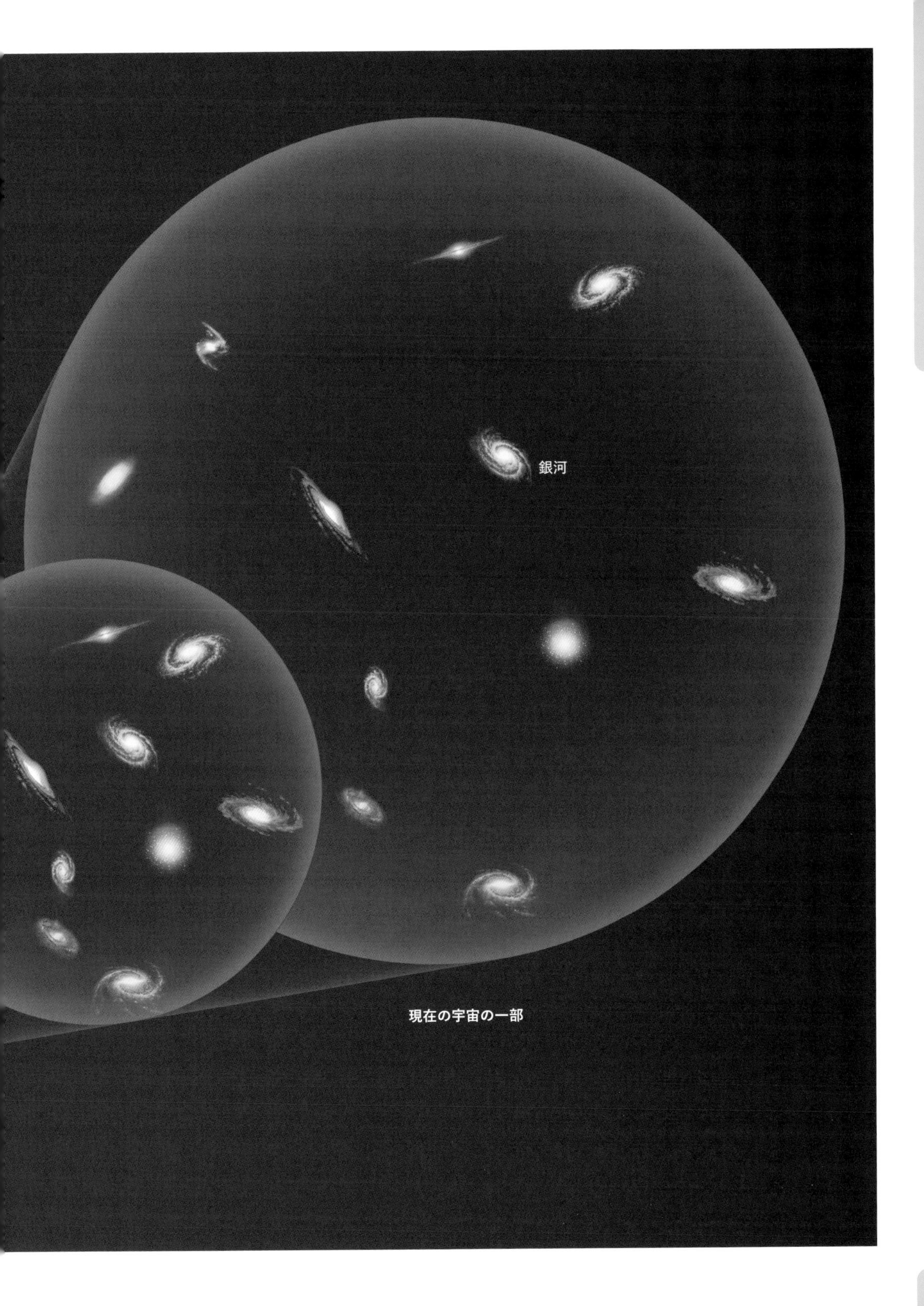
銀河
現在の宇宙の一部

小さすぎて見ることができない「ひも」の姿

自然界の最小部品であるひもは，どんな顕微鏡や実験装置を使っても，その姿を直接見ることはできないほど小さいという。はっきりとした長さはわかっていないが，1ミリメートルの100億分の1の，100億分の1の，さらに1000億分の1程度だという（約10^{-34}メートル）。原子の直径が1ミリメートルの1000万分の1（約10^{-10}メートル），原子核の直径は原子の10万分の1（約10^{-15}メートル）程度なので，これらよりもはるかに小さいことになる。

輪ゴムのような形状の「ひも」も存在する

ひもの形状には，輪ゴムのような「閉じたもの」と，輪ゴムの一か所を切ってのばしたような「開いたもの」の二つがあるようだ。閉じたひもは端をもたないが，開いたひもは端をもつともいえる。

開いたひもの両端がくっついて，閉じたひもになることもあるし，逆に，閉じたひもが切れて開いたひもになることもあるため，両者は根本的には同じものであるようだ。

バイオリンの振動は肉眼ではとらえきれないほど速く，1秒間に数百回（10^2回程度）振動している。一方ひもは，1秒間に100兆回の100兆倍の，さらに100兆倍（10^{42}回程度）も振動しているという。しかもひもの端は，自然界の最高速度である光速※で運動したりもするというから，おどろきだ。

※：秒速30万キロメートル。1秒間で地球を7周半する速度に相当する。

太陽

光も「ひも」，重力も「ひも」

光の素粒子である「光子（こうし）」や，重力を伝える素粒子である「重力子（じゅうりょくし）」もひもからなるが，それぞれひもの形状がことなる。光子（物質をつくる素粒子も）は，「開いたひも」が基本振動という最も単純な“方法”で振動しているものだという。つまり，太陽からは無数の開いたひもが周囲の宇宙空間に放出されていることになる。一方で重力子は，閉じたひもが基本振動で振動しているものだ。

太陽と地球は，たがいに重力によって引っぱりあっている。この重力は，太陽と地球の間で閉じたひもを“キャッチボール”することで生じているという。

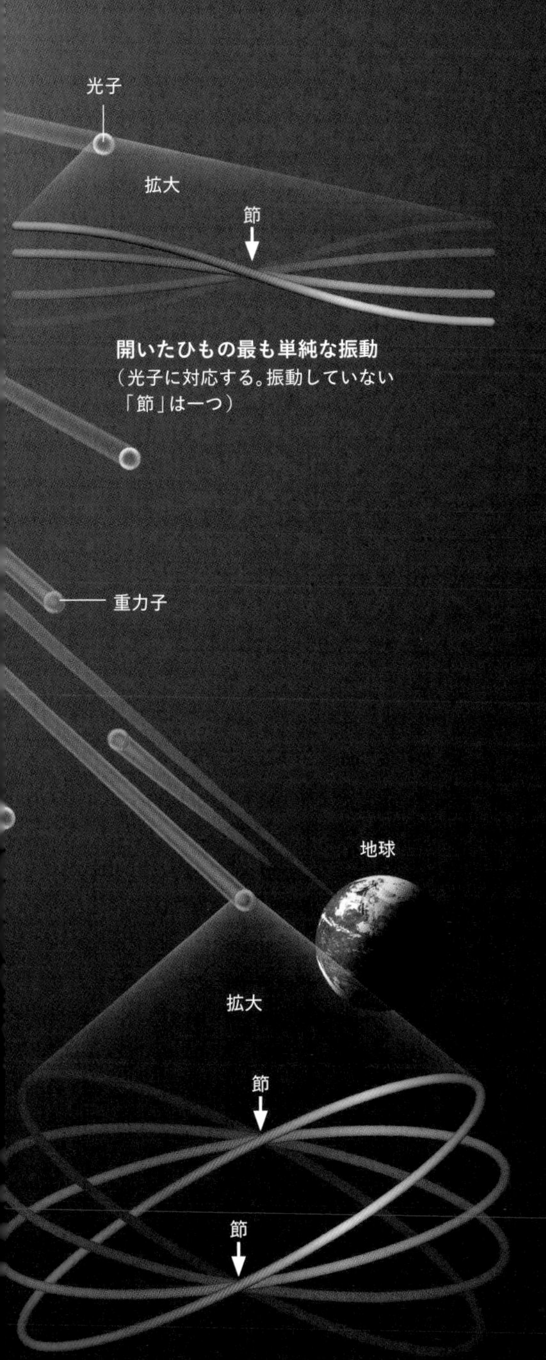

開いたひもの最も単純な振動
（光子に対応する。振動していない「節」は一つ）

閉じたひもの最も単純な振動
（重力子に対応する。振動していない「節」は二つ）

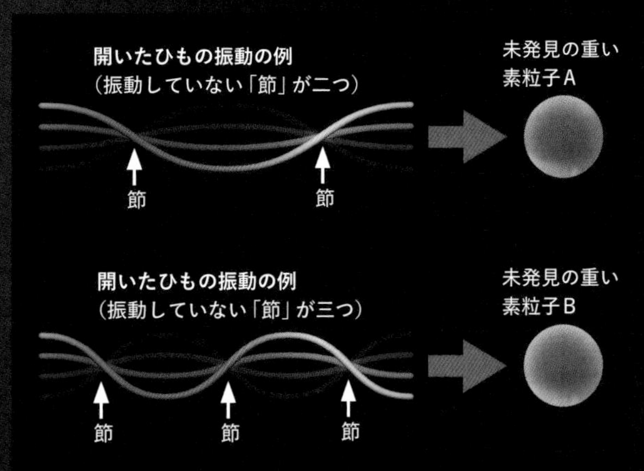

開いたひもの，ほかの振動の例をえがいた。振動パターンは，無数に考えることができる（節の数をふやせばよい）。そのため超ひも理論は，無数の種類の素粒子の存在を予言することになる。これらに相当する素粒子はまだ見つかっていないが，非常に重い素粒子だと考えられている。

閉じたひもの振動の例
（振動していない「節」が四つ）

未発見の重い
素粒子X

閉じたひもの振動の例
（振動していない「節」が六つ）

未発見の重い
素粒子Y

閉じたひもの，ほかの振動の例をえがいた。振動パターンは開いたひもと同様に，節の数をふやすことで無数に考えることができる。つまり，無数の種類の素粒子の存在が予言されるが，これらに相当する素粒子は見つかっていない（非常に重い素粒子だと考えられている）。

私たちのすむ世界は“9次元空間”だった？

超ひも理論は，私たちのすむこの世界が9次元空間（10次元空間と考える場合もある）でないと，矛盾のない理論にできないことがわかっている。

そもそも「次元」とは何だろうか。たとえば，宙を舞うチョウが動けるのは，縦・横・高さの3方向だ（3方向は直交している）。これが「3次元空間」の意味である。

9次元空間では，動ける方向（空間次元。縦・横・高さの方向と直交する方向）が，**さらに六つかくれていることになる。そして，六つの次元は小さく丸まって見えなくなっているというのだ。**

なんとも奇妙な話だが，このような“かくれた次元”が実際に存在していたとしても，これまでのどんな実験や日常の現象とも矛盾がないという。

数学を駆使して高次元空間を考える

たとえば，一辺が2センチメートルの正方形（2次元）の面積は$4cm^2$（＝2cm × 2cm），一辺が2cmの立方体（3次元）の体積は$8cm^3$（＝2cm × 2cm × 2cm）だ。ここから，4次元空間の超立方体の“体積”は$16cm^4$（＝2cm × 2cm × 2cm × 2cm）であることが推測できる。

これは非常に単純な例だが，**物理学者は数学を駆使することで，3次元空間にすむ私たちが思いえがくことができない高次元空間でおきる現象を考える（計算する）ことができるのだ。**

A2.（→）
人間はカーペットの上を2方向にしか動けない
大きな人間にとっては，カーペットの上は，「2次元」だといえる。

A1.（↙）
チョウは縦・横・高さの3方向に動ける
空間は「3次元」だといえる。

小さく丸まって“かくれた次元”

次元とは，独立して動ける方向の数（直交する方向の数）だといえる（**A1**）。カーペットは，大きな人間にとってみれば2次元だが，小さなノミにとってみれば，小さく丸まった糸の方向にも動けるので，3次元だ。

B1～**B3**は，小さく丸まった次元のイメージである。これらの次元のサイズは通常，ひもの長さ程度（10^{-34}メートルほど）だと考えられている。

B1.
右端と左端が“くっついた”世界
往年のテレビゲーム「パックマン」では，操作するキャラクターが画面右端に達すると，画面左端からあらわれることがある。これと同じように，世界の右端と左端は“くっついている”。つまり，まっすぐに進むと同じ場所にもどってくることになる。

A3.（↓）
小さなノミは丸まった糸の方向にも動ける

小さなノミにとっては，丸まった糸の方向（超ひも理論の「かくれた次元」に相当）にも動けるので，カーペットは「3次元」だといえる。丸まった糸の方向（次元）は，カーペットのあらゆる場所にかくれている。

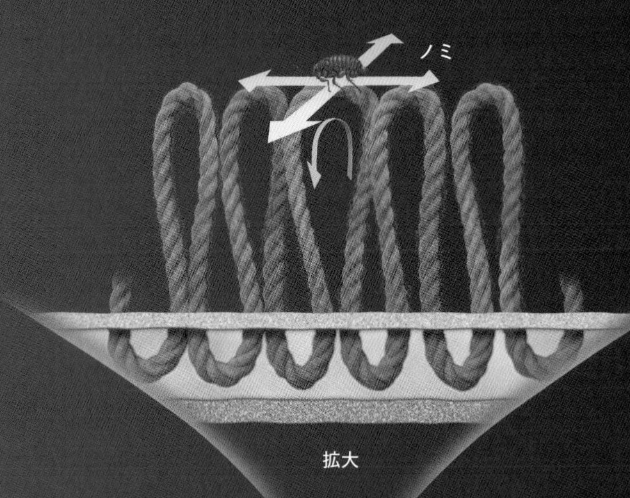

＊かくれた次元をカーペットにたとえる説明は，ブライアン・グリーン博士の著書『隠れていた宇宙（原題：The Hidden Reality）』の上巻を参考にした。

B2. B1の世界と同等な丸まった世界（↙）

B1の世界は，横方向の次元が円筒形に“丸まった”世界だとみなすことができる。

B3. 丸まった次元が小さくなり，見えなくなる

超ひも理論によると，この世界には六つの空間次元がかくれているという。B2のような丸まった次元の“半径”が非常に小さくなり，見えなくなっているため，私たちはそれらの次元の存在に気づいていないのだという。

この宇宙は“膜”「ブレーンワールド仮説」

宇宙の歴史や姿を解き明かす学問を「宇宙論」といい，そこからえがきだされる宇宙像を「宇宙モデル」という。宇宙論や宇宙モデルの中には，超ひも理論から派生して生まれたものがいくつかある。ここからは，それらを紹介していこう。

たとえば「ブレーンワールド仮説」によると，**私たちのすむ世界は「ブレーン」でできているという。**ブレーン（brane）とは，膜を意味する「membrane」に由来する。ただし，膜といっても面状（2次元）のものとはかぎらない。3次元的に広がったブレーンや，高次元に広がったブレーンも存在しうるという。

ふだん私たちは，空間を満たしている空気の存在をあまり意識しない。同じように，私たち自身はブレーンの“中”で生活しているため，その存在に気づいていないというわけだ。この場合，ブレーンは高次元空間（私たちが知る3次元空間＋かくれた次元でできた空間）に“浮いている”ことになる。

ブレーンと「ひも」の関係

バイオリンなどの弦楽器の弦は，胴体に固定されて振動している。超ひも理論のひもも同じように，ブレーンにくっついて振動する場合があるという。

開いたひも（物質や光をつくる素粒子（そりゅうし））は両端をブレーン上にくっつけているので，ブレーンの上を滑るように動くことはできるが，ブレーンから離れることはできない。しかし，開いたひもの両端はくっついて，閉じたひも（重力を伝える素粒子）になれるので，閉じたひもはブレーンを離れて高次元空間を動くことができる。

つまり，私たち（物質）や光は**開いたひもでできているので，物質はブレーン（3次元空間）にくっつき，高次元空間に出ていけないし，伝わらない。しかし，重力は閉じたひもでできているので，高次元空間を伝わる。**

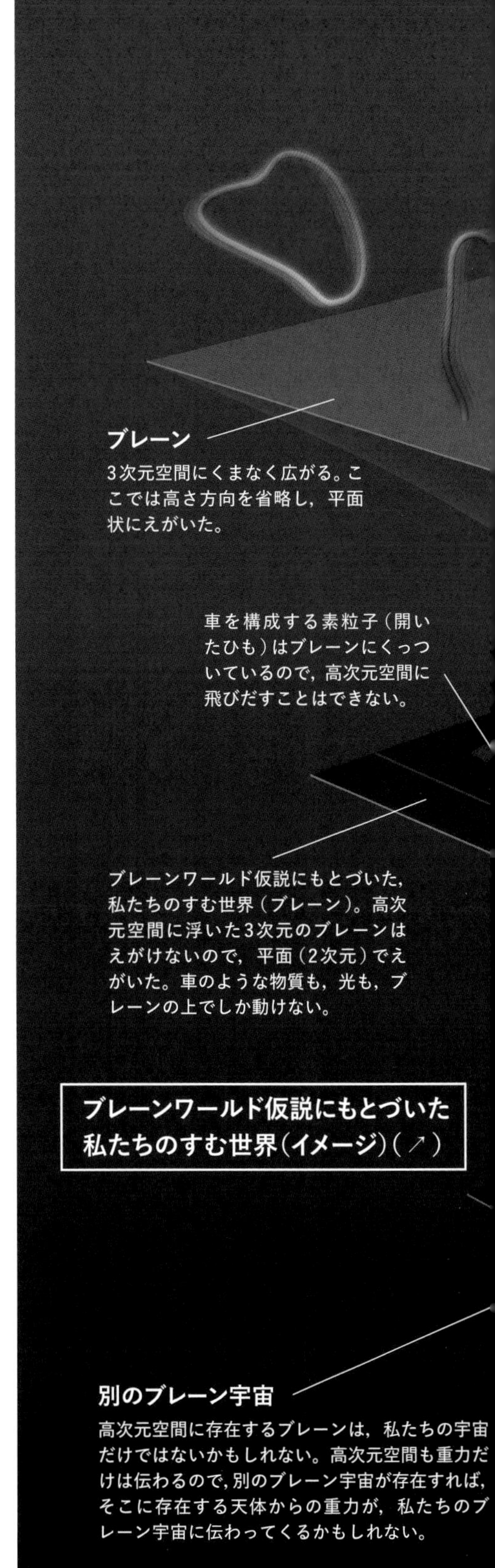
ブレーン
3次元空間にくまなく広がる。ここでは高さ方向を省略し，平面状にえがいた。
車を構成する素粒子（開いたひも）はブレーンにくっついているので，高次元空間に飛びだすことはできない。
ブレーンワールド仮説にもとづいた，私たちのすむ世界（ブレーン）。高次元空間に浮いた3次元のブレーンはえがけないので，平面（2次元）でえがいた。車のような物質も，光も，ブレーンの上でしか動けない。
別のブレーン宇宙
高次元空間に存在するブレーンは，私たちの宇宙だけではないかもしれない。高次元空間も重力だけは伝わるので，別のブレーン宇宙が存在すれば，そこに存在する天体からの重力が，私たちのブレーン宇宙に伝わってくるかもしれない。
ブレーンワールド仮説にもとづいた私たちのすむ世界（イメージ）（↗）

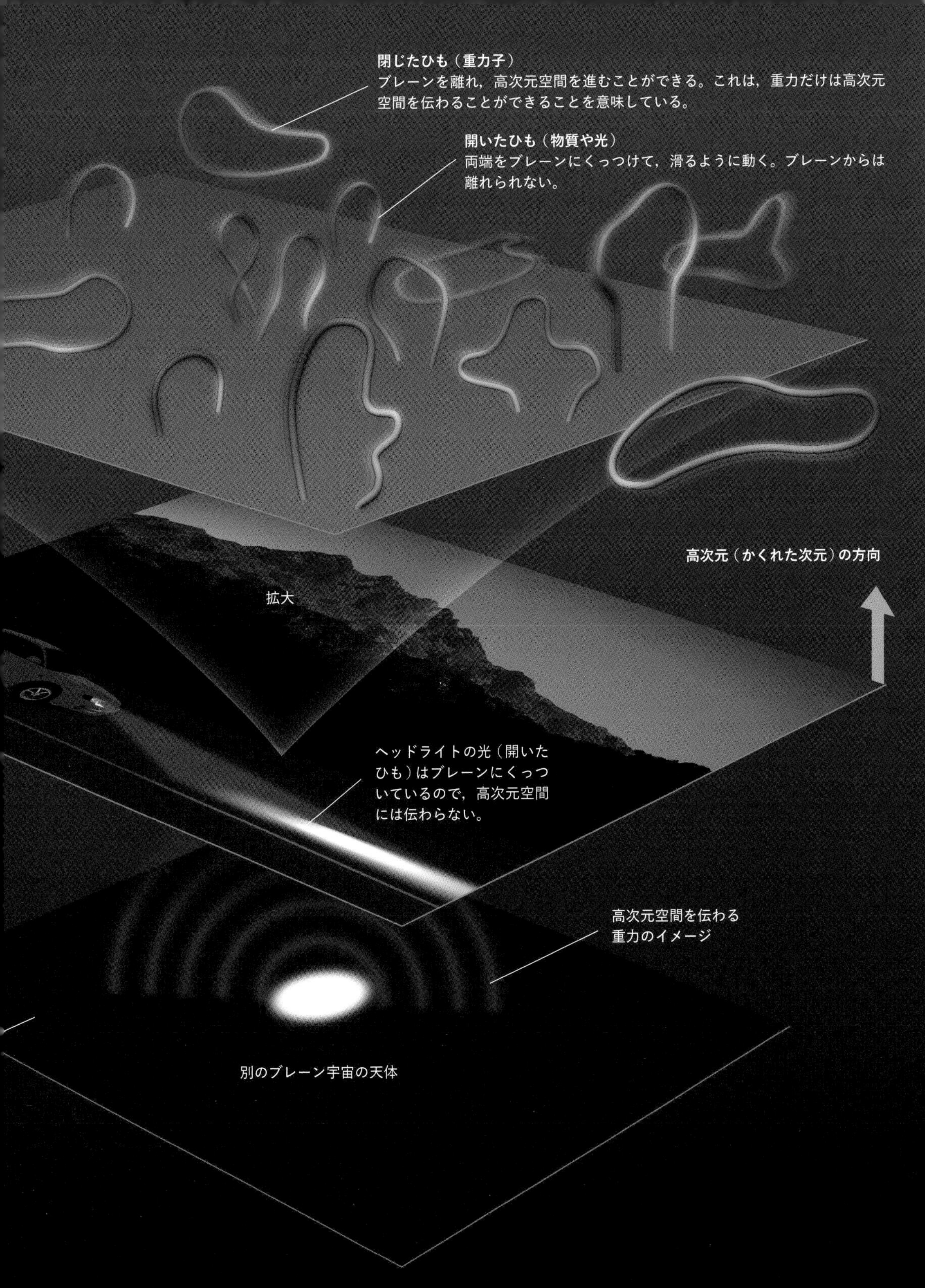

閉じたひも（重力子）
ブレーンを離れ，高次元空間を進むことができる。これは，重力だけは高次元空間を伝わることができることを意味している。

開いたひも（物質や光）
両端をブレーンにくっつけて，滑るように動く。ブレーンからは離れられない。

高次元（かくれた次元）の方向

拡大

ヘッドライトの光（開いたひも）はブレーンにくっついているので，高次元空間には伝わらない。

高次元空間を伝わる
重力のイメージ

別のブレーン宇宙の天体

新しい宇宙は宇宙の中から誕生する?

最近の超ひも理論の研究者の間では，この宇宙の物理法則は偶然決まったものであり，物理法則には無数の可能性があったのではないかという見方が強まってきている。そして私たちの宇宙は，そのような**「ことなる物理法則」をもつ別の宇宙から生まれたのかもしれない**という，おどろくべきモデルが考えられているという。

親宇宙の中から子宇宙や孫宇宙が生まれる

このモデルでは，もともとある宇宙を「親宇宙」とする。あるとき，この親宇宙の空間内の小さな領域で「子宇宙」が誕生する（右のイラスト下段1）。子宇宙の中には，親宇宙とはことなる物理法則をもつ世界が広がっている。子宇宙はどんどん大きくなるが，親宇宙も膨張しているので，子宇宙が親宇宙全体を占めることはない。

やがて，今度は子宇宙の中に孫宇宙が誕生し，同じように広がっていく。**このようにして，入れ子状に次々と新しい宇宙が誕生する**（2～3）。

なお，これと似た考えは，超ひも理論とは独立に，インフレーション理論の創始者の一人である佐藤勝彦（さとうかつひこ）博士（154ページ参照）らによって，1982年に提案されている。この「宇宙の多重発生モデル」は，宇宙のどこかで持続していたインフレーション時に，親宇宙から泡のように無数の独立した宇宙が生まれた（多重発生した）と考える。これらの宇宙では，初期条件や物理法則などがことなり，私たちの宇宙とはまったくようすがちがうという。

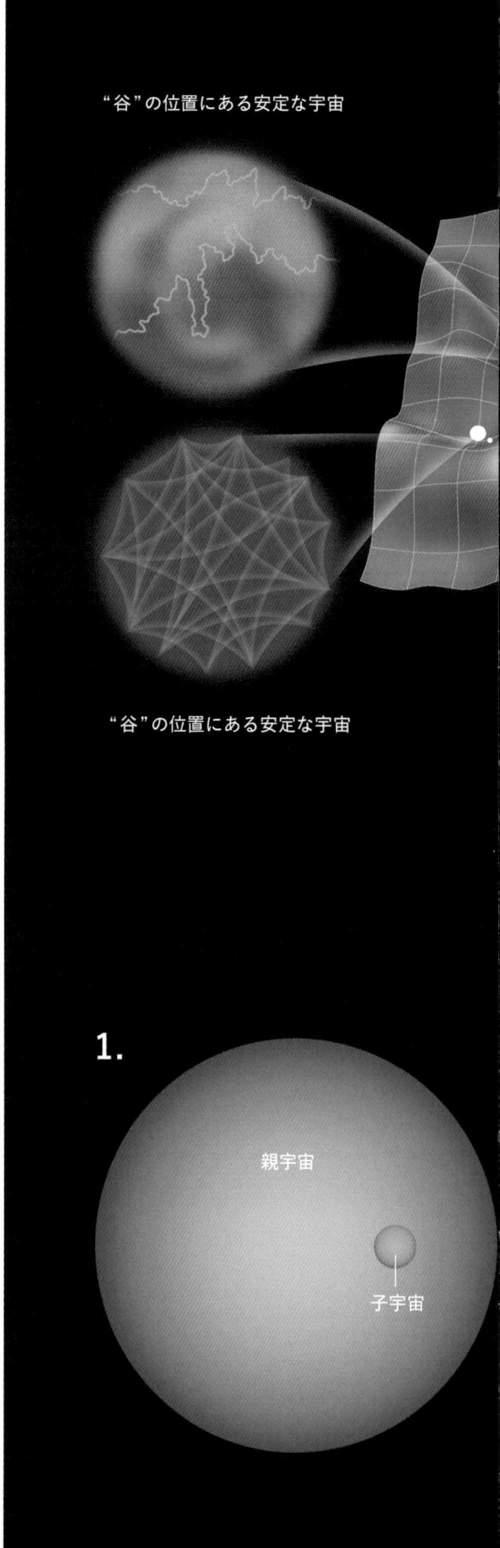

親宇宙と子宇宙の不思議な関係（一）

超ひも理論をもとにしたある宇宙誕生モデルによると，宇宙初期には，私たちの宇宙でも子宇宙が誕生していたのではないかと考えられている。今後，このような現象がふたたび生じるには，私たちの宇宙の年齢（約138億年）より長い時間がかかると予想されている。

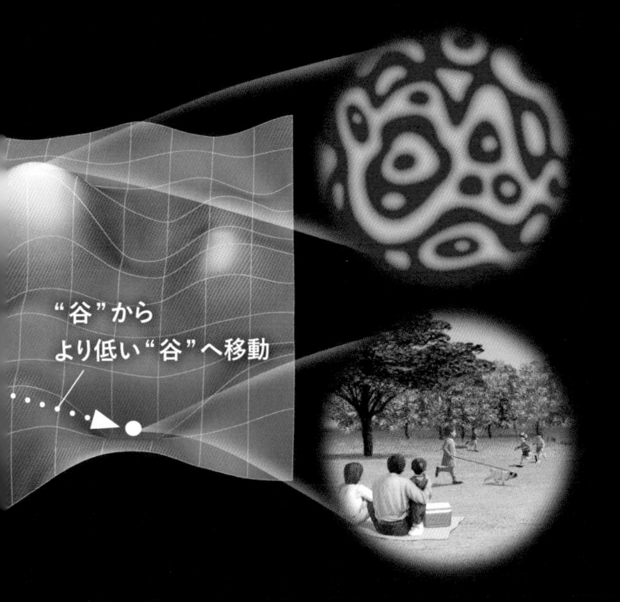

(←)宇宙が“谷”を移動する?

左のイラストは，下で示した「親宇宙から子宇宙が誕生する」というイメージを，別の表現であらわしたものだ。シートの起伏の高さは真空のエネルギーの高さを，縦軸と横軸は，宇宙の特徴を決める何らかの要素の値(電子の質量，電磁相互作用の強さなど)をあらわしている。

「親宇宙の中から入れ子状に子宇宙が誕生する」過程は，シート上の“谷”の部分(安定な宇宙)から，より低い“谷”に宇宙が移る過程に相当する。行きついた谷の位置に相当する宇宙(子宇宙)が，親宇宙の中から生まれるのである。谷の数は少なくとも10の500乗個あると計算されており，物理法則のことなる宇宙はたくさんあるという見方が強まってきている。なお，この起伏のはげしいシートは「超弦論的ランドスケープ」とよばれる。

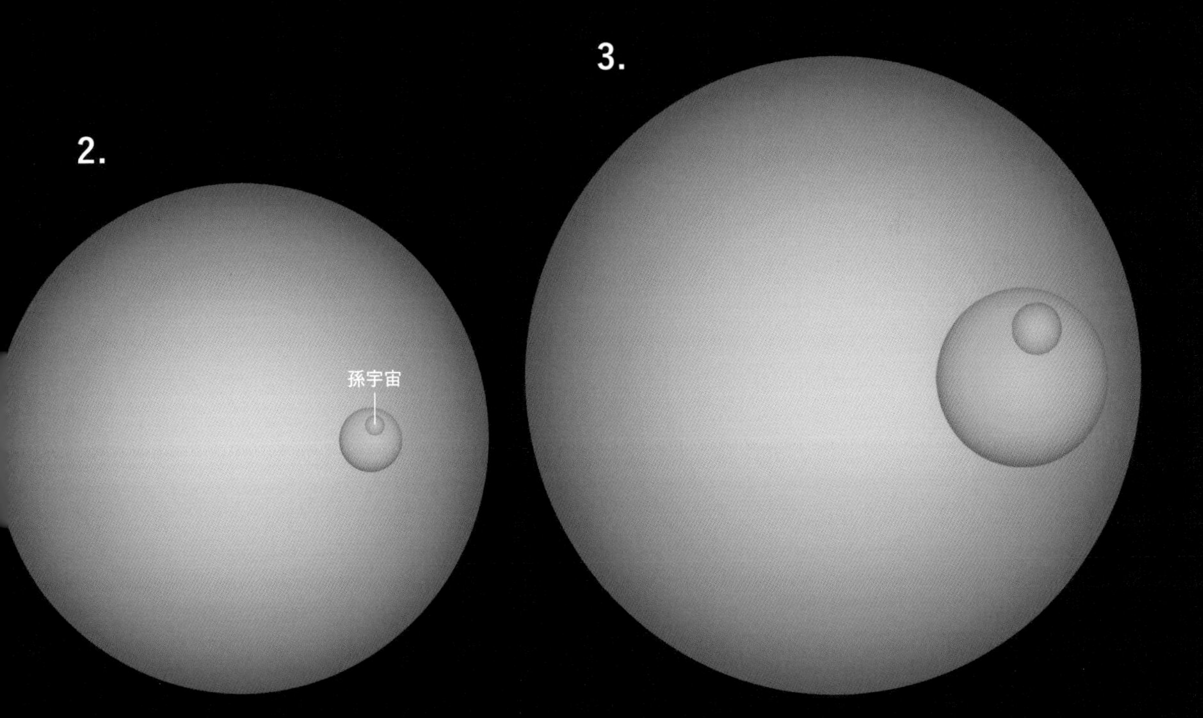

宇宙は輪廻する「サイクリック宇宙論」

前節で紹介した，ある宇宙から次々と宇宙が生まれるモデルでは，親宇宙がどのようにはじまったのかは語っていない。一方で1920年代には，「宇宙にはじまりはなく，誕生と終焉（しゅうえん）（膨張と収縮）をくりかえしている」と考える物理学者もいた。このような仮説は，「サイクリック宇宙論」とよばれている。

サイクリック宇宙論によると，ビッグバンを経て膨張しつづけていた宇宙は，あるところで収縮しはじめるという。収縮は加速していき，最後には宇宙空間がすべて一点に集まる「ビッグクランチ」がおきる。これによって宇宙は終わりをむかえるが，その瞬間にふたたび宇宙の膨張がおきる可能性があると説明する。**まるで，地面に向けて投げたゴムボールが大きくはね上がるように，宇宙はふたたび急激な膨張に転じ，ビッグバンを経て“生まれかわる”というのだ。**

生まれかわるたびに宇宙は大きくなっていく？

もし，このような膨張と収縮のくりかえしが永遠につづいてきた（つづいていく）とすれば，宇宙は「無」から生まれたわけではなく，“すでに存在していた”ことになる。

ところが，このように輪廻（りんね）（輪廻転生（てんせい）※）する宇宙は，以前とまったく同じ状態にもどることはできないということをみちびく計算結果が，1934年に発表された。これは，宇宙が生まれかわるたびに，収縮に転じる際のサイズが大きくなっていくことを意味していた。輪廻転生を逆行して考えると，宇宙の最大サイズはどんどん小さくなっていき，どこかでゼロになる。**つまり，サイクリック宇宙論であっても，宇宙にははじまりがあったというのだ。**この考え方は，広く支持された。

※：仏教用語で，命あるものは生まれかわりを何度もくりかえすという考え方。

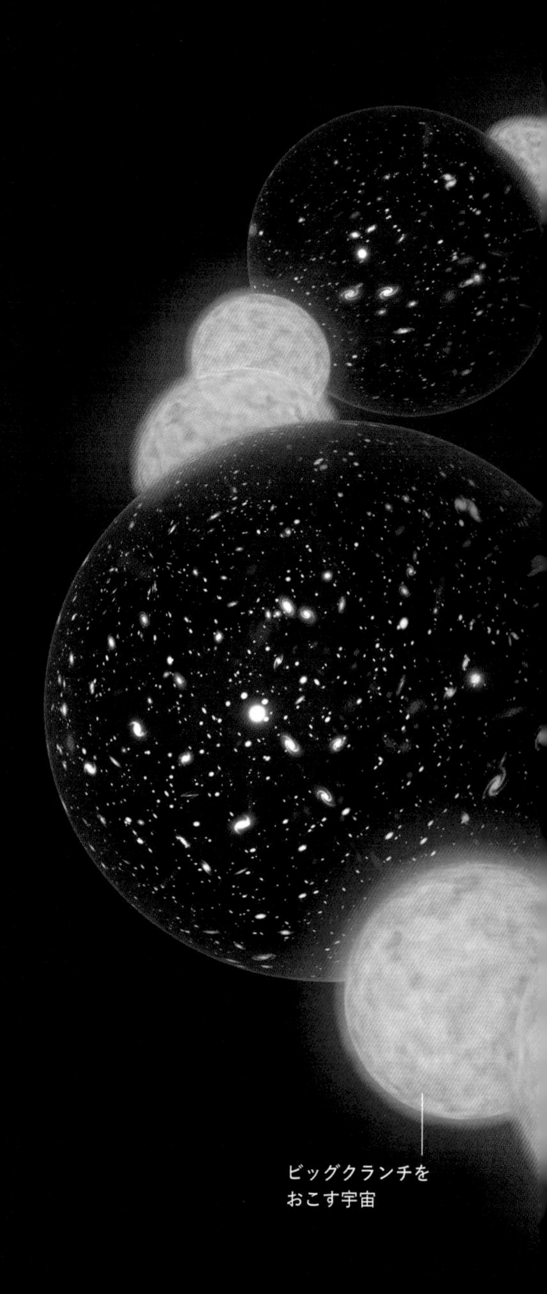

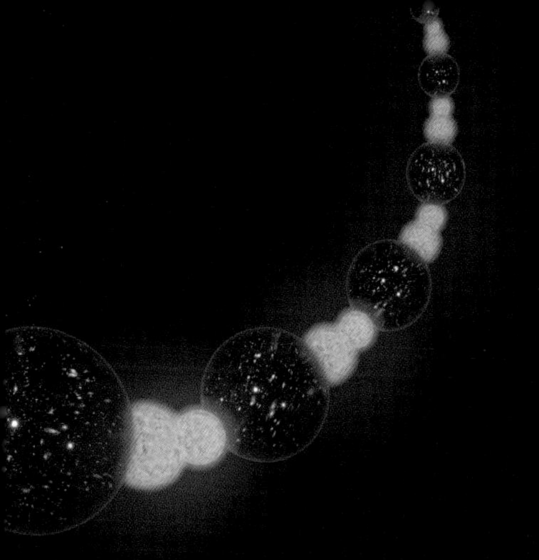

銀河が形成された宇宙
ビッグバンを
おこす宇宙

ブレーン宇宙どうしが衝突をくりかえす「エキピロティック宇宙論」

しかし21世紀に入り，新たな考え方が生まれた。それが「エキピロティック宇宙論」である。

エキピロティック宇宙論は，**高次元空間に浮かぶ二つの宇宙（ブレーン）どうしが接近・衝突したときに，宇宙は高温・高密度の状態（ビッグバン）になり，膨張していくと説明する。**この，宇宙どうしの衝突の膨大なエネルギーが，宇宙の“生まれかわり”を引きおこすという。なお，衝突したブレーンどうしは離れていくが，その後長い時間をかけて引き寄せあい，ふたたび衝突するらしい。

エキピロティック宇宙論によって，宇宙が以前とまったく同じ状態にもどることはできないという，初期のサイクリック宇宙論の問題が解決された。つま

となり合う二つのブレーン

私たちの宇宙は，高次元に空間に浮かんだブレーンであるという。ブレーンは一つだけではなく，まったく別のブレーンが存在しているかもしれない。

ブレーンどうしが近づいていく

ことなるブレーン（宇宙）どうしが引きあい，接近していく。

り，**宇宙が輪廻転生（りんねてんせい）をくりかえしている可能性がふたたび示されたのである。**

人類はこれまで何世紀にもわたり，宇宙のはじまりという大きな謎について，さまざまな仮説を立て，検証を行ってきた。そしてこの先もまた，何世紀もかけて仮説と検証が重ねられていくだろう。私たちにとっては気の遠くなるような話だが，人類が“真実”にたどりつく日は，必ずやってくるにちがいない。

くりかえされるブレーンの衝突（↓）

高次元空間に浮かぶ二つのブレーン（宇宙）が，衝突をくりかえすイメージをえがいた。エキピロティック宇宙論の元になったのは，ブレーンワールド仮説である。ブレーンワールド仮説によると，高次元空間に浮かんでいるブレーンが一つだけである必然性はなく，まったく別のブレーンが浮かんでいる可能性があるとしている。

ブレーンが衝突する

ブレーンどうしが衝突し，そのエネルギーによって宇宙が高温・高密度状態（ビッグバン）になり，膨張していく。

ブレーンが離れる

衝突後，二つのブレーンは遠ざかる。そして，ふたたび引きあっていくと考えられる（1にもどる）。この間，宇宙には物質や星，銀河ができていく。

3次元空間をこえる「見えない次元」をさがしだせ

私たちのすむ世界は，縦・横・高さをもつ「3次元空間」である。時間の1次元を加えて，「4次元時空」ということもある。3次元空間では，3本の棒をたがいに垂直にまじわるように配置できる。

一方，4本以上の棒をたがいに垂直にまじわるように配置することができる空間は「高次元空間」といえる。4本の鉛筆を使って試してみてほしい。「そんなことできるわけがない」というのが，普通の感覚だろう。

しかし一部の物理学者たちは，この世界には縦・横・高さ以外の“見えない次元”がかくれているはずだと考えている(186ページ参照)。このような見えない次元は，「余剰次元」とよばれている。

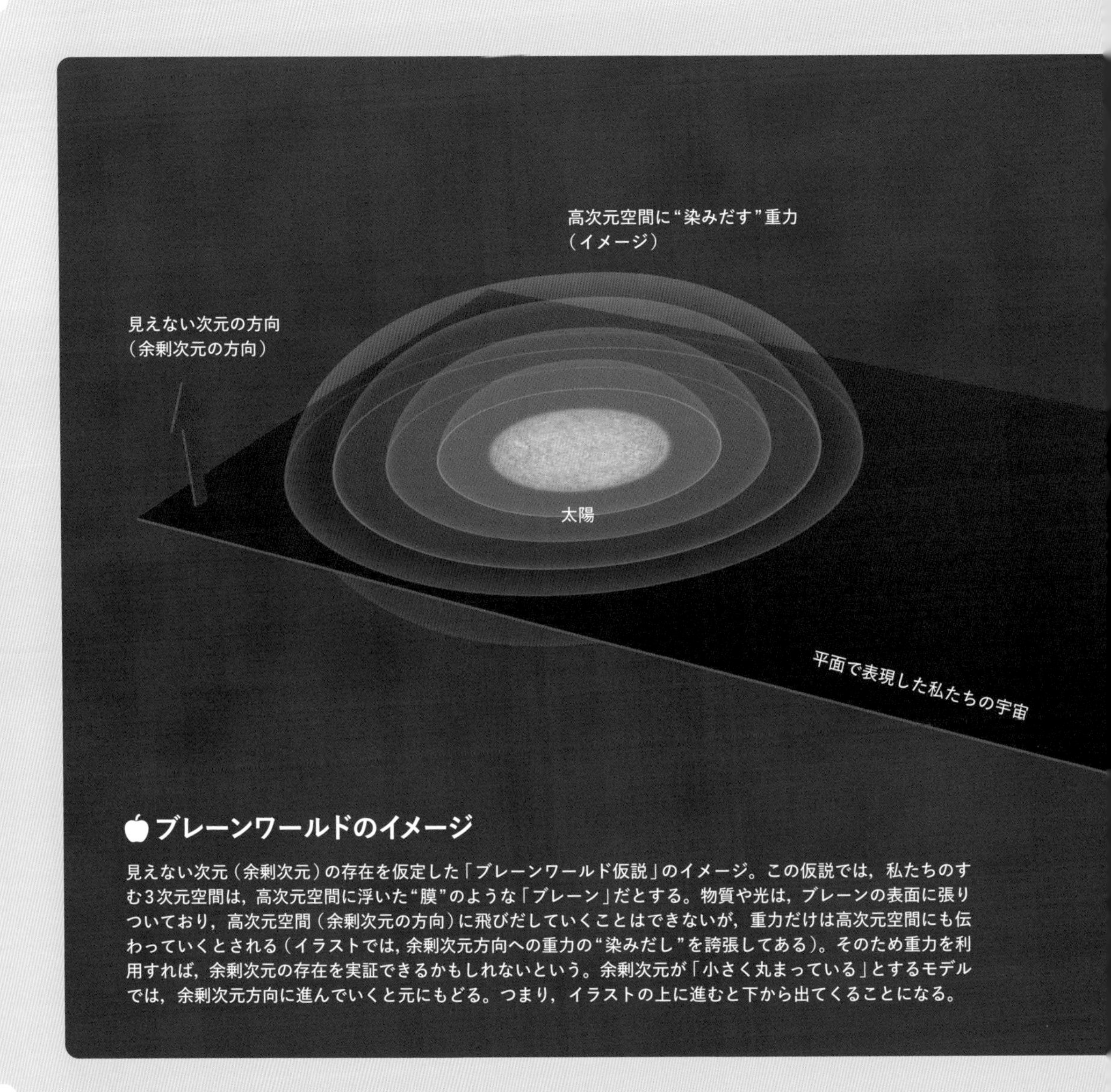

ブレーンワールドのイメージ

見えない次元（余剰次元）の存在を仮定した「ブレーンワールド仮説」のイメージ。この仮説では，私たちのすむ3次元空間は，高次元空間に浮いた“膜”のような「ブレーン」だとする。物質や光は，ブレーンの表面に張りついており，高次元空間（余剰次元の方向）に飛びだしていくことはできないが，重力だけは高次元空間にも伝わっていくとされる（イラストでは，余剰次元方向への重力の“染みだし”を誇張してある）。そのため重力を利用すれば，余剰次元の存在を実証できるかもしれないという。余剰次元が「小さく丸まっている」とするモデルでは，余剰次元方向に進んでいくと元にもどる。つまり，イラストの上に進むと下から出てくることになる。

高次元空間の存在を予言する「超ひも理論」

余剰次元の存在は,「超ひも理論(超弦理論)」という未完成の理論によって予言されている。超ひも理論は,自然界を形づくっている素粒子の正体を,小さな「ひも」だとする考え方だ。

超ひも理論は一般相対性理論と量子論とを統合する“究極の理論”になると期待されているが,この世界が9次元(または10次元)空間でないと,矛盾のない理論にできないことがわかっている。つまりこの世界には,6(または7)の余剰次元が“かくれている”ことになる。

そこで物理学者たちがみちびき出した答えは,「余剰次元はとてつもなく小さいため,見えない」というものだった。

ここで,綱渡りをする人を考えてみよう(下のイラスト)。次元の数は,「自由に動ける独立した方向の数」だともいえる。大きな人間にとってみれば,細い綱の上は1方向にしか動けないため,1次元の世界だといえる。しかし,綱の太さとくらべて小さなアリにとってみれば,綱の長さ方向に加え,綱の円周方向にも動けるので,綱の表面は2次元の世界だ。このように余剰次元が小さく丸まっていたなら,大きなサイズの人間には,気づかれないわけだ。しかも,余剰次元方向は,少し進むと元の場所にもどってきてしまうという奇妙な性質をもつ。物理学者たちが従来考えてきた余剰次元のサイズは10^{-35}

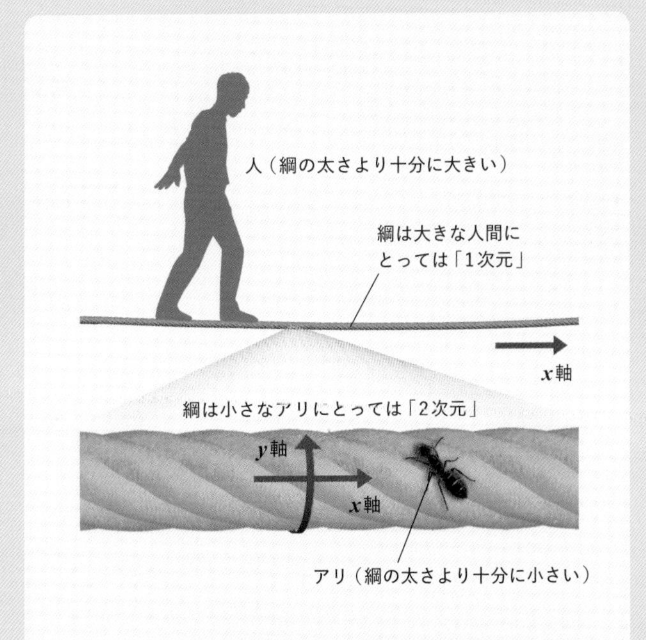

人間にとってみれば,綱の上は1方向にしか動けないので,1次元の世界だ。一方,綱の直径よりも小さなアリにとってみれば,綱の表面は円周方向(y軸方向)にも動けるので,2次元の世界だ。しかもy軸方向は,ずっと進むと元の位置にもどる。これが“小さく丸まった次元”のイメージである。

メートル程度だった(「プランク長」とよばれる)。原子ですら10^{-10}メートル程度なので，その小ささがわかるだろう。

見えない次元の本当の大きさは？

超ひも理論が予言する余剰次元のサイズは，とてつもなく小さかったため，実験的にその存在を検証することは不可能だと長らく考えられてきた。しかし，1998年に転機が訪れる。

余剰次元のいくつかは，サイズが1ミリメートル程度あるはずであり，しかもそうだとしても過去のどんな実験とも矛盾しないとする理論モデル(ADDモデル)が，N.アルカニ＝ハメド博士，S.ディモポーロス博士，G.ドゥヴァリ博士によって発表されたのだ。1ミリ(10^{-3}メートル)は，前述の10^{-35}メートルとくらべれば，圧倒的に大きなサイズだ。

さらに1999年，余剰次元がゆがんでいれば，無限の長さをもつ余剰次元があったとしてもおかしくないとする理論モデルも，L.ランドール博士，R.サンドラム博士によって発表されている(RS2モデル)。

余剰次元が1ミリ程度もあるのなら，なぜ私たちには余剰次元が見えないのだろうか。高次元空間を想像することはむずかしいので，3次元空間を，高さ方向を省略した平面状の“膜”のようなものとして考えてみよう。するとこの膜(私たちのすむ宇宙)は，高次元空間に浮いていることになる。このような膜を「ブレーン」とよぶ。

超ひも理論によると，電子やクォークといった物質を形づくっている素粒子や，光子などは，ブレーン(3次元空間)にくっついて離れられず，余剰次元方向には飛びだしていけない。また，私たちは光を眼でとらえることで，この世界を見ている(56ページ参照)。しかし光自体が余剰次元方向からやってくることはないので，私たちには余剰次元方向は見えないということになる。

ただし例外がある。重力を伝える「重力子」は，ブレーンにくっつかず，余剰次元方向に動けるのだという。これは，重力だけは余剰次元方向，すなわち高次元空間の中を伝わることができることを意味している。このようなブレーンにもとづいた新しい宇宙モデルは，「ブレーンワールド仮説」とよばれている。

見えない次元が存在すれば重力は近距離で非常に強くなる

余剰次元は直接見えないが，重力だけは余剰次元方向にも伝わっていく。ということは，重力を使えば余剰次元を間接的に“見る”ことができる可能性がある。

重力は「万有引力」ともよばれる，あらゆる物体の間に生じる引力のことだ。机の上の鉛筆と消しゴムでさえ，微弱な重力で引きあっている。

重力は，物体間の距離の2乗に反比例して弱くなっていく。これを「逆2乗則(万有引力の法則)」とよぶ。距離が2倍になれば，重力は4分の1(2^2分の1)になるわけだ。逆に距離が2分の1になれば，重力は4倍になる。つまり近距離になるほど，重力はより強くなっていくのである。

なぜ重力は，逆2乗則にしたがうのだろうか。それは，空間の次元の数が3であることと関係がある(右ページ下のイラスト)。実は，重力の伝わる空間が4次元空間だったら，重力は距離の3乗に反比例して弱くなる(逆3乗則)。次元の数が多いほど，重力が広がっていく領域がふえるので，より速く“薄まって”いくのだ。

では，3次元空間に加えて，1ミリ程度のサイズで丸まっている余剰次元が一つある場合はどうだろうか。この場合，物体間の距離が1ミリより十分大きい間は，重力は逆2乗則にしたがい，1ミリ未満に近づいた場合には，逆3乗則にしたがうことになる。

近距離で重力が逆3乗則にしたがうということは，3次元空間の場合(逆2乗則)とくらべて，重力が近距離でさらに強くなることを意味する。逆2乗則の場合，距離が2分の1になれば重力は4倍(2^2倍)になるが，逆3乗則の場合は8倍(2^3倍)になるのだ。

つまり，小さく丸まった次元が本当にに存在するかどうかを確かめるには，近距離での重力を実際にはかってみればよい。

逆2乗則からのずれが見つかれば，それは余剰次元の存在を意味している可能性があるのだ。

重力の逆2乗則は，ニュートンが17世紀に発見した法則だ。しかし，逆2乗則が精密に確かめられているのは，地球と月の間の重力など，天体スケールでの場合がほとんどだ。ADDモデルが登場するより前には，重力の逆2乗則は1ミリメートル程度未満では，十分に検証が行われていなかったのである。

ところで，重力は電磁気力（電気や磁気の力）などのほかの力とくらべて，圧倒的に弱い力だといえる。たとえば，金属製のクリップは，磁石で簡単に持ち上げることができる。これは，地球によって生みだされる重力が，地球とくらべればけたはずれに小さな磁石によって生みだされる磁力にあっさりと敗北していることを意味する。

原子核の構成要素である陽子（正の電荷をもつ）どうしにはたらく力でくらべると，重力（逆2乗則にしたがうと仮定）は，電磁気力の10^{36}分の1，つまり1兆分の1の，1兆分の1の，1兆分の1程度しかない（陽子の大きさ程度である10^{-15}メートル離れている場合）。

余剰次元が存在するかもしれないと考えられている根拠の一つが，ここにある。物理学者たちは，重力がこのように極端に弱いことに違和感をもっているのだ。もし余剰次元が存在していれば，重力が弱いことをうまく説明できる。余剰次元方向に重力が“染みだして”いるために，重力は見かけ上，弱くなっていると考えることができるわけだ。

近距離での重力の測定で見えない次元にせまれ

さて，重力の逆2乗則の検証は，具体的にどのように行えばよいのだろうか。その基本原理は，ヘンリー・キャベンディッシュ（1731～1810）が18世紀末に行った有名な万有引力の測定実験と同じで，「ねじれ秤」とよばれる装置を用いる（→次ページにつづく）。

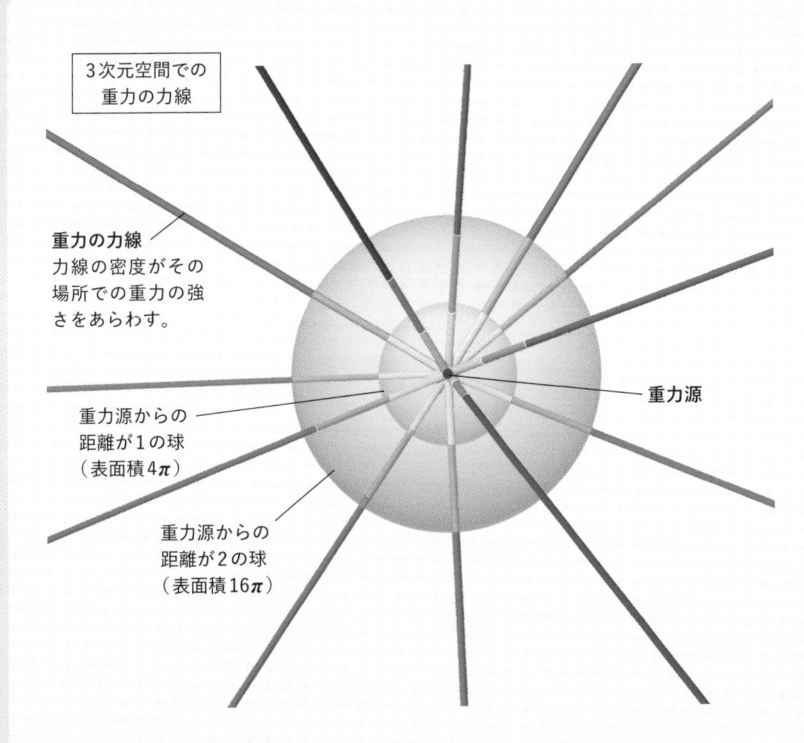

重力の法則と空間次元の数の関係

重力源から「力線（りきせん）」が3次元空間の四方八方に無数に出ているとしよう（えがいたのは一部）。3次元空間では，重力源からの距離が2倍（r倍）になると，力線がつらぬく球の表面積は4倍（r^2倍）になる。そのため，力線の密度（その場所での重力の強さ）は4分の1（r^2分の1）になる。つまり，重力は距離の2乗に反比例して弱くなっていくことになる（逆2乗則）。

ここから類推して，高次元の“球”をつらぬく力線を考えてみよう。4次元空間（N次元空間）では，重力源からの距離がr倍になると，力線の密度はr^3分の1（r^{N-1}分の1）になると考えられる。つまり，力線の密度は距離の3乗（N－1乗）に反比例して小さくなり，重力は逆3乗則（逆N－1乗則）にしたがうと考えられる。

細いワイヤーでつるした物体を，固定した別の物体に近づける。すると，物体どうしにはたらく重力によって，ワイヤーがねじれる。このねじれの角度を読み取ることで，重力を測定するのだ。

ただし，物体どうしにはたらく重力は微々たるものだ。そのため，精密な測定技術が必要になる。微弱な振動はもちろん，物体がわずかにおびる静電気や磁気による力なども，ノイズとなって測定を邪魔するのだ。

近距離での重力の直接測定によって，余剰次元の存在の検証実験を行っている立教大学理学部の村田次郎教授は，ねじれ秤をビデオカメラで撮影し，装置自体の揺れを画像解析によって取り除き，重力によるねじれの大きさのみを抽出する独自の技術をもっている。この技術を用いて，近いうちに世界一の精度での実験を行うことを目指しているそうだ。

今のところ，0.1ミリ程度のスケールまで逆2乗則の検証実験を行ったグループがあるが，余剰次元の存在を意味する結果は得られていないという。

村田教授はまた，電子を使い，原子核スケール（10^{-15}メートル程度）での逆2乗則の検証実験も行っている（下・右のイラスト）。もし余剰次元が存在すれば，小さなスケールになるほど，重力は逆2乗則から大きくずれるので，原子核の近くを運動する電子にその影響があらわれる可能性があるのだという。実験はすでに本格始動しており，今後の進展が期待される。

高次元空間へと移動する粒子の痕跡をとらえよ

素粒子物理学や原子核物理学で使われる代表的な実験装置である「加速器」を用いて，余剰次元の存在の証拠をつかもうとする試みも行われている。

ワイヤー

重力源

おもりが重力源に引っぱられる。

おもり

ねじれ秤による重力の直接測定

おもりをワイヤーでつるし，重力源との距離をかえながら，おもりと重力源の間にはたらく重力をワイヤーのねじれの角度として測定する。空気の影響を排除するため，装置は真空中に置かれる。なお，イラストはあくまでも原理的に示したもので，実際は物体の形状を工夫したり，静電気の影響を遮へいするシールドを取りつけたりして感度を上げる。

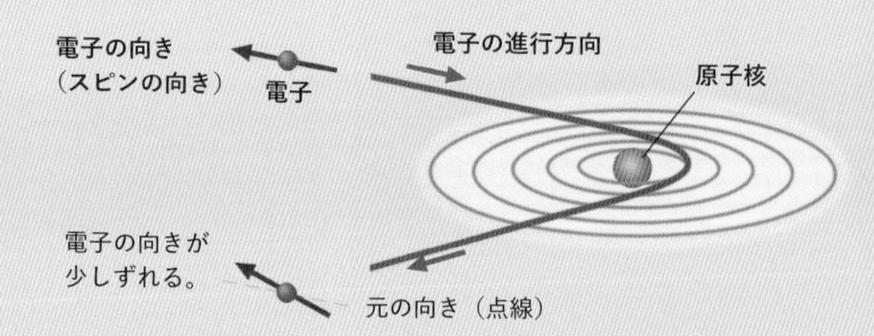

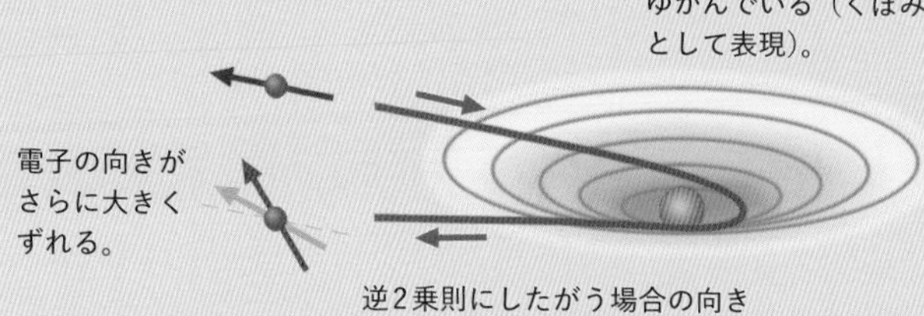

＊上のイラストは，村田教授提供の資料をもとに作成した。

原子核スケールでの重力の強さを検証する実験

電子を原子核に向かって打ちこむと，電子は原子核から電気的な引力を受けて，Uターンしてもどってくる。この際，電磁気的な作用によって，電子の向き（自転に相当する「スピン」という量の向き）は少しずれる（上段）。

もし，ミリメートル程度の大きな余剰次元が存在していた場合，原子核の近くで重力は何十けたも強くなる。その結果，原子核の周囲の空間はゆがみ，その影響で電子の向きはさらに大きくずれると予想されている（下段）。

スイスのジュネーブ郊外にあるCERN（ヨーロッパ合同原子核研究機構）の大型加速器「LHC」（大型ハドロン衝突型加速器）は，東京都の山手線に匹敵する環状の実験施設だ。真空の管の中で，陽子（水素の原子核）を光速（秒速約30万キロメートル）近くまで加速させて，陽子どうしを正面衝突させる。そして，衝突の際に発生するさまざまな粒子を衝突地点の周囲に配置した検出器でとらえ，どのような反応がおきたかを調べる。

LHCで行われてきた余剰次元の検証方法は，大きく分けて二つある。一つは，陽子どうしの衝突によって生じる「マイクロ・ブラックホール」の痕跡をさぐるというもの，もう一つは，陽子どうしの衝突によって発生し，その後余剰次元方向に動いていく粒子の痕跡をさがすというものだ（ここでは後者についてのみ説明する）。

前述のとおり，重力子（じゅうりょくし）は余剰次元方向にも動ける。そのため，加速器実験では重力子が発生し，余剰次元方向に動いていくような事象がおきる可能性があるのだ（余剰次元が存在しない場合は，加速器実験で重力子は発生しない）。

重力子は検出器にはかからないが，エネルギーなどを“持ち逃げ”する。そのため，同時に発生したさまざまな粒子を検出器でとらえ，それらのデータから逆算することで，重力子の発生を間接的に明らかにするという手法がとられる。

最も簡単なブレーンワールド仮説のモデルでは，余剰次元方向に動けるのは重力子だけだが，そのほかの粒子も余剰次元方向に動けるとするモデルもある。そういった粒子の存在も，同様に加速器実験で検証することが可能だ。

余剰次元方向にも動ける粒子は，3次元空間にすむ私たちからは「カルツァ・クライン粒子（KK粒子）」とよばれる粒子として見える。KK粒子は，元の粒子と電荷（でんか）などの性質が同じで，より重い粒子のようにふるまう。

KK粒子はまた，ダークマター（116ページ参照）の正体の候補でもある。宇宙に存在するダークマターの総質量は，原子からなる普通の物質の5倍にも達するとされている。

加速器LHC

LHCの全景を，地上の風景に重ねてえがいた。LHCは1周約27キロメートルの環状の施設であり，地下100メートルのトンネル内に設置されている。四つの巨大な実験装置が設置されており，余剰次元の検証実験はATLASとCMSで行われてきた。

この世界は「無」であるか「存在する」のか

私たちの目の前には，いつも何かが存在している。これは，私たちの常識からすれば“あたりまえ”のことだが，古来人々は「有」と「無」についてさまざまな考えをめぐらせてきた。

たとえば，ドイツの哲学者であり数学者であるゴットフリート・ライプニッツ（1646～1716）は，すべてのものは神がつくりだし，神がいるから存在できると考えた。

また，イギリスの哲学者ジョン・ロック（1632～1704）は，ものは私たちが認識することで，はじめてその存在が理解されると主張した。たとえば，私たちはバナナから甘い・黄色い・細長いなどの印象（単純観念（たんじゅんかんねん））を得る。この経験を重ねていくと，私たちの心の中に「バナナ」という観念（複合（ふくごう）観念）がつくられ，その結果バナナを認識できるようになる（＝バナナが存在すると理解される）のだという。

この世界は“ホログラム”でできた幻？

最新の物理学の理論によれば，3次元に見えるこの世界，つまり宇宙空間や時間や重力はすべて幻で，2次元の平面上に“書きこまれた”情報から“立体的に投影された”ホログラムのようなものである可能性があるという。このような考え方は「ホログラフィー原理」とよばれる。

ホログラムとは，2次元の平面に光を当てたときに，3次元の立体的な像をつくる技術のことだ。SF映画などに登場する「人の姿や風景が立体的に浮かび上がる映像機器」を想像する人も多いかもしれないが，身近なところでは，クレジットカードや紙幣の偽造防止用の“模様”に用いられている。

ホログラムとホログラフィー原理の間には，直接的な関係はない。しかしホログラフィー原理の考え方は，ホログラムの“次元の低いものから，次元の高いものを再現する”という考え方と非常によく似ている。

ホログラフィー原理が生まれたきっかけは，ホーキング博士らを中心に1970年代に巻きおこったブラックホールに関する大論争にある。

ブラックホールは，あらゆるものを飲みこんでしまう存在だ。一方でブラックホールは，「ホーキング放射」という現象によりエネルギーを放出し（少しずつ小さくなり），最後には消滅してしまうと考えられている。

一方で，あらゆる物質は，みずからを構成する原子の位置や速度といった「情報」をもっているが※1，ホーキング博士は，ブラックホールが消滅するとき，ブラックホールに飲みこまれた物質の情報も消滅してしまうと

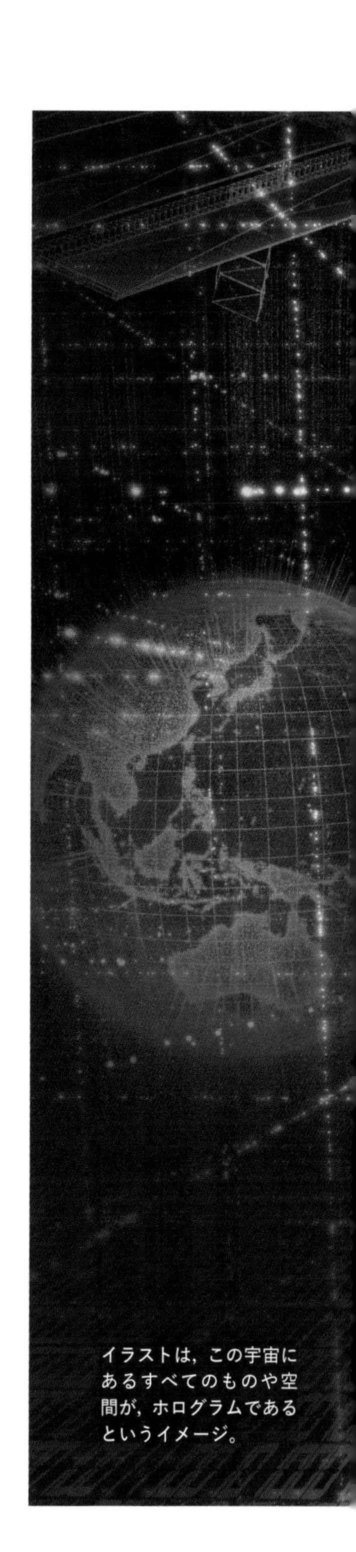

イラストは，この宇宙にあるすべてのものや空間が，ホログラムであるというイメージ。

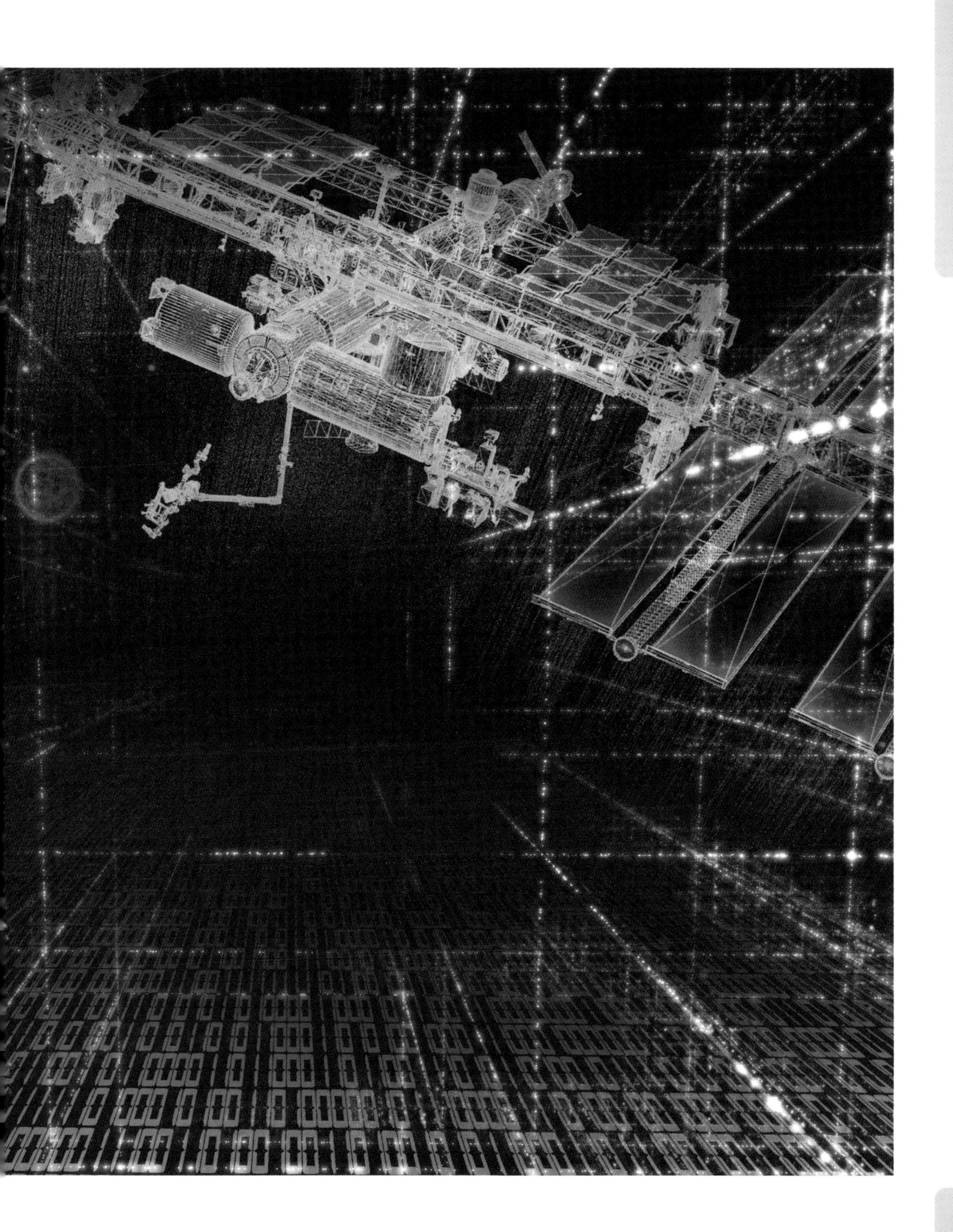

考えた。しかし物理学には，情報は決して失われないという大原則がある。

1990年代，オランダの理論物理学者ヘーラルト・トホーフト博士や，アメリカのレナード・サスキンド博士らは，3次元の世界に存在していた情報は，ブラックホールに飲みこまれるのと同時に，2次元であるブラックホールの表面に“書きこまれる”と考えた。つまり，ブラックホールの表面がまるで“ホログラムのフィルム”のようになっており，そこにブラックホール内部に含まれるあらゆる情報が保存されているというのだ。

博士らは，この考え方は普遍的に成り立つと主張した。ブラックホールにかぎらず，ある空間の情報は，その空間の境界に“書きこまれている”というのだ。この考え方が，ホログラフィー原理の研究のはじまりである。

ホログラフィー原理によると，高次元の理論は曲がった時空の世界だが（ブラックホールのように），低次元の理論は平坦な時空の世界だという。

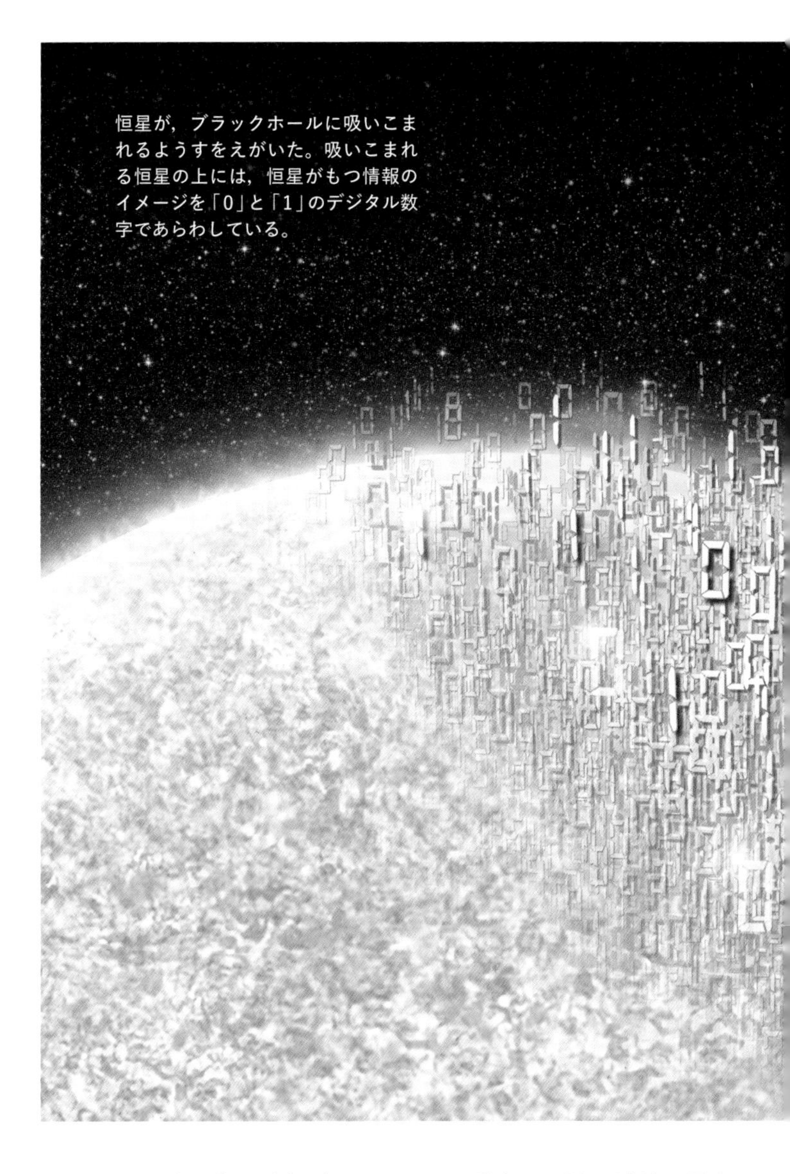

恒星が，ブラックホールに吸いこまれるようすをえがいた。吸いこまれる恒星の上には，恒星がもつ情報のイメージを「0」と「1」のデジタル数字であらわしている。

物理学で活用されるホログラフィー原理

ホログラフィー原理は，風変わりな仮説にとどまらない。たとえば超ひも理論では，ブラックホールなどの強い重力がかかわる現象は，あつかいにくいことが知られている。しかしホログラフィー原理（AdS/CFT対応※2）を用いれば，限られた世界だけではあるものの，ブラックホールなどの強い重力がかかわる現象について，普通の物質のふるまいとして量子力学で計算することができ，非常にあつかいやすくなる。

また，超伝導物質をはじめとした，電子間の影響が強い物質を研究する際には，量子力学の非常に複雑な計算が必要になる。このような場合，複雑な量子力学の計算を1次元高い世界での重力の理論の計算に置きかえることで（直前にあげたブラックホールの例とは逆），はるかに簡単に計算できることがあるのだ。

この世に存在するのは「情報」だけ？

さて，私たちが目にしている世界がホログラムのような幻であるという考え方は，現時点で

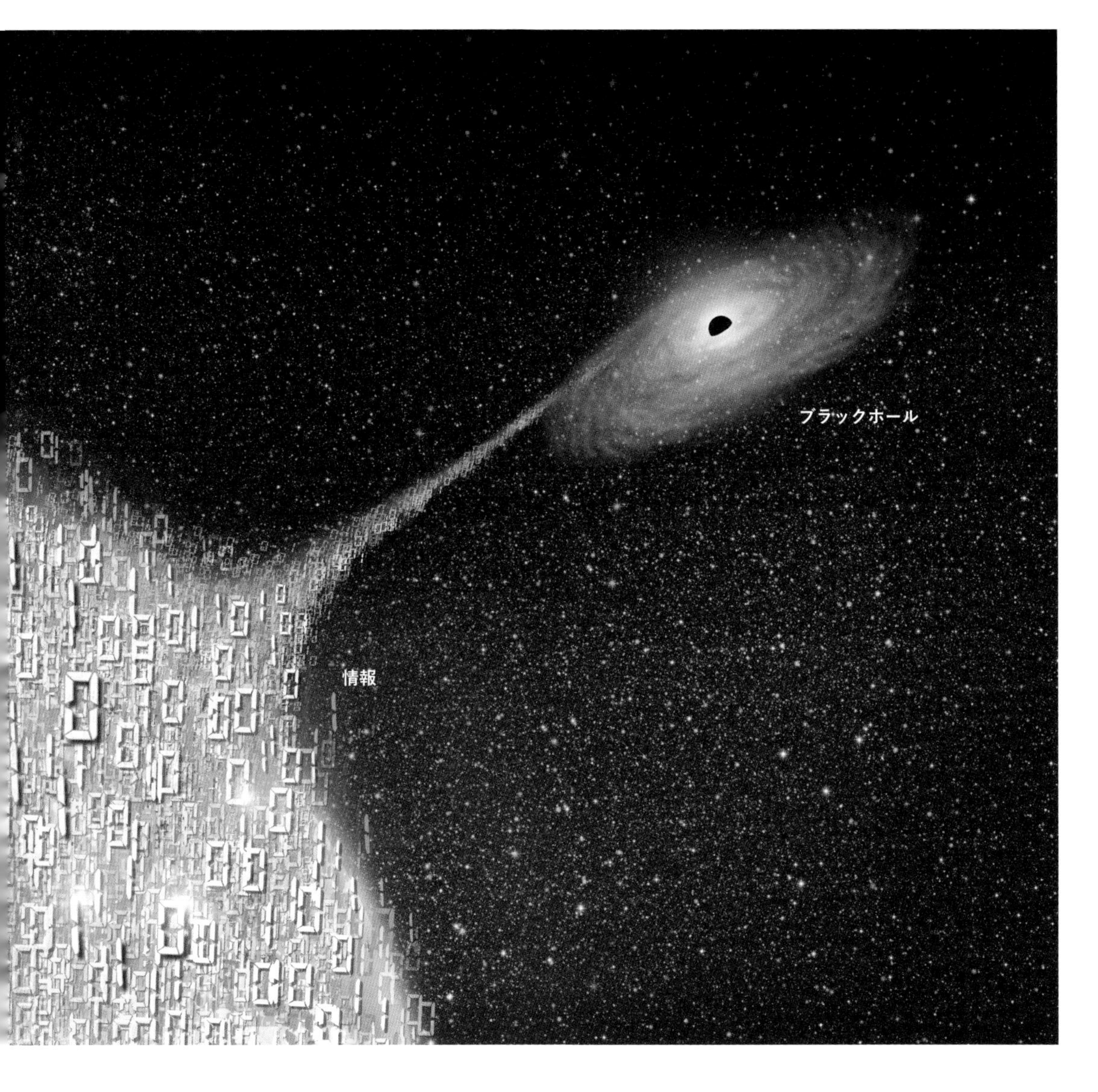

は仮説にすぎない。しかし，この世界にホログラフィー原理が適用できないという，確たる証拠が見つかっていないこともまた事実だ。

一方で，アメリカの物理学者ジョン・ホイーラー（1911～2008）は，すべての存在は「情報」からなると説く。素粒子（そりゅうし）や時空（時間と空間）など，あらゆるものは情報でできており，世界は情報を観測することではじめて「存在する」のだという。ホイーラーはこの考え方を「It from bit.」という言葉で表現している。

私たちは，世界の理（ことわり）をどこまで知ることができるだろうか。今後もさらなる科学の探求を通じて，思いもよらないような「無」や「存在」の本質が，明らかになっていくにちがいない。

※1：このような，細部にかくれた情報の量をあらわす尺度を，物理学では「エントロピー」とよぶ。

※2：特殊な曲がり方をした3次元の空間（ブラックホールなど）での重力理論（一般相対性理論）と，重力のない2次元の空間での理論が等価だとする考え方で，超ひも理論の研究を通じて発見された。ちなみに等価とは，「二つの理論の計算結果が一致する」「一方の時空上の現象を，もう一方の時空上の現象で置きかえられる」という意味である。

縣 秀彦／あがた・ひでひこ
自然科学研究機構国立天文台准教授。総合研究大学院大学准教授。国際天文学連合(IAU)・国際普及室顧問。長野県生まれ，東京学芸大学大学院修了(教育学博士)。東京大学教育学部附属中・高等学校教諭などを経て現職。

足立恒雄／あだち・のりお
早稲田大学名誉教授。理学博士(東京工大)。元早稲田大学理工学部長・学術院長。早稲田大学理工学部数学科卒業。専門は整数論，数学思想史。著書に『数の発明』『無限の果てに何があるか』『よみがえる非ユークリッド幾何学』などがある。

一ノ瀬正樹／いちのせ・まさき
武蔵野大学教授，東京大学名誉教授，イギリス・オックスフォード大学名誉フェロー，日本哲学会会長。博士(文学)。東京大学文学部哲学専修課程卒業。専門は，哲学，倫理学。研究テーマは，因果論，パーソン概念，音楽と認識の関係など。主な著書に，『死の所有』『いのちとリスクの哲学』などがある。

江沢 洋／えざわ・ひろし
学習院大学名誉教授。東京大学理学部物理学科卒業。専門は理論物理。研究テーマは数理物理学。著書に『だれが原子をみたか』『相対性理論とは』『理科を歩む 歴史に学ぶ』『原子力学 I，II』『現代物理学』『江沢洋選集 I 物理の見方･考え方』などがある。

奥田雄一／おくだ・ゆういち
東京工業大学名誉教授。工学博士。京都大学理学部物理学科卒業。専門は低温物理学。

河西春郎／かさい・はるお
東京大学ニューロインテリジェンス国際研究機構 特任教授。医学博士。1957年，北海道生まれ。東京大学医学部医学科卒業。専門は細胞生理学，神経生理学。現在の主な研究テーマは，大脳シナプス可塑性。

佐々木真人／ささき・まこと
東京大学宇宙線研究所 准教授。博士（理学)。早稲田大学理工学部物理学科卒業。専門は宇宙素粒子物理学。主な研究テーマは素粒子天文学，量子真空，光電撮像検出器。

佐々木 節／ささき・みさお
東京大学カブリ数物連係宇宙研究機構 特任教授。京都大学名誉教授。理学博士。京都大学理学部卒業。専門は理論物理。研究テーマは宇宙論，相対性理論。著書に『一般相対論』などがある。

清水 明／しみず・あきら
東京大学名誉教授。同大学大学院理学系研究科フォトンサイエンス研究機構 特任研究員。理学博士。東京大学理学部物理学科卒業。専門は物性基礎論，量子物理学。現在は，統計力学に量子論がもたらす異常性などを研究している。著書に『熱力学の基礎』『新版 量子論の基礎』などがある。

末次祐介／すえつぐ・ゆうすけ
高エネルギー加速器研究機構名誉教授。理学博士。九州大学理学部物理学科卒業。専門は，真空科学，真空工学。主な研究テーマは，高エネルギー粒子加速器用真空システム開発，超高真空機器の開発・研究。主な著書に,『真空科学ハンドブック』(共著)，『最新　実用真空技術総覧』（共著）などがある。2008年日本加速器学会第四回技術貢献賞受賞。2017年日本真空学会(現日本表面真空学会）第42回真空技術賞受賞。

中島秀人／なかじま・ひでと
東京工業大学リベラルアーツ研究教育院教授。博士(学術)。東京大学大学院理学系研究科博士課程修了。専門は科学技術社会(STS）論，科学技術史。研究テーマは，17世紀の科学技術史。著書に『エンジニアのための工学概論』(編著)，『ロバート・フック ニュートンに消された男』などがある。

夏梅 誠／なつうめ・まこと
高エネルギー加速器研究機構 素粒子原子核研究所 KEK理論センター 研究機関講師。Ph.D.。北海道大学理学部物理学科卒業。専門は素粒子理論。研究分野は，超弦理論におけるブラックホールや，AdS/CFT双対性のクォーク・グルーオン・プラズマや物性系への応用。outstanding referee(アメリカ物理学会）受賞。著書に『超ひも理論への招待』『超弦理論の応用―物理諸分野でのAdS/CFT双対性の使い方』（英語版も出版）などがある。

橋本幸士／はしもと・こうじ
京都大学大学院理学研究科 物理学・宇宙物理学専攻教授。理学博士。京都大学理学部物理学科卒業。専門は超弦理論，素粒子論。著書に『「宇宙のすべてを支配する数式」をパパに習ってみた 天才物理学者・浪速阪教授の70分講義』などがある。

橋本省二／はしもと・しょうじ
高エネルギー加速器研究機構 素粒子原子核研究所教授。博士（理学）。広島大学理学部物理学科卒業。専門は素粒子物理学。主な研究テーマは，素粒子理論・格子ゲージ理論。著書に『質量はどのように生まれるのか』がある。

林 隆夫／はやし・たかお
同志社大学名誉教授。Ph.D. (History of Math, Brown University)。東北大学理学部数学科卒業。専門は数学史，科学史，インド学。著書に『インドの数学』『インド算術研究』『インド代数学研究』などがある。

藤井恵介／ふじい・けいすけ
高エネルギー加速器研究機構 素粒子原子核研究所名誉教授。理学博士。名古屋大学理学部物理学科卒業。専門は，高エネルギー物理学。リニアコライダー物理の研究，またそのための実験装置の研究開発。

前田恵一／まえだ・けいいち
早稲田大学理工学術院名誉教授。京都大学基礎物理学研究所特任教授。理学博士。京都大学理学部卒業。専門は理論物理学。主な研究テーマは一般相対性理論，宇宙論。主な著書は『アインシュタインの時間』『重力理論講義』など。

松浦 壮／まつうら・そう
慶應義塾大学商学部教授，日吉物理学教室所属。理学博士。京都大学理学部卒業。専門は理論物理学。現在の主な研究テーマは，超対称ゲージ理論の数値計算。著書に『宇宙を動かす力は何か』『時間とはなんだろう』『量子とはなんだろう』などがある。

松原隆彦／まつばら・たかひこ
高エネルギー加速器研究機構 素粒子原子核研究所教授。博士（理学）。広島大学大学院理学研究科博士課程修了。専門は宇宙物理学，宇宙論。現在は，宇宙の大規模構造など宇宙論的観測量についての理論研究を行う。著書に『宇宙に外側はあるか』『現代宇宙論』『宇宙論の物理』など多数。

村田次郎／むらた・じろう
立教大学理学部教授。京都大学博士（理学）。京都大学理学部卒業。専門は原子核・素粒子物理学実験。余剰次元探索のための近距離重力実験のほか，カナダ・トライアムフ国立研究所での時間反転対称性の破れの研究を進めている。著書に『「余剰次元」と逆二乗則の破れ』がある。

諸井健夫／もろい・たけお
東京大学大学院理学系研究科 物理学専攻教授。博士（理学）。東北大学理学部物理学科卒業。専門は理論物理。現在は，素粒子理論，素粒子論的宇宙論について研究している。

和田純夫／わだ・すみお
元・東京大学総合文化研究科専任講師。理学博士。東京大学理学部物理学科卒業。専門は理論物理。研究テーマは，素粒子物理学，宇宙論，量子論（多世界解釈），科学論など。

Staff

Editorial Management 木村直之
Editorial Staff 中村真哉
上島俊秀
DTP Operation 亀山富弘
Design Format 岩本陽一
Cover Design 岩本陽一
Writer 尾崎太一
小谷太郎

Photograph

008 — 009	tai111/stock.adobe.com, Negro Elkha/stock.adobe.com, ink drop/stock.adobe.com, Anna Yakusheva/stock.adobe.com, atScene/stock.adobe.com, J BOY/stock.adobe.com, grounder/stock.adobe.com, Corona Borealis/stock.adobe.com, Talaj/stock.adobe.com, Aloksa/stock.adobe.com, ohaiyoo/stock.adobe.com, Yevhenii/stock.adobe.com
027	(東京証券取引所)moonrise/stock.adobe.com
033	古河電気工業株式会社
036 — 037	Google
039	ユニフォトプレス
041	Bantam/PIXTA
042 — 043	EHT Collaboration
077	SPL/PPS通信社
106	soji/PIXTA
107	akg-images/Cynet Photo
129	ユニフォトプレス
136	F Armstrong Photo/stock.adobe.com
154	Newton Press
166	Dana Smith/Black Star/PPS通信社
171	岩藤 誠/Newton Press

Illustration

002 ~ 006	Newton Press
010 ~ 013	Newton Press
014 — 015	中西立太
016 ~ 042	Newton Press
043	Newton Press・羽田野乃花
044 ~ 053	Newton Press
054 — 055	吉原成行
056 ~ 064	Newton Press
065	Newton Press, (アリストテレス)小﨑哲太郎
066 ~ 071	Newton Press
073	Newton Press, (アリストテレス)小﨑哲太郎
074 ~ 083	Newton Press
084 — 085	Newton Press, (ヤング)山本 匠
086 ~ 089	Newton Press
090 — 091	Newton Press, (ラザフォード)山本 匠
092 — 093	Newton Press
094 — 095	Newton Press, (ボーア)山本 匠
096 ~ 108	Newton Press
110 — 111	小林 稔
112 — 113	Newton Press
114 — 115	木下真一郎
116 — 117	Newton Press
118 — 119	黒田清桐
120 — 121	Newton Press
122 — 123	Newton Press・高島達明
124 ~ 141	Newton Press
142 — 143	Newton Press, (地図のデータ:Reto Stöckli, NASA Earth Observatory)
144 ~ 157	Newton Press
158 — 159	Newton Press, (アインシュタイン)黒田清桐
160 ~ 200	Newton Press
201	Newton Press(LHCの参考写真:CERN)
202 ~ 207	Newton Press

初出(内容は一部更新のうえ,掲載しています)

無(ゼロ)の科学(Newton別冊 2018年3月)
学び直し 中学・高校化学(Newton別冊 2018年8月)
数学の世界 数の神秘編(Newton別冊 2018年11月)
学び直し 中学・高校物理(Newton別冊 2019年5月)
脳とは何か(Newton別冊 2019年12月)
哲学(Newton別冊 2021年2月)
量子論のすべて(Newton別冊 2021年7月)
無とは何か(Newton別冊 2022年6月)
量子論2022(Newton 2022年5月号)
我が銀河中心のブラックホールを初撮影(Newton 2022年8月号)ほか

Newtonプレミア保存版シリーズ
「何もない」世界は存在するのか?
無とは何か

本書はニュートン別冊『無とは何か』を
増補・再編集し,書籍化したものです。

2022年11月20日発行

発行人 高森康雄
編集人 木村直之
発行所 株式会社ニュートンプレス
〒112-0012東京都文京区大塚3-11-6
https://www.newtonpress.co.jp